Guoshu Bingchonghai Fangzhi Jishu

果蔬病虫害防治技术

常青馨◎主编

重庆大学出版社

内容提要

本教材系统阐述了果蔬植物病虫害防治技术，内容包括果树病虫害防治技术、蔬菜病虫害防治技术2个情境，其中包含13个项目和30个工作任务。本教材针对高等职业教育培养目标，按职业岗位的能力和要求设计教材内容，注重引入果蔬植物病虫害领域的最新科研成果和成熟稳定的先进技术，突出教材的实用性和针对性，充分体现了高职教育特色。为便于学生自学和掌握重点，各学习情境均设置能力目标、知识目标和素质目标，每个项目包括若干任务和项目实训，全书共有插图500余幅，学生通过对各个任务知识的学习、任务的具体实施，教师对学生学习情况的评价，充分实现教、学、做一体化的教学模式。本教材既可作为高等农业职业院校、职业技术学院、五年制高职、成人教育等植物生产类专业教材，又可供从事农业生产相关行业的技术人员参考。

图书在版编目(CIP)数据

果蔬病虫害防治技术/常青馨主编. --重庆:重庆大学出版社,2018.4
ISBN 978-7-5689-1034-7

Ⅰ.①果… Ⅱ.①常… Ⅲ.①果树—病虫害防治—高等职业教育—教材②蔬菜—病虫害防治—高等职业教育—教材 Ⅳ.①S436

中国版本图书馆CIP数据核字(2018)第048943号

果蔬病虫害防治技术
主 编 常青馨
副主编 赵文礼 周得才 吴开岑
责任编辑:文 鹏 方 正 版式设计:文 鹏
责任校对:邹 忌 责任印制:邱 瑶
*
重庆大学出版社出版发行
出版人:易树平
社址:重庆市沙坪坝区大学城西路21号
邮编:401331
电话:(023) 88617190 88617185(中小学)
传真:(023) 88617186 88617166
网址:http://www.cqup.com.cn
邮箱:fxk@cqup.com.cn (营销中心)
全国新华书店经销
重庆升光电力印务有限公司印刷
*
开本:787mm×1092mm 1/16 印张:13.75 字数:312千
2018年4月第1版 2018年4月第1次印刷
印数:1—800
ISBN 978-7-5689-1034-7 定价:55.00元

BIANWEIHUIMINGDAN
编委会名单

主　编　常青馨

副主编　赵文礼,周得才,吴开岑

编　者　田景文,王有林,姜云平

　　　　韦信祥,杨梅花

主　审　宋盛英,邹　波

QIANYAN 前　言

为服务贵州省"大扶贫、大生态、大数据"发展战略，适应绿色产业的新形势，培养素质高、知识面宽、动手能力强的园艺植物保护技术技能人才，根据"教、学、做一体"的教学理念和"问题导向"的项目教学方法，结合职业岗位所需专业知识和专项能力的科学分析，本着"以就业为导向，以能力为本位，以素质为核心"的教材定位和教学内容地方化、特色化，适应本地生产需要的原则，编写了《果蔬病虫害防治技术》。

本教材依据专业人才培养目标，广泛吸纳园艺行业专家意见和建议，按照岗位职业能力和素质的要求设计教材内容，注重引入近几年园艺植物病虫害防治方面的最新科技成果和成熟稳定的先进技术，教材内容着重突出实用性和针对性，为适应贵州绿色产业发展和满足生产的需要，增加了如蓝莓、草莓等果蔬植物的病虫害发生种类及生态防治措施，填补了原沿用教材中贵州新引进品种病虫害发生特点的空白。注重将园艺植物病虫害综合防治融入农业的可持续发展和环境保护中，充分体现教学与生产相结合。同时编写多用图例，增强教材直观性，力求内容表述简洁、准确，通俗易懂。

教材内容分为 2 个学习情境、13 个项目、30 个任务，每个学习情境均设置能力目标、知识目标和素质目标，每个项目包括若干任务和项目实训。全书共有插图 500 余幅，学生通过对各个任务知识的学习、任务的具体实施，教师对学生学习情况进行评价，使学生在全面了解园艺植物病虫害基本知识的基础上，掌握贵州主要果蔬病虫种类、形态特征、危害特点、发生规律，掌握当地园艺植物病虫害的综合防治技术，培养学生成为园艺植物病虫害防治工作的高素质技术技能人才。

本教材由常青馨（黔东南民族职业技术学院）担任主编，赵文礼（黔东南州农业科学院）、周得才（黔东南民族职业技术学院）、吴开岑（黔东南民族职业技术学院）担任副主编，田景文（黔东南民族职业技术学院）、王有林（黔东南民族职业技术学院）、姜云平（黔东南民族职业技术学院）、韦信祥（黔东南民族职业技术学院）、杨梅花（黔东南民族职业技术学院）参加编写。全书分工如下：项目一、项目二、项目三、项目五、项目六、项目八、项目九、项目十、项目十一、项目十二、项目十三由常青馨执笔，项目四由赵文礼、吴开岑、田景文执笔，项目七由周得才、姜云平、韦信祥执笔 。图片编辑王有林、杨梅花。全书由常青馨统稿，宋盛英（黔东南州林业种苗与科技推广站）和邹波（黔东南民族职业技术学院）审稿。

本书的编写得到黔东南民族职业技术学院生物与环境工程系老师大力支持，编写中参考和引用了大量教材、专著、论文等文献资料，在此一并致以最真挚的谢意。

由于编者的水平有限，难免有疏漏和不足之处，敬请读者不吝指正。

编　者

2017 年 12 月

MULU 目 录

学习情境一　果树病虫害防治技术

学习情境二　蔬菜病虫害防治技术

学习情境一　果树病虫害防治技术

能力目标

1. 能正确识别和诊断本地区果树植物主要病虫害的种类。
2. 能根据当地果树病虫害的发生、发展规律，调查、分析和确定病虫危害的程度。
3. 具备果树植物病虫害综合防治方案的制订与实施能力。

知识目标

1. 了解当地果树植物病虫的主要种类。
2. 掌握果树植物病害的症状及害虫的形态特征。
3. 了解果树植物病虫害的发生、发展规律。
4. 掌握符合当地实际情况的果树病虫害综合防治技术和生态防治技术。

素质目标

1. 培养学生树立环保意识、安全意识和生态意识。
2. 培养学生自学与更新知识、分析问题和解决问题的能力。
3. 培养学生诚实、守信、敬业、一丝不苟的学习作风。

项目一　梨树病虫害识别与防治

学习目标

1. 了解当地梨树植物病虫的主要种类。
2. 掌握梨树病害的症状及害虫的形态特征。
3. 了解梨树植物病虫害的发生、发展规律。
4. 掌握符合当地实际情况的病虫害综合防治技术和生态防治技术。

任务一　梨树病害识别与防治

一、梨黑星病

梨黑星病又称疮痂病，是梨树的重要病害，常造成生产上的重大损失。我国梨产区均有发生，近年来南方如云南、贵州等地有逐渐加重的趋势。

1. 症状

梨黑星病发病周期长，从落花到果实近成熟期均可发病；危害部位多，可危害果实、果梗、叶片、叶柄和新梢等部位。病斑初期变黄，后变褐、枯死并长黑绿色霉状物，是该病的特征。

幼果发病，在果面产生淡黄色圆斑，不久产生黑霉，之后病部凹陷，组织硬化、龟裂，导致果实畸形；大果受害在果面产生大小不等的圆形黑色病疤，病斑硬化，表面粗糙，但果实不畸形；叶片受害，在叶正面出现圆形或不规则形的淡黄色斑，叶背密生黑霉，危害严重时，整个叶背布满黑霉，在叶脉上也可产生长条状黑色霉斑，并造成大量落叶；叶柄和果梗上的病斑长条形、凹陷，也生有大量黑霉，常引起落叶和落果（图1-1）。

2. 病原

病原菌在有性阶段为黑星菌属[*Venturia pirina* Adeth.]，属子囊菌亚门；在无性阶段为黑星孢属[*Fusicladium pirinum*(Lib.)Fuckel]，属半知菌亚门。

3. 发病特点

以分生孢子、菌丝体在芽鳞内或以分生孢子、未成熟的子囊壳在落叶上越冬。春季越冬后的分生孢子或子囊壳放射的子囊孢子，借风雨传播到开始萌动的梨树上，在适宜条件下即萌发侵入，经20 d后显出症状。病斑上的分生孢子，随风雨传播进行再侵染。春季雨早而

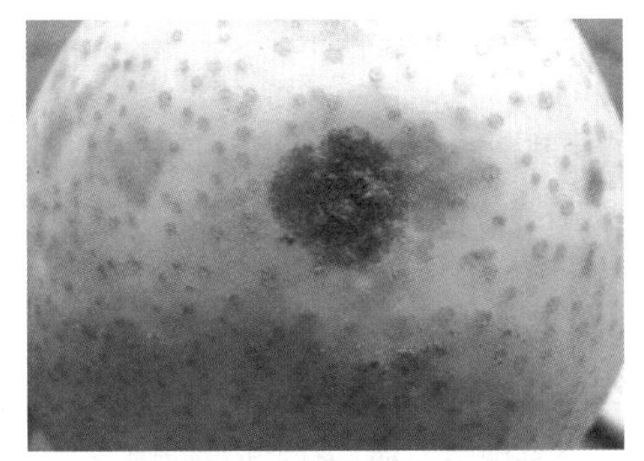

(a) 梨黑星病危害前期

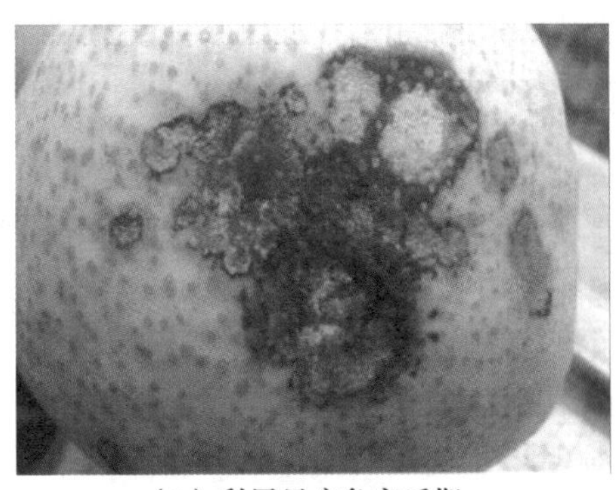

(b) 梨黑星病危害后期

(c) 梨黑星病果园发病状

(d) 梨黑星病叶片发病发黄易落

图 1-1　梨黑星病

多,夏季雨水充沛;缺肥、生长不良的树;地势低洼、树冠茂密、不通风的梨园,发病较重。

4. 防治技术

梨黑星病的防治应以预防为主,把病害控制在未发或初发阶段。

(1)清洁梨园:初冬早春梨树发芽前结合修剪清园,烧毁枯枝落叶;人工刮去梨树主干上老皮,刷上 5 波美度石硫合剂;采果后,全园喷 5 ~ 6 波美度石硫合剂,保护树体,杀灭病菌。春季萌芽现蕾时,用 5 波美度石硫合剂对梨树进行全园喷布,15 d 左右一次,杀灭树体表皮病菌。

(2)加强果园管理:增施有机肥,增强树势,提高抗病力,疏除徒长枝和过密枝,增强树冠通风透光性,可减轻病害。经常注意果园清洁,发现病叶、病花、病枝、病果应及时摘除并集中深埋,减少病原菌。

(3)喷药保护:在梨树花期前可以喷 50% 多菌灵可湿性粉剂 800 ~ 1 000 倍液或 50% 甲基托布津可湿性粉剂 800 ~ 1 500 倍液 1 ~ 2 次,开花期间不得施任何农药,在花期凋落后每隔 10 ~ 15 d 喷 1 次药,以后根据降雨情况,共喷 4 次左右。根据田间的长势,在花期前后、幼果期及嫩叶期进行药剂保护,关键在 4 月下旬至 5 月中旬以及 7 月上、中旬注意观察田间,有极少数病斑时,用治疗型兼保护型药剂,如病斑稍多时应连喷 2 ~ 3 次。

二、梨锈病

梨锈病又名赤星病,是梨树重要病害之一。我国梨产区都有发生,在梨园附近栽植桧柏的地区发病重,春季多雨湿度大的年份,发病严重。梨锈病病原菌为转主寄主的锈菌,其转主寄主为桧柏植物。

1. 症状

叶片:叶正面形成近圆形的橙黄色病斑,直径为 4 ~ 8 mm,有黄绿色晕圈,表面密生橙黄色黏性小粒点,为病菌的性子器和性孢子。后小粒点逐渐变为黑色,向叶背凹陷,并在叶背长出多条灰黄色毛状物,即病菌的锈子器。病斑多时常导致提早落叶。

幼果:症状与叶片相似,只是毛状的锈子器与性子器在同部位出现。病果常畸形早落。新梢、果梗与叶柄被害后,病部龟裂,易折断(图 1-2)。

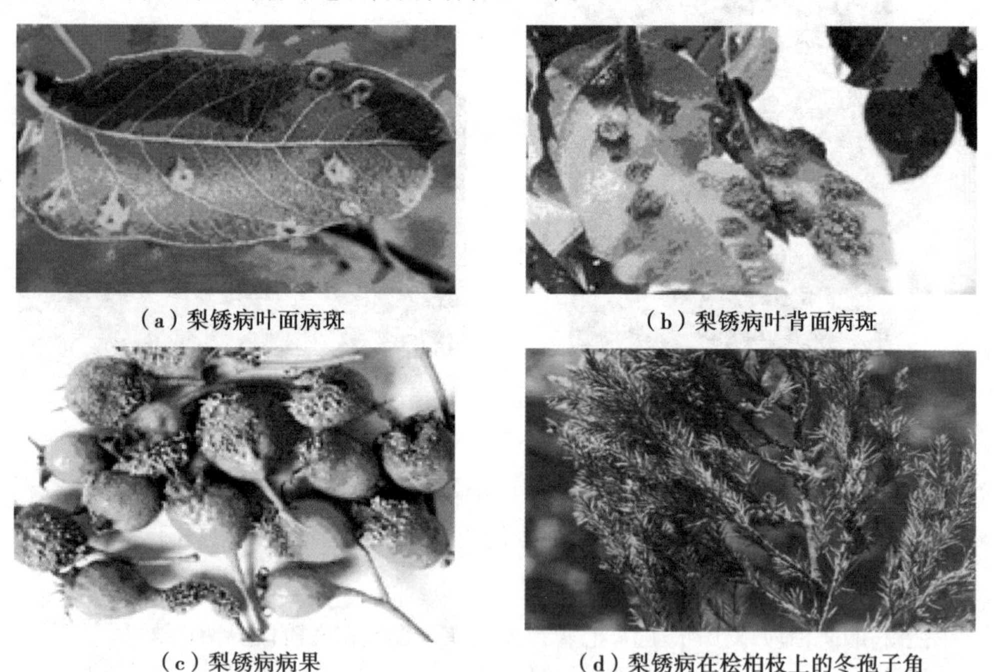

(a) 梨锈病叶面病斑　(b) 梨锈病叶背面病斑

(c) 梨锈病病果　(d) 梨锈病在桧柏枝上的冬孢子角

图 1-2　梨锈病

2. 病原

病原菌为担子菌亚门胶锈菌属[*Gymnosporangium asiatcum* Miyabees Yamada.],病菌需要在两类不同的寄主上完成其生活史。在梨、山植等寄主上产生性孢子器及锈子器,在桧柏、龙柏等转主寄主上产生冬孢子角。

3. 发病特点

梨锈病病菌是以多年生菌丝体在桧柏枝上形成菌瘿越冬,翌春 3 月形成冬孢子角,冬孢子萌发产生大量的担孢子,担孢子随风雨传播到梨树上,侵染梨的叶片等,梨树自展叶开始到展叶后 20 d 内最易感病,展叶 25 d 以上,叶片一般不再感染。病菌侵染后经 6 ~ 10 d 的潜育期,即可在叶片正面呈现橙黄色病斑,接着在病斑上长出性孢子器,在性孢子器内产生性孢子。在叶背面形成锈孢子器,并产生锈孢子,锈孢子不再侵染梨树,而借风传播到桧柏等转主寄主的嫩叶和新梢上,萌发侵入危害,并在其上越夏、越冬,到翌春再形成冬孢子角,冬孢子角上的冬孢子萌发产生的担孢子又借风传到梨树上侵染危害,但不能侵染桧柏等。梨锈病病菌无夏孢子阶段,不发生重复侵染,一年中只有一个短时期内产生担孢子侵染梨树。担孢子寿命不长,当梨芽萌发、幼叶初展前后,天气温暖多雨,风向和风力均有利于担孢子的传播时病害发生重。当冬孢子萌发时梨树尚未发芽,或当梨树发芽、展叶时,天气干燥,则病害发生均很轻。

4. 防治技术

(1)清除转主寄主:梨园周围 5 km 内禁止栽植桧柏和龙柏等转主寄主,以防止冬孢子交叉感染。

(2)铲除越冬病菌:如梨园近风景区或绿化区,桧柏等转主寄主不能清除时,则应在桧柏树上喷杀菌农药,铲除越冬病菌,减少侵染源。即在 3 月上中旬(梨树发芽前)对桧柏等转主寄主先剪除病瘿,然后喷布 4 ~5 波美度石硫合剂。

(3)化学防治:梨树上喷药,应在梨树萌芽至展叶的 25 d 内进行,一般在梨萌芽期喷第 1 次药,以后每隔 10 d 左右喷 1 次,连续喷 3 次,雨水多的年份可适当增加喷药次数,8 月份进行采收后,可对果园喷 15% 三唑酮乳油 1 500 倍液或者 43% 戊唑醇 5 000 倍液。

三、梨褐腐病

梨褐腐病是近成熟期和采后的重要病害,在西南等地区的梨树均有发生。梨褐腐病除为害梨外,还为害苹果、桃、李、杏等。

1. 症状

梨褐腐病只为害梨果。发病初期果面产生褐色圆形水渍状小斑点,后迅速扩大,几天后全果腐烂,围绕病斑中心渐形成同心轮纹状排列的灰白色至灰褐色 2 ~3 mm 大小的绒球状霉团,即分生孢子座。病果果肉疏松,略具弹性,后期失水干缩为黑色僵果。病果大多早期脱落,少数残留树上。贮藏期病果呈现特殊的蓝黑色斑块(图 1-3)。

(a)梨褐腐病病果

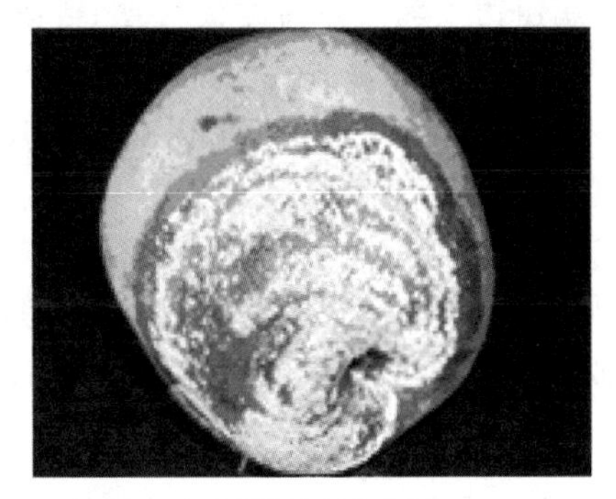

(b)梨褐腐病病果

图 1-3　梨褐腐病

2. 病原

病原菌为子囊菌亚门盘菌纲柔膜菌目果生链核盘菌[*Milinia fructigena*(Aderh. Et Ruhl.)Honcy],无性世代为仁果丛梗孢[*Monilia fructigena* Pers]。

3. 发病特点

病菌主要以菌丝体在树上僵果和落地病果内越冬,翌春产生分生孢子,借风雨传播,自伤口或皮孔侵入果实,潜育期为5~10 d。在果实贮运中,靠接触传播。在高温、高湿及挤压条件下,易产生大量伤口,病害常蔓延。果园积累病原多,近成熟期多雨、潮湿,是该病流行的主要条件。

4. 防治技术

(1)及时清除病源:随时检查,发现落果、病果、僵果等立即捡出园外集中烧毁或深埋;早春、晚秋施行果园翻耕,将捡不净的病残果翻入土中。

(2)适时采收,减少伤口:严格挑选,去除病、伤果,分级包装,避免碰伤。贮窖应保持1~2 ℃,相对湿度90%。

(3)喷药保护:发病较重的果园花前喷5波美度石硫合剂或45%晶体石硫合剂30倍液。在8月下旬至9月上旬喷药2次,药剂选用1∶2∶200波尔多液或5%晶体石硫合剂等。果库密闭熏蒸48 h。

四、梨轮纹病

梨轮纹病又称粗皮病,分布遍及中国各梨产区,在贵州果梨产区普遍发生。发病严重可造成烂果和枝干枯死。此病除为害梨外,还能为害苹果、桃、李、杏等树种。

1. 症状

梨轮纹病主要为害枝干、叶片和果实。

枝干发病:起初以皮孔为中心形成暗褐色水渍状斑,渐扩大,呈圆形或扁圆形,直径0.3~3 cm,中心隆起,呈疣状,质地坚硬。以后,病斑周缘凹陷,颜色变青灰至黑褐色,翌年产生分生孢子器,出现黑色小粒点。随树皮愈伤组织的形成,病斑四周隆起,病健交界处发生裂缝,病斑边缘翘起如马鞍状。数个病斑连在一起,形成不规则大斑。病重树长势衰弱,枝条枯死。

果实发病:多在近成熟期和贮藏期,初以皮孔为中心形成褐色水渍状斑,渐扩大,呈暗红褐色至浅褐色,有清晰的同心轮纹。病果很快腐烂,发出酸臭味,并渗出茶色黏液。病果渐失水成为黑色僵果,表面布满黑色粒点(图1-4)。

叶片发病:发病比较少见。形成近圆形或不规则褐色病斑,直径0.5~1.5 cm,后出现轮纹,病部变灰白色,并产生黑色小粒点,叶片上发生多个病斑时,病叶往往干枯脱落。

2. 病原

病原菌为子囊菌亚门球壳孢束[*Physalospora piricola* Nose],无性阶段为半知菌亚门轮纹大茎点菌[*Macrophoma kuwatsukai* Hara]。

3. 发病特点

枝干病斑中越冬的病菌是主要侵染源。分生孢子翌年春天在越冬的分生孢子器内形

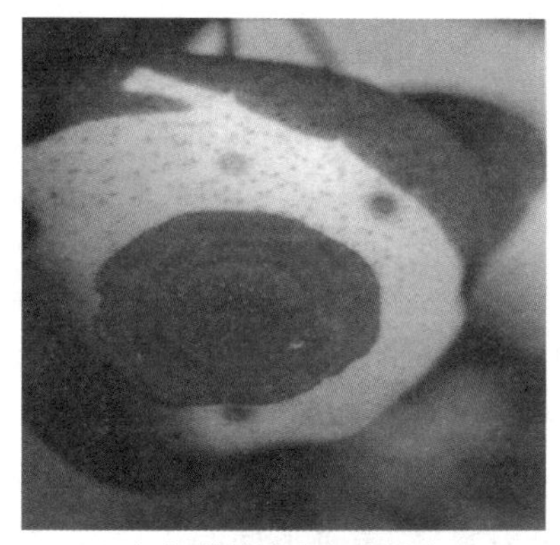

（a）梨轮纹病危害果实

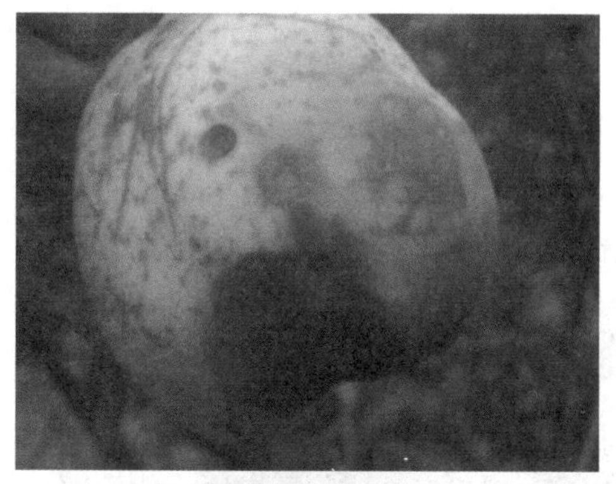

（b）梨轮纹病危害果实

（c）梨轮纹病危害梨树树干

图 1-4　梨轮纹病

成，借雨水传播，从枝干的皮孔、气孔及伤口处侵入。梨园空气中 3—10 月均有分生孢子飞散，3 月中下旬不断增加，4 月随风雨大量散出，梅雨季节达最高峰。病菌分生孢子从侵入到发病约 15 d，老病斑处的菌丝可存活 4 ~ 5 a。新病斑当年很少形成分生孢子器，病菌侵入树皮后，4 月初新病斑开始扩展，5—6 月扩展活动旺盛，7 月以后扩展减慢，病健交界处出现裂纹，11 月下旬至翌年 2 月下旬为停顿期。梨轮纹病的发生和流行与气候条件有密切关系，温暖、多雨时发病重。

4. 防治技术

（1）秋冬季清园：清除落叶、落果。枝干病斑中越冬的病菌是主要侵染源，因此在冬季和早春萌芽前，精细刮除枝干病皮，后喷 5 波美度石硫合剂。病瘤仅限于主干的果园，要特别重视对病瘤的刮治，刮治方法是轻刮病瘤将其去除，然后在患处涂上甲硫萘乙酸、腐植酸铜等膏剂。除了刮治以外，在雨季还要结合叶部病害的防控着重对枝干进行喷雾，药剂可以选择丙环唑等。

（2）加强栽培管理：增强树势，提高树体抗病能力，合理修剪，园地通风透光。

（3）生长期喷药防治：在发芽前、生长期和采收前用药，以控制梨轮纹病的发生。发芽前喷 3 ~ 5 波美度石硫合剂 1 次，可以防治部分越冬病菌，减少分生孢子的形成量。如果先刮除老树皮和病斑再喷药效果更好。病菌对果实的侵染期长，生长期适时喷药保护相当重要。

常用药剂有多菌灵、杜邦福星、绿得保杀菌剂(碱式硫酸铜胶悬剂)、丙环唑。喷药次数要根据历年病情、药剂的残效期和降雨情况而定。

(4)套袋防病:疏果后先喷一次杀菌剂,而后将果实套袋,可以基本控制梨轮纹病。

五、梨青霉病

梨青霉病俗称水烂、霉烂,是贮藏期常见的一种侵染性病害,可造成梨的大量损失。梨青霉病除为害梨外,还为害苹果、桃、杏等。

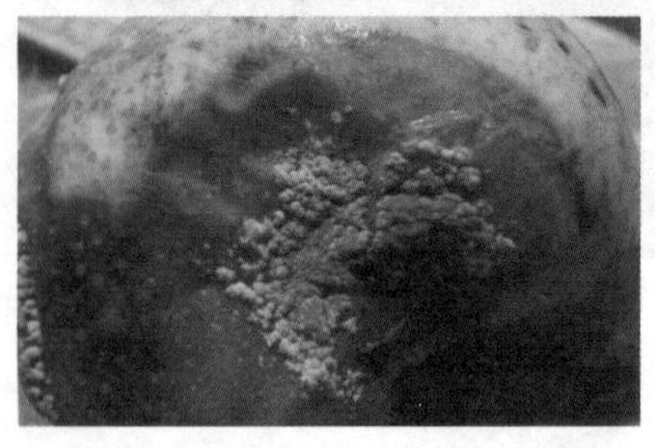

图 1-5　梨青霉病

1. 症状

果面产生近圆形或不规则形病斑,淡褐色湿腐状,稍凹陷,病部果肉软腐,呈锥形向心扩展,最后导致全果腐烂。后期病部产生初为白色后变为青绿色的霉丛(分生孢子梗及分生孢子),病果有强烈的发霉气味(图 1-5)。

2. 病原

半知菌亚门多种青霉菌:扩展青霉和意大利青霉[*Penicillium expansum*(Link)Thorn]。

3. 发病特点

病菌越冬场所十分广泛,能抵抗不良环境条件,可在多种有机质和土壤中营腐生生活,产生大量分生孢子,随气流传播,从各种伤口侵入,也能从气孔侵入。病菌在 0 ℃时仍可缓慢发展,在果实贮藏期如果库温度高、湿度大、通风不良,会导致病害严重发生。发病与温度(25 ℃最适合)、湿度以及伤口量等有关。

4. 防治技术

(1)及时处理伤口:采收、包装、贮运中防止形成各种伤口;病果、伤果要及早处理,不能长期存储。

(2)清除菌源:采收后用包装房、果筐等严格消毒。消毒剂可用硫黄进行熏蒸,密闭 24 h;及时清除烂果;1 ~2 ℃低温存储,可以减缓发病。

六、梨炭疽病

梨炭疽病也称苦腐病,在贵州等栽培区均有发生。发病后引起果实腐烂和早落,同时为害苹果、葡萄等多种果树。

1. 症状

果实多在生长中后期发病。起初果面出现淡褐色水渍状小圆斑,随着病斑逐渐扩大颜色也逐渐加深,病部软腐下陷,病斑表面颜色深浅交错呈明显同心轮纹。病斑表皮下有许多褐色隆起小粒点,后变黑色。有时排列成同心轮纹状。随着病斑的继续扩大,病部腐烂入果肉直到果心,使果肉变褐色,有苦味。果肉腐烂常呈圆锥形,严重时,可使果实全部腐烂。最后引起落果,或在枝上干缩成僵果(图 1-6)。

图 1-6　梨炭疽病

2. 病原

病原菌为胶孢炭疽菌[*Colletotrichum gloeospoyioides* Penz],有性阶段为围小丛壳[*Glomerella cingulata*(Stonem)Spauld. et Schrenk]。

3. 发病特点

以菌丝体在病组织内越冬。翌年产生分生孢子,借雨水、昆虫传播,一年内条件适宜时可不断产生分生孢子进行再侵染,一直延续到晚秋。病菌具有潜伏侵染特性。该病的发生、流行与气候、栽培条件、树势及品种有关。高温、高湿特别是雨后高温利于病害的流行,所以降雨多而早的地区和年份发病重。树势弱、枝叶茂密、偏施氮肥、排水不良、结果过多,炭疽病发生严重。一般7—8月为盛发期,贮藏期若遇高温、高湿,易发病而造成果实腐烂。

4. 防治技术

(1)加强栽培管理,增强树势。

(2)彻底清除菌源:冬季结合修剪,去除病僵果、枯枝、病虫枝等。在梨树花芽萌动期(花芽露白时)喷3~5波美度的石硫合剂。

(3)药剂防治:落花后喷1次药,以后隔半月1次,连续3~4次(可结合其他病害防治进行)。药剂有丙环唑250 g/L浮油1 000倍液、戊唑醇430 g/L悬浮液4 000倍液、代森锰锌70%粉剂1 200倍液、甲基托布津50%粉剂1 000倍液等。

(4)果实套袋保护,套袋前喷一次优质杀菌剂。

(5)低温贮藏:采收后在0~15 ℃低温贮藏可抑制病害发生。

任务二 梨树虫害识别与防治

一、梨大食心虫

梨大食心虫[*Nephoteryx pirivorella* Matsumur]俗名吊死鬼,属鳞翅目螟蛾科。各地均有发生,为害严重,是梨树重要害虫之一。

1. 为害状

梨大食心虫幼虫蛀食梨的果实和花芽,从芽基部蛀入,直达芽心,芽鳞包被不紧,蛀入孔里有黑褐色粉状粪便及丝堵塞;出蛰幼虫蛀食新芽,芽基间堆积有棕黄色末状物,有丝缀连,此芽暂不死,至花序分离期芽鳞片仍不落,开花后花朵全部凋萎。果实被害,受害果孔有虫粪堆积,果柄基部有丝与果台相缠,被害果变黑,枯干至冬不落,俗称“吊死鬼”。

2. 形态特征

成虫:体长10~15 mm,翅展20~27 mm,全体暗灰褐色。前翅暗灰,褐色,具紫色光泽。距前翅基部2/5和4/5处,各有一条灰白色波纹横纹,横纹两侧镶有黑色的宽边,两横纹间中室上方有一黑褐色肾状纹。后翅灰褐色。

幼虫:越冬幼虫体长约3 mm,紫褐色。老熟幼虫体长17~20 mm,暗绿色。头、前胸背板、胸足皆为黑色。

卵:椭圆形,稍扁平,长约 1 mm,初产时白色,后渐变红色,近孵化时黑红色。

蛹:体长 12 ~ 13 mm,黄褐色,尾端有 6 根带钩的刺毛,近孵化时黑色(图 1-7)。

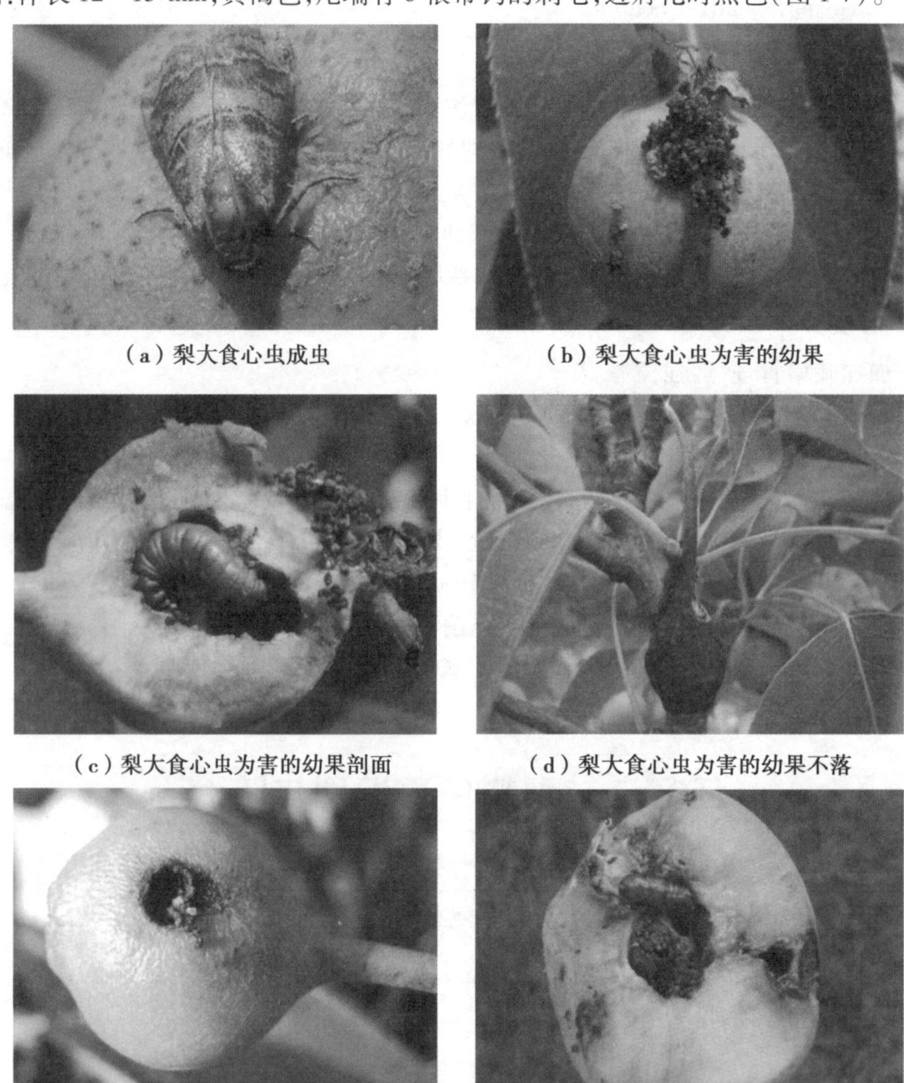

(a) 梨大食心虫成虫　(b) 梨大食心虫为害的幼果

(c) 梨大食心虫为害的幼果剖面　(d) 梨大食心虫为害的幼果不落

(e) 梨大食心虫为害的梨幼果上脱果孔　(f) 梨大食心虫虫蛹

图 1-7　梨大食心虫

3. 发生特点

根据资料记载,梨大食心虫 1 年发生 1 ~ 3 代,以低龄幼虫在被害芽内结茧越冬。花芽前后,开始从越冬芽中爬出,转移到新芽上蛀食,称为“出蛰转芽”。由于越冬幼虫出蛰转芽期相当集中,尤其在转芽初期最为集中,故药剂防治的关键时期应在转芽初期。被害新芽大多数暂时不死,继续生长发育,至开花前后,幼虫已蛀入果台中央,输导组织遭到严重破坏,花序开始萎蔫,不久又转移到幼果上蛀食,称为“转果期”。转果期长达 17 ~ 37 d,每头幼虫可连续为害幼果 2 ~4 个。越冬幼虫大约为害 20 d,幼虫可为害 2 ~3 个果,老熟后在最后那个被害果内化蛹。化蛹前老熟幼虫吐丝将果梗缠在枝上,再将蛀果孔封闭成为一半圆形的羽化道,然后在该果内化蛹。当幼果皱缩开始变黑时,幼虫多已化蛹;当整个果变黑干枯时,多羽化飞出。成虫羽化后,幼虫蛀入芽内(多数是花芽)为害,芽干枯后又转移到新芽。一头幼虫可以为害 3 个芽,在最后那个被害芽内越冬,此芽称为"越冬虫芽"。成虫对黑光灯有较强的趋性。

4. 防治技术

(1)人工防治:结合冬剪,剪除虫芽。人工刮去梨树主干上老皮,在梨树开花末期,随时掰下虫芽和萎凋的花丛、叶丛,捏死幼虫,连作几次,可减轻幼虫为害幼芽和幼果。3—5 月可在梨树基部覆盖一些薄膜或是刷油漆、猪油等,这样可以防治害虫爬上梨树。越冬代成虫羽化前,彻底摘除"吊死鬼"果,后期及时、彻底捡拾落地的虫果深埋。优质梨还可以套袋防蛀。

(2)诱杀成虫:成虫发生高峰期,设置黑光灯、糖酒醋毒液诱杀成虫。

(3)药剂防治:在幼虫转芽、转果期可以用 25% 灭幼脲 3 号悬浮剂 2 000 ~3 000 倍均匀喷雾。

二、梨小食心虫

梨小食心虫[*Grapholitha molesta*(Busck)]属鳞翅目小卷叶蛾科,简称梨小,俗名黑膏药、蛀虫。我国各梨产区均有分布。

1. 为害状

幼虫为害果多从萼、梗洼处蛀入,早期被害果蛀孔外有虫粪排出,晚期被害果多无虫粪。幼虫蛀入直达果心,高湿情况下蛀孔周围常变黑,腐烂渐扩大。一代、二代幼虫危害梨树嫩梢多从上部叶柄基部蛀入髓部,向下蛀至木质化处便转移,蛀孔流胶并有虫粪,被害嫩梢渐枯萎,俗称"折梢"。

2. 形态特征

成虫:体长 5 ~7 mm,翅展 9 ~15 mm,全体灰褐色,无光泽,前翅灰褐色,无紫色光泽,前缘有 10 组白色短斜纹,中室外方有 1 个明显的小白点。两前翅合拢时,两翅外缘所成之角多为钝角。

幼虫:老熟幼虫体长 10 ~13 mm,全体淡红色或粉红色。头部、前胸盾、臀板和胸足均黄褐色,毛片黄白色,不明显。前胸气门前毛片具 3 毛,臀栉暗红色,4 ~7 齿。

卵:扁椭圆形,中央隆起,直径 0.5 ~0.8 mm,表面有皱折,初乳白,后淡黄,孵化前变黑褐色。

蛹:体长 7 mm,纺锤形,黄褐色,腹部 3 ~7 节背面前后缘各有 1 行小刺,9 ~10 节各具稍大的刺 1 排,腹部末端有 8 根钩刺。茧白色、丝状,扁平椭圆形(图 1-8)。

3. 发生特点

以老龄幼虫结茧在梨树和梨树老翘皮下或树干的根颈、剪锯口、吊树干、草绳及坝墙、石块下、堆果场、包装点、包装器材等处结茧越冬。越冬代成虫发生在 4 月下旬至 6 月中旬;第

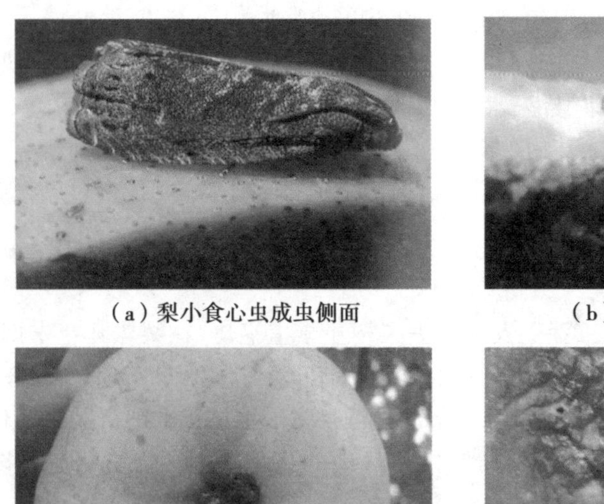

(a) 梨小食心虫成虫侧面　　(b) 梨小食心虫为害梨果

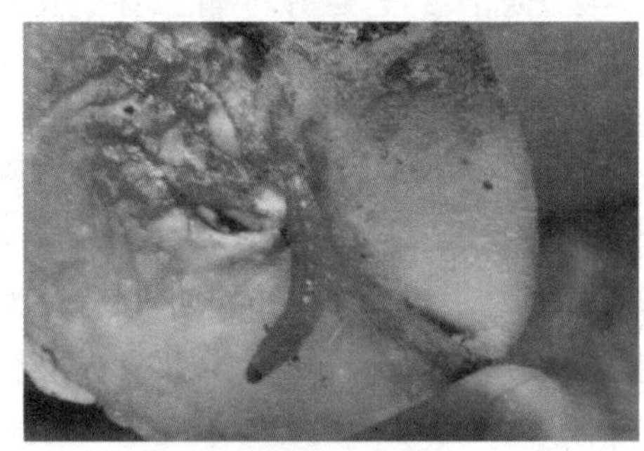

(c) 梨小食心虫为害的梨面　　(d) 梨小食心虫幼虫

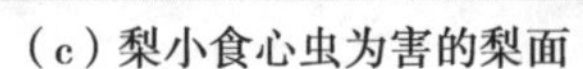

图 1-8　梨小食心虫

一代成虫发生在 6 月末至 7 月末;第二代成虫发生在 8 月初至 9 月中旬。第一代幼虫主要为害梨芽、新梢、嫩叶、叶柄,极少数为害果。有一些幼虫从其他害虫为害造成的伤口蛀入果中,在皮下浅层为害,还有和梨大食心虫共生的。第二代幼虫为害果增多,第三代为害果最重。第三代卵发生期在 8 月上旬至 9 月下旬,盛期在 8 月下旬至 9 月上旬,产卵于中部叶背,为害果实的产在果实表面。成虫对黑光灯有一定的趋光性,对糖醋液有较强的趋化性。在梨、苹果、桃树混栽或者邻栽的果园,梨小食心虫发生重;山地管理粗放的发生重;一般雨水多、湿度大的年份,发生比较重。

4. 防治技术

(1)合理栽培:建立新果园时,尽可能避免梨树与桃、李等混栽。在已经混栽的果园中,对梨小食心虫主要寄主植物,应同时注意防治。果树发芽前,刮除老翘皮,然后集中处理。越冬幼虫脱果前,在主枝、主干上捆绑草束或破麻袋片等,诱集越冬幼虫。在 5—6 月连续剪除有虫枝梢,并及早摘除虫果和捡净落果。

(2)物理机械防治:诱集成虫可用果醋、梨膏液(梨膏 1 份、米醋 1 份、水 20 份)放置罐中,挂在田间,可诱集越冬代和第 1 代成虫。大面积挂罐,防治效果好。成虫发生高峰期,设置黑光灯或用糖醋毒液诱杀成虫。

(3)生物防治:释放松毛虫赤眼蜂,可以有效地防治第 1、2 代卵。在卵发生初期开始放蜂,每 5 d 放 1 次,共放 5 次,每亩(1 亩 ≈667 m^2)每次放蜂 2.5 万头左右,防治效果较好。

(4)药剂防治:常用的药剂 1.2% 苦烟乳油、灭幼脲 3 号等均有良好防治效果。

三、梨象鼻甲

梨象鼻甲[*Rhynchites foveipennis* Fairmaire]属于鞘翅目象虫科,分布于中国南北各地。果树害虫,主要为害梨,也为害苹果、山楂。

1. 为害状

成虫、幼虫为害果实,梨芽萌发抽梢时,成虫取食嫩梢、花丛成缺刻。幼果形成后即食害果实成宽条缺刻,并咬伤果柄。产卵于果内。幼虫孵出后在果内蛀食,造成早期落果,严重影响产量。

2. 形态特征

成虫体长 12～14 mm,紫红色,头向前延伸成象鼻状头管,触角端部 3 节明显宽扁,前胸背面有 3 条凹陷。卵长 1.5 mm,椭圆形,初产时乳白色,后变乳黄色,幼虫体长 9～12 mm,粗,黄白色。蛹体长约 9 mm,黄褐至暗褐色(图 1-9)。

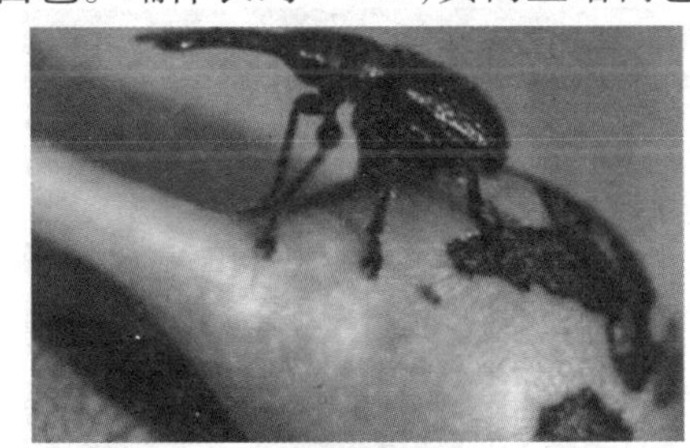
(a) 梨象鼻甲成虫

(b) 梨象鼻甲幼虫

图 1-9　梨象鼻甲

3. 发生特点

成虫、幼虫都为害,以成虫在土中蛹室内越冬,成虫出土后先啃食梨树花蕾,继而为害幼果果皮果肉,导致果面呈黄褐色粗糙疤痕,俗称"麻脸婆";并于产卵前咬伤果柄,使梨果皱缩变黑脱落。卵经 6～8 d 孵化为幼虫,蛀入果心。7—8 月是幼虫为害期,幼虫在落果内短期继续为害,然后离果入土作土室化蛹。蛹期为 33～62 d,羽化为成虫后在土室中越冬。成虫出土时遇降雨对出土有利,春旱则出土数量少。不同品种的受害程度有异。成虫白天活动,有假死习性,早、晚气温低时受惊即落地。

4. 防治技术

(1)人工防治:利用成虫假死习性,每日早、晚振落捕杀;在出土期雨后捕杀;及时拾净落果,集中处理。

(2)药剂防治:在常年虫害发生严重的梨园,越冬成虫出土始期尤其是下雨后,可喷洒 40% 辛硫磷乳油、20% 吡虫啉乳油、1.8% 阿维菌素乳油等。

四、梨实蜂

梨实蜂[*Hoplocampa pyricola* Rohwer]又称折梢虫、切芽虫、花钻子等,属膜翅目叶蜂科,主要危害梨树的果实。

1. 为害状

成虫在花萼上产卵,被害花萼出现1个稍鼓起的小黑点,很像蝇粪,剖开后可见一长椭圆形的白色卵。落花后,花萼筒有一个黑色虫道。幼虫在花萼基部内环向串食,萼筒脱落之前转害新幼果。小果受害,虫果上有一个大虫孔,被害虫果早期落地。

2. 形态特征

卵:白色,长椭圆形,将孵化时为灰白色。长0.8~1 mm。

幼虫:体长7.5~8.5 mm。老熟时头部橙黄色,尾端背面有一块褐色斑纹。

成虫:体长约5 mm,为黑褐色小蜂。翅淡黄色,透明。雄虫为黄色,足为黑色,先端为黄色。

蛹:裸蛹长约4.5 mm,初为白色,以后渐变为黑色。

茧:黄褐色,形似绿豆(图1-10)。

(a)梨实蜂成虫

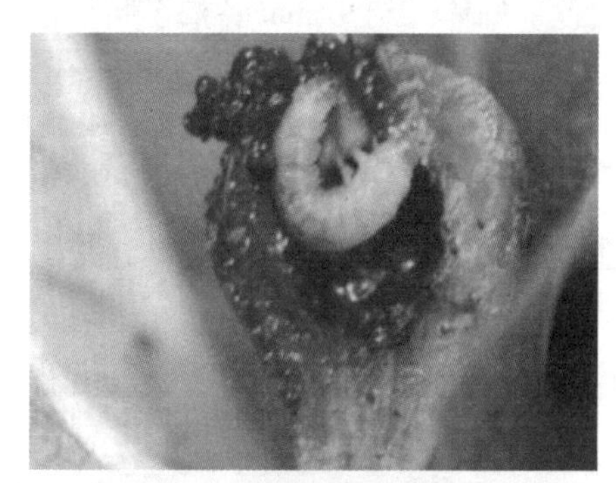

(b)梨实蜂为害的梨幼果

(c)梨实蜂幼虫

(d)梨实蜂幼虫为害幼果

图1-10 梨实蜂

3. 发生特点

一年发生一代,以老熟幼虫在土中做茧过冬,杏花开时羽化为成虫。羽化后先在杏、李、樱桃上取食花蜜,梨花开时,飞回梨树上为害。幼虫长成后(约在5月)即离开果实落地,钻入土中做茧过夏过冬。各品种受害程度不同,开花早的品种受害较重。

4. 防治技术

防治梨实蜂应当采取人工和药剂相结合,重点抓住成虫发生时期进行防治。

(1)人工防治:利用成虫假死性,组织力量清晨在树冠下铺块布单,然后振动枝干,使成虫落在布单上集中消灭之。当成虫尚栖息在杏、李、樱桃上时，即开始捕捉；等转移到梨花丛间时，仍要在早花品种上继续捕捉。成虫已经产卵，如果卵花率较低，可摘除卵花。如果卵花多时，可实行摘除花萼（又称摘花帽），因初孵化幼虫先在花萼内为害，待谢花后花萼脱落前，才咬食到果内，如在为害萼片时把萼筒摘掉，梨果仍能正常发育。但不可行之过晚，若幼虫已钻入果内再行此法则无效。

（2）药物防治：掌握梨实蜂成虫出土前期，即梨树开花前 10 ~ 15 d，用辛硫磷微胶囊剂 300 倍液或用 50% 辛硫磷乳剂 1 000 倍液、1.8% 阿维菌素乳油 1 000 倍液等，着重喷洒在树冠下范围内。根据成虫发生期短而集中产卵为害的特点，掌握梨花尚未开时（含苞欲放时）梨实蜂成虫即由杏花转到梨花上为害的时期，抓紧喷布 1.8% 阿维菌素乳油。如果梨实蜂发生很多，应在刚落花以后再喷一次。为了提高防治效果，要按各品种物候期，分别于初花期用药效果好。

五、梨网蝽

梨网蝽［*Stephanitis nashi* Esaki et Takeya］又名梨花网蝽，属半翅目网蝽科冠网蝽属。分布各栽培地。除为害梨树外，还为害苹果、桃子、李、杏等。

1. 为害状

成虫、若虫都群集在叶背面刺吸汁液，受害叶背面出现似被溅污的黑色黏稠物。这一特征易区别于其他刺吸害虫。整个受害叶背面呈锈黄色，正面形成很多苍白斑点，受害严重时斑点成片，以致全叶失绿，远看一片苍白，提前落叶，不再形成花芽。

2. 形态特征

成虫：体长 3.5 mm 左右，体形扁平，黑褐色。触角丝状，4 节。前胸背板中央纵向隆起，向后延伸成叶状突起，前胸两侧向外突出成羽片状。前翅略呈长方形。前翅、前胸两侧和背面叶状突起上均有很一致的网状纹。静止时，前翅叠起，由上向下正视整个虫体，似由多翅组成的“X”形。

卵：长椭圆形，一端弯曲，长约 0.6 mm，初产时淡绿色，半透明，后变淡黄色。

若虫：初孵时乳白色，后渐变暗褐色，长约 1.9 mm。3 龄时翅芽明显，外形似成虫，在前胸、中胸和腹部第 3—8 节的两侧均有明显的锥状刺突（图 1-11）。

3. 发生特点

各地均以成虫在枯枝、落叶、杂草、树皮裂缝以及土、石缝隙中越冬。4 月上中旬越冬成虫开始活动，集中到叶背取食和产卵。卵产在叶组织内，上面附有黄褐色胶状物，卵期半个月左右。初孵若虫多数群集在主脉两侧危害。若虫脱皮 5 次，经半个月左右变为成虫。第一代成虫 6 月初发生，以后各代分别在 7 月下旬、8 月初、8 月底 9 月初，因成虫期长，产卵期长，世代重叠，各虫态常同时存在。一年中 7—8 月危害最重，9 月虫口密度最高，10 月下旬后陆续越冬。成虫喜在中午活动，每头雌成虫的产卵量因寄主不同而异，可有数十粒至上百粒，卵分次产，常数粒至数十粒相邻，产卵处外面都有 1 个中央稍为凹陷的小黑点。

4. 防治技术

（1）人工防治：成虫春季出蛰活动前彻底清除果园的杂草、枯枝落叶，集中烧毁或者深

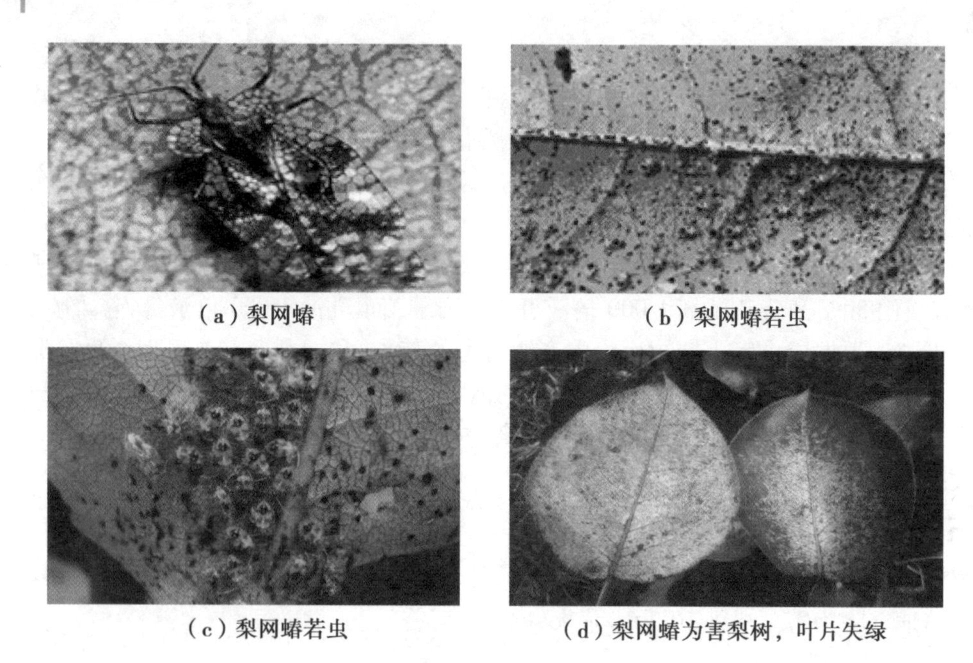

（a）梨网蝽 （b）梨网蝽若虫

（c）梨网蝽若虫 （d）梨网蝽为害梨树，叶片失绿

图 1-11 梨网蝽

埋，消灭越冬成虫。9 月树干上束草，诱集越冬成虫，清除果园时一起处理。

（2）化学防治：关键时期有两个，一是越冬成虫出蛰至第一代若虫发生期，最好在梨树落花后、成虫产卵之前，以压低春季虫口密度；二是夏季大发生前喷药，以控制 7—8 月的为害。药剂可以选择 20% 吡虫啉可湿性粉剂等。

六、梨蚜

梨蚜[*Schizaphis piricola* (Matsumura)]又名梨二叉蚜，属同翅目蚜科。分布较广，国内各梨区几乎都有发生。

1. 为害状

成虫、若虫群集芽、叶、嫩梢和茎上吸食汁液。被害叶两侧向正面纵卷成筒状，早期易脱落。梨蚜危害影响产量与花芽分化、削弱树势。梨蚜仅危害梨，杂草寄主为狗尾草。

2. 形态特征

成虫：有翅胎生雌蚜，体长 1.5 mm，翅展 5 mm，头胸部黑色，额瘤微突出，触角 6 节淡黑色。第 3、4、5 节的感觉孔分别为 20 ~ 40 个、5 ~ 8 个、4 个。复眼暗红色，前翅中脉分二叉，故称二叉蚜。腹管长大，黑色，圆筒形，末端收缩。尾片圆锥形，侧毛三对。无翅胎生雌蚜，体长 2 mm，绿、暗绿、黄褐色，常疏被白色腊粉，头部额瘤不明显，复眼红褐色，触角 6 节，端部黑色，第 5 节末端有一感觉孔。腹管、尾片同有翅胎生雌蚜。

卵：椭圆形，长 0.7 mm，黑色有光泽。

若虫：与无翅胎生雌蚜相似，体小，绿色。有翅若蚜胸部较大，后期有翅芽伸出（图 1-12）。

3. 发生特点

一年发生 20 代左右，以卵在梨树的芽腋、果台或者枝条等缝隙内越冬，常数粒至数十粒

（a）梨蚜

（b）梨蚜为害梨树叶子

（c）梨树有翅蚜与无翅蚜

（d）梨蚜为害梨树嫩叶

（e）梨蚜为害嫩叶形成新梢卷叶

图 1-12 梨蚜

密集一起，梨花芽萌动时开始孵化。初孵幼虫常群集于露绿的芽上危害，花芽现蕾后便钻入花序中危害花蕾和嫩叶，展叶时到叶面上危害，致使叶片向上纵卷成筒状。梢顶嫩叶受害较重，一般落花后便大量出现卷叶，危害繁殖至 5 月出现有翅蚜，6 月上旬迁移到夏寄主狗尾草上繁殖危害，6 月下旬后在梨树上基本绝迹。秋季 9—10 月又产生有翅蚜由夏寄主迁回梨树上繁殖危害，产生有性蚜。梨蚜春秋两季在梨树上繁殖危害，以春季危害较重，尤以 4 月下旬至 5 月危害最烈。

4. 防治技术

（1）清除虫叶：早期摘除被害卷叶，集中处理。

（2）药剂防治：蚜卵孵化，梨芽尚未开放至发芽展叶期是防治适期。可用 20% 吡虫啉可湿性粉剂 3 000 ~ 5 000 倍液、24% 唑蚜威乳油 2 500 倍液喷杀。

（3）保护天敌：梨蚜天敌有瓢虫、草蛉、食蚜蝇、蚜茧蜂等，应注意加以保护。

项目实训一　梨树病虫害识别

一、目的要求

了解本地梨树常见病虫害种类，掌握梨树主要病害的症状特点及病原菌的形态特征，掌握梨树主要害虫的形态特征及为害特点，学会识别梨树病虫害的主要方法。

二、材料准备

病害标本：梨黑星病、梨锈病、梨轮纹病、梨炭疽病、梨褐腐病、梨青霉病等病害的新鲜标本、盒装标本、瓶装浸渍标本、病原菌玻片标本及多媒体课件等。

虫害标本：梨大食心虫、梨小食心虫、梨象鼻甲、梨实蜂、梨蚜、梨网蝽等虫害的新鲜标本、盒装标本、瓶装浸渍标本及多媒体课件等。

仪器和用具：显微镜、多媒体教学设备、放大镜、挑针、解剖刀、镊子、滴瓶、载玻片、盖玻片。

三、实施内容及方法

1. 梨树病害识别

(1) 观察梨黑星病的果实、果梗、叶片、叶柄等部位，注意病斑的形状、大小、颜色，有无轮纹，有无灰色霉层，在叶片正面还是反面，观察果实是否有瘤状突起病斑。显微镜观察梨黑星病病原示范玻片，注意分生孢子器形状，分生孢子梗、分生孢子形状、大小和颜色。

(2) 观察梨锈病病叶标本，注意病叶正面病斑形状、大小、颜色，是否有隆起，边缘是否清晰，病斑是否有粉状物，粉状物颜色，叶背是否有黄色毛状物。显微镜观察病原菌示范玻片，注意夏孢子形状、颜色，表面是否有微刺，冬孢子形状、颜色、单孢、双孢还是多孢，是否有柄和乳头突起。

(3) 观察梨炭疽病病叶或者病果，注意病叶或病果上病斑的大小、形状和颜色，用放大镜观察病斑上小黑点的排列情况。叶片病斑颜色、形状、边缘是否清楚，果实病斑有无霉层，霉层颜色，病部是否腐烂，病斑是否凹陷，有无轮纹颗粒物。显微镜观察病原示范玻片或者自制玻片，注意分生孢子盘的形状，分生孢子的大小、形状特征。

(4) 观察梨褐腐病病叶或者病果，注意发病部位是内部还是外部，病斑有无轮纹，表面是霉层、霉丛还是小黑点。显微镜观察梨褐腐病病原示范玻片，注意分生孢子、分生孢子盘形状特征。

(5) 观察梨轮纹病病果面是否有淡褐色水渍状小圆斑，病部是否软腐下陷、是否有同心轮纹；病斑表皮下有没有褐色隆起小粒点，变黑色后排列成同心轮纹状。病叶、枝干病斑的形状、大小、颜色，有无轮纹，有无灰色霉层。显微镜观察梨轮纹病病原示范玻片，注意分生孢子器、分生孢子的形状、颜色及着生方式。

(6) 观察梨青霉病果面，注意是否有近圆形或不规则形病斑，淡褐色湿腐状，是否稍凹，病果部是否有青绿色霉丛，边缘是否清晰，是否有发霉的气味。自制玻片观察分生孢子梗及分生孢子形状、大小和颜色。

（7）观察当地梨树常见病害症状及病原菌形态特征。

2. 梨树虫害识别

（1）观察比较梨大食心虫、梨小食心虫幼虫，注意幼虫体色变化、趾钩排列；观察比较当地梨大食心虫和梨小食心虫成、幼虫形态的主要区别。

（2）观察梨实蜂成虫、幼虫，注意头部、翅的颜色，翅是否透明，尾端背面有无褐色斑纹。足是否为黑色，先端是否为黄色。

（3）观察梨象鼻甲成虫，注意头向前延伸成象鼻状头管特点、触角类型、前胸背面特征，幼虫形状、颜色、足的特点，观察当地梨象鼻甲类成虫、幼虫的主要区别。

（4）观察梨网蝽成虫，注意体色、触角类型，前翅、前胸两侧和背面叶状突起上均有很一致的网状纹，观察当地梨网蝽成、若虫的主要区别。

（5）观察梨蚜有翅蚜虫与无翅蚜虫的形态特征及区别。

（6）观察当地常见梨树害虫的形态特征。

四、学习评价

评价内容	评价标准	分值	实际得分	评价人
1. 梨树病害的症状、病原、发生特点和防治技术 2. 梨树虫害的为害状、形态特征、发生特点和防治技术	每个问题回答正确得 10 分	20 分		教师
1. 能正确进行以上梨树病害症状的识别 2. 能结合症状和病原对以上梨树病害作出正确的诊断 3. 能根据以上不同病害的发病规律，制订有效的综合防治方法	操作规范、识别正确、按时完成。每个操作项目得 10 分	30 分		教师
1. 正确识别当地常见梨树虫害的标本 2. 描述当地常见梨树害虫的为害状 3. 能根据梨树虫害的发生规律，制订有效的综合防治措施	操作规范、识别正确、按时完成。每个操作项目得 10 分	30 分		教师
团队协作	小组成员间团结协作，根据学生表现评价	10 分		小组互评
团队协作	计划执行能力，过程的熟练程度	10 分		小组互评

思考与练习

1. 梨黑星病主要症状特点是什么？如何防治？
2. 如何防治梨锈病？
3. 简述梨炭疽病的主要症状特点，如何防治？
4. 梨大食心虫、梨小食心虫为害有何不同？
5. 简述梨象鼻甲的防治技术。

项目二　葡萄病虫害识别与防治

📖 学习目标

1. 了解当地葡萄植物病虫的主要种类。
2. 掌握葡萄病害的症状及害虫的形态特征。
3. 了解葡萄植物病虫害的发生、发展规律。
4. 掌握符合当地实际情况的病虫害综合防治技术和生态防治技术。

任务一　葡萄病害识别与防治

一、葡萄霜霉病

葡萄霜霉病是一种世界性的葡萄病害。我国各葡萄产区均有分布，是我国葡萄主要病害之一。病害严重时，病叶焦枯早落、病梢生长停滞，严重削弱树势，对产量和品质影响很大。主要危害叶片，也危害新梢和幼果。

1.症状

叶片：最初在叶背出现半透明油浸状斑块，后在叶正面形成淡黄色至红色病斑，因受叶脉限制病斑呈角形，常见多个病斑相互融合；叶背面出现白色霜状霉层，病叶常干枯早落。

果粒：幼嫩果粒高度感病，直径 2 cm 以下的果粒表面可见霜霉，病果粒与健康果粒相比颜色灰暗、质地坚硬，但成熟后变软。

新梢：肥厚、扭曲，表面有大量白色霜霉，后变褐枯死。叶柄、卷须和幼嫩花穗症状相似（图 2-1）。

（a）葡萄霜霉病叶背面白色霉层

（b）葡萄霜霉病叶面病斑

图 2-1　葡萄霜霉病

2. 病原

病原菌为葡萄单轴霉[*Plasmopara viticola*(Berk. dt Curtis) Berl. Et de Toni],属鞭毛菌亚门。

3. 发病特点

以卵孢子在病叶组织及土壤中越冬。次年春季卵孢子萌发产生孢子囊,靠风雨传播,侵染叶片。叶片发病后,不断产生大量孢子囊进行多次重复侵染。冷凉潮湿天气,栽植过密或枝叶过多、通风差和排水不良均有利于病害流行。

4. 防治技术

水晶葡萄是引进并进行杂交的品种,长时间在贵州生长已经形成具有生长抗性强的品种。所以葡萄霜霉病的防治在采用抗病品种的基础上,配合清洁果园、加强栽培管理和药剂保护综合防治措施。

(1)果园管理:①清洁果园。冬初早春葡萄树发芽前结合修剪清园,烧毁枯枝落叶要在12月底之前完成,在整植后进行石硫合剂喷洒,包括立柱在内及时夏剪,引缚枝蔓,改善架面通风透光条件。②注意除草、排水、降低地面湿度。适当增施磷钾肥,对酸性土壤施用石灰,提高植株抗病能力。

(2)物理防治:选用无滴消雾膜做设施的外覆盖材料,并在设施内全面积覆盖地膜,降低其空气湿度和防止雾气发生,抑制孢子囊的形成、萌发和游动孢子的萌发侵染。

(3)避雨栽培:在葡萄园内搭建避雨设施,可防止雨水飘溅,从而有效切断葡萄霜霉病原菌的传播,对该病具有明显防效。

(4)生物防治:①预防。在病害常发期,使用奥力克霜贝尔50 mL,兑水15 kg进行喷雾,7 d喷1次。②发病中前期。使用霜贝尔50 mL加大蒜油15 mL,兑水15 kg全株喷雾,5 d喷1次,连用2~3次。③发病中后期。使用奥力克霜贝尔50 mL加靓果安50 mL加大蒜油15 mL,兑水15 kg喷雾,3天1次,连用2~3次即可。

(5)化学防治:第二年3月葡萄萌动长出新叶时,喷洒5波美度石硫合剂,可以降低菌类在园中滋生,待长枝条长出时,可以每10 d喷洒杀菌剂,如75%百菌清可湿性粉剂500~800倍液、25%甲霜灵可湿性粉剂600~800倍液。开花前不得施任何农药,防止结果率受影响;在花期凋落后每隔10~15 d喷1次波尔多液至果实成熟。

二、葡萄白腐病

葡萄白腐病又称水烂、穗烂病,是葡萄生长期引起果实腐烂的主要病害。贵州葡萄产区均有发生。

1. 症状

果穗:一般是近地面果穗的果梗或穗轴上产生浅褐色的水浸状病斑,逐渐干枯;果粒发病,表现为淡褐色软腐,果面密布白色小粒点,发病严重时全穗果粒腐烂,果穗及果梗干枯缢缩,受震动时病果及病穗极易脱落;有时病果失水干缩成黑色的僵果悬挂枝上,经冬不落。

枝梢:多出现在摘心处或机械伤口处。病部最初呈淡红色水浸状软腐,边缘深褐色,后期暗褐色、凹陷,表面密生灰白色小粒点。病斑环绕枝条一周时,其上部枝、叶逐渐枯死。最后，病皮纵裂如乱麻状。

叶片：多在叶尖、叶缘处，病斑褐色近圆形，通常较大，有不很明显的轮纹，表面也有灰白色小粒点，但以叶背和叶脉两边为多，病斑容易破碎（图 2-2）。

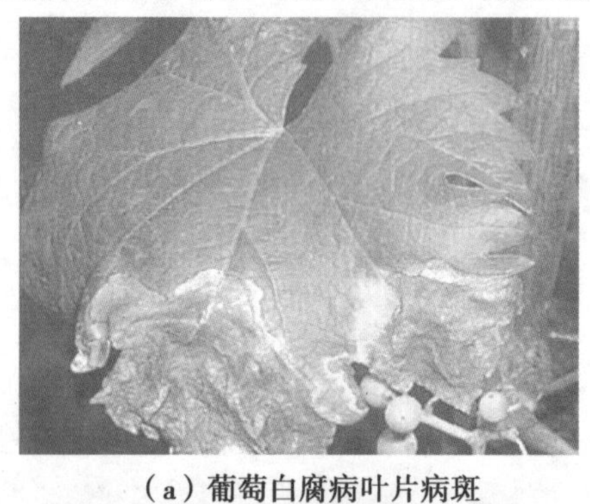

（a）葡萄白腐病叶片病斑

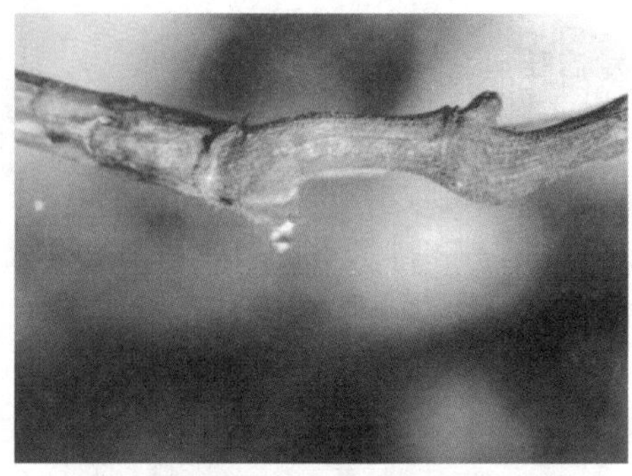

（b）葡萄白腐病为害枝蔓

（c）葡萄白腐病为害果粒后期

（d）葡萄白腐病为害果梗和果粒

图 2-2 葡萄白腐病

2. 病原

病原菌为白腐盾壳霉菌[*Coniothyrium diplodiella*(Speg)& Sydow]，属半知菌亚门。有性阶段在我国尚未发现。

3. 发生特点

葡萄白腐病主要以分生孢子附着在病组织上和以菌丝在病组织内越冬。散落在土壤表层的病组织及留在枝蔓上的病组织，在春季条件适宜时可产生大量分生孢子，分生孢子可借风雨传播，由伤口、蜜腺、气孔等部位侵入，经 3 ~ 5 d 潜育期即可发病，并进行多次重复侵染。该病菌在 28 ~ 30 ℃，湿度为 95% 以上时适宜发生。高温、高湿多雨的季节病情严重，雨后出现发病高峰。葡萄白腐病的发生和流行有 3 个阶段：一是坐果后，降雨早，雨量大，发病早；二是果实着色期，即 7 月上、中旬大雨出现早、雨量大，病害可很快达到盛发期（病穗率 10%）；三是病害持续期，其长短取决于雨季结束的早晚。

4. 防治技术

葡萄白腐病的防治应采用改善栽培措施、清除菌源及药剂保护的综合防治措施。

（1）合理栽培管理：选择抗病品种，增施优质有机肥和生物有机肥，培养土壤肥力，改善土壤结构，促进植株根系发达、生长繁茂，增强抗病力。

（2）升高结果部位：因地制宜采用棚架式种植，结合绑蔓和疏花疏果，使结果部位尽量提高到 40 cm 以上，可减少地面病原菌接触的机会，有效地避免病原菌的传染发生。

（3）疏花疏果：根据葡萄园的肥力水平和长势情况，结合修剪和疏花疏果，合理调节植株的挂果负荷量，避免只追求眼前取得高产的暂时利益，而削弱了葡萄果树生长优势，降低了葡萄的抗病性能。

（4）精细管理：加强肥水、摘心、绑蔓、摘副梢、中耕除草、雨季排水及其他病虫的防治等经常性的田间管理工作。

（5）做好田间清洁卫生：生长季节搞好田间卫生，清除田间病源污染和侵染物，结合管理勤加检查，及时剪除早期发现的病果穗、病枝体，收拾干净落地的病粒，并带出园外集中处理，可减少当年再侵染的菌源，减轻病情和减缓病害的发展速度。

（6）化学防治：发病初期使用 9% 白腐霜克 400 倍液、9% 白腐霜克 500 倍液加 69% 安克锰锌 700 倍液等药剂对葡萄白腐病有明显的防治效果。25% 戊唑醇 13 mL 兑水 15 kg 喷雾有特效。病情严重时，加入大蒜油 15 mL，兑水 15 kg 进行全株均匀喷雾，3 d 喷 1 次，连用 2 ~ 3 次。

三、葡萄黑痘病

葡萄黑痘病又名疮痂病，是葡萄生长前期的重要病害。贵州葡萄产区都有分布。在春、夏两季多雨地区，发病严重。

1. 症状

叶片发病，出现直径 1 ~ 4 mm 疏密不等褐色圆斑，中央灰白色，干燥时病斑自中间破裂穿孔，但病斑边缘仍保持紫褐色晕圈。幼叶发病，叶脉皱缩畸形，导致叶片停止生长或枯死。绿果被害，果面出现圆形直径 5 ~ 8 mm 的深褐色病斑，中央凹陷，灰白色，上有小黑点，外缘紫褐色似“鸟眼”状，后期病斑硬化或龟裂。但病斑只限于果皮，不深入果肉。空气潮湿时病斑上有乳白色的黏状物。新梢、枝蔓、叶柄或卷须发病时，出现灰黑色，边缘紫褐色，中部凹陷开裂的条斑。发病严重时，病部生长停滞、萎缩枯死（图 2-3）。

（a）葡萄黑痘病病果

（b）葡萄黑痘病为害往年生枝蔓

（c）葡萄黑痘病为害新梢

图 2-3　葡萄黑痘病

2. 病原

病原菌为葡萄痂囊腔菌[*Elsinoe ampelina* (de Bary) Shear]，属子囊菌亚门。无性阶段为葡萄痂圆孢菌[*Sphaceloma ampelium*(de Bary)]，属半知菌亚门。病菌的无性阶段致病。

3. 发病特点

以菌丝体潜伏在病蔓、病梢等病组织内越冬，翌春，产生大量分生孢子，随风雨传播，孢子发芽后，芽管直接侵染初生的嫩叶、新梢，经 6 ~ 8 d 产生分生孢子，不断进行再侵染；远距离传播则靠苗木或插条调运。病害在春季和初夏雨水多、湿度大的地区为害严重，品种间抗病性差异明显。

4. **防治技术**

(1)生物防治：奥力克速净按300倍液稀释喷施，7 d用药1次。轻微发病时，奥力克速净按300倍液稀释喷施，5～7 d用药1次；病情严重时，按奥力克速净75 mL加大蒜油15 mL，兑水15 kg稀释喷施，3 d用药1次，喷药次数视病情而定。

(2)苗木消毒：将苗木或插条在3%～5%的硫酸铜液中浸泡3～5 min取出即可定植或育苗。

(3)彻底清园：冬季进行修剪时，剪除病枝梢及残存的病果，刮除病、老树皮，彻底清除果园内的枯枝、落叶、烂果等，然后集中烧毁，再用铲除剂喷布树体及树干四周的土面。

(4)利用抗病品种：不同品种对黑痘病的抗性差异明显，葡萄园定植前应考虑当地生产条件、技术水平，选择适于当地种植，具有较高商品价值，且比较抗病的品种，如巨峰品种。

(5)加强管理：加强肥水管理，做好雨后排水、行间除草、摘梢绑蔓等田间管理工作。

(6)喷药保护：春季葡萄芽鳞萌动葡萄开花前，全面喷洒铲除剂，用3～5波美度石硫合剂进行喷雾。葡萄开花前及落花后及果实黄豆粒大时，每隔10～15 d喷药1次。药剂有波尔多液、甲基托布津、多菌灵、百菌清等。注意药剂的混合和交替使用。

四、葡萄白粉病

葡萄白粉病是南方地区常见的五大病害之一，特别对叶片和果粒的危害较重。

1. **症状**

受害部位常常被覆一层白色至灰白色的粉粒状霉层。果粒受害时几乎停止生长，被害果粒表面生网状斑纹，畸形变硬，有时纵向开裂。叶片受害时，起初表面被覆灰白色的粉粒状物，病原菌蔓延到整个叶片时，叶片变褐、焦枯。新梢、穗轴被害表皮出现很多褐色网状花纹，严重时，枝蔓不能成熟(图2-4)。

2. **病原**

病原菌为葡萄钩丝壳菌[*Uncinula necator*(Schw)Burr]，属子囊菌亚门，是一种专性寄生菌。

3. **发生特点**

葡萄白粉病以菌丝体在病组织内或芽麟下越冬，春季条件适宜时，产生分生孢子，借风力传播。病害耐干旱气候，湿度低时也可萌发，夏季闷热多云的天气条件发病最快。

4. **防治技术**

(1)清洁果园：冬季结合果园树枝修剪、清园，2月结合冬季修剪除病梢、摘僵果、刮枯皮，并收集烧毁。用5波美度石硫合剂对葡萄树进行全园喷布，杀灭树体表皮病菌，减少越冬病菌。

(2)栽培管理：及时摘心、绑缚新梢，保持通风透光条件。

(3)化学防治：发芽始期，喷布3～5度石硫合剂。发病时，喷布50%水分散粒剂醚菌酯1 000～2 000倍液、0.3度石硫合剂等；白粉病对硫制剂敏感，石硫合剂和硫黄胶悬剂防效好。

（a）病果形成褐色斑纹

（b）幼果感染白粉病开裂

（c）病叶

图 2-4　葡萄白粉病

五、葡萄炭疽病

葡萄炭疽病又名晚腐病，在贵州各葡萄产区发生较为普遍，为害果实较严重；在南方高温多雨的地区，早春也可引起葡萄花穗腐烂。

1. 症状

主要为害接近成熟的果实，所以也称为“晚腐病”病菌。近地面的果穗尖端果粒首先发病。果实受害后，先在果面产生针头大的褐色圆形小斑点，以后病斑逐渐扩大并凹陷，表面产生许多轮纹状排列的小黑点，即病菌的分生孢子盘。天气潮湿时涌出粉红色胶质的分生孢子团是其最明显的特征，严重时，病斑可以扩展到整个果面。后期感病时果粒软腐脱落，或逐渐失水干缩成僵果。果梗及穗轴发病，产生暗褐色长圆形的凹陷病斑，严重时使全穗果粒干枯或脱落（图 2-5）。

2. 病原

葡萄炭疽病有性世代属围小丛壳菌［*Glomerelle cingulata*（Stonem.）Schrenk et Spauld］，属子囊菌亚门。无性阶段属胶孢炭疽菌［*Colletotrichum gloeosporioides* Penz］，属半知菌亚门。

3. 发病特点

葡萄炭疽病主要是以菌丝体在树体中的一年生枝蔓中越冬。翌年春天随风雨大量传播，潜伏侵染于新梢、幼果中。待温度为 20～29 ℃时，可在 24 h 内出现孢子。夏季葡萄着色

（a）病果　（b）葡萄炭疽病后期发病果实

（c）发病果穗　（d）葡萄炭疽病小病斑与扩展大病斑

图 2-5　葡萄炭疽病

成熟时，病害常大流行；降雨后数天易发病，天旱时病情扩展不明显，日灼的果粒容易感染炭疽病；栽培环境对炭疽病发生有明显影响，株行过密，双立架葡萄园发病重，宽行稀植园发病轻；施氮过多发病重，配合施用钾肥可减轻发病。该病先从植株下层发生，特别是靠近地面果穗先发病，后向上蔓延；沙土发病轻，黏土发病重；地势低洼、积水或空气不流通发病重。

4. **防治技术**

（1）清洁果园：秋季彻底清除架面上的病残枝、病穗和病果，并及时集中烧毁，消灭越冬菌源。

（2）加强栽培管理：及时摘心、绑蔓和中耕除草，为植株创造良好的通风透光条件，同时要注意合理排灌，降低果园湿度，减轻发病程度。

（3）果穗套袋：果穗套袋是防葡萄炭疽病的特效措施。套袋的时间宜早不宜晚，以防早期幼果的潜伏感染。尤其对于不抗病的优质鲜食葡萄实行套袋，除免于炭疽病的侵染还可使葡萄避免农药污染，是一项很有价值的措施。

（4）化学防治：葡萄生长期喷药，以果园中初次出现孢子时，3 ~ 5 d 内开始第一次喷药，以后 15 d 喷 1 次药，共喷 3 ~ 4 次，在葡萄采收前半个月应该停止喷药。防治葡萄炭疽病的农药有：40% 福美双 100 倍液或 3 波美度石硫合剂，加 200 倍五氯酚钠药液或 38% 恶霜嘧铜菌酯 800 ~ 1 000 倍液，75% 百菌清可湿性粉剂 600 ~ 800 倍液、50% 多菌灵可湿性粉剂或 5% 井岗霉素水剂 800 倍液。对结果母枝上要仔细喷布。

六、葡萄褐斑病

葡萄褐斑病又称斑点病、褐点病、叶斑病和角斑病等。分布于我国葡萄产区。褐斑病有大褐斑和小褐斑两种症状类型，在多雨和不防治的果园，可引起树叶早落，削弱树势和影响产量。

1. 症状

大褐斑病主要为害叶片，侵染点发病初期呈淡褐色、不规则的角状斑点，病斑逐渐扩展，直径可达 1 cm，病斑由淡褐色变褐色，进而变赤褐色，周缘黄绿色，严重时数斑连结成大斑，边缘清晰，叶背面周边模糊，后期病部枯死，多雨或湿度大时发生灰褐色霉状物。有些品种病斑带有不明显的轮纹。

小褐斑病侵染点发病出现黄绿色小圆斑点并逐渐扩展为 2～3 mm 的圆形病斑。病斑部逐渐枯死变褐进而茶褐，后期叶背面病斑生出黑色霉层（图 2-6）。

（a）葡萄小褐斑病病叶症状

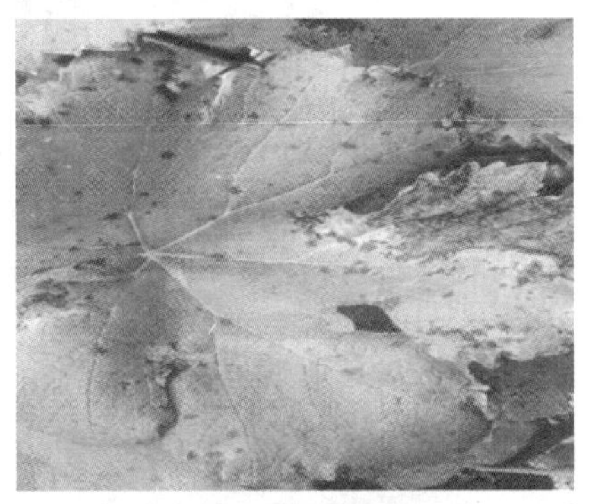

（b）葡萄大褐斑病病叶症状

（c）葡萄小褐斑病病叶症状

（d）葡萄大褐斑病病叶症状

图 2-6　葡萄褐斑病

2. 病原

大褐斑病是由葡萄假尾孢菌［*Pseudocercospora vitis*（Lev）Speg］寄生引起，小褐斑病由座束梗尾孢菌［*Cercospora roesleri*（Catt.）Sacc］寄生引起，均属半知菌亚门。

3. 发生特点

分生孢子附着在植株枝蔓的表面越冬，成为第二年的初次侵染来源。孢子借风雨传播，在潮湿条件下孢子萌发，从叶背面的气孔侵入寄主。潜育期 20 d 左右，分生孢子在寄主体内发展需要高湿和高温，故在高湿和高温条件下，病害发生严重。贵州葡萄产区一般在 5、6

月初发,7—9月为发病盛期。多雨年份发病较重。发病严重时可使叶片提早1~2月脱落,严重影响树势和第二年的结果。

4. 防治技术

(1)农业防治:加强葡萄的栽培管理,注意果园排水并适当增施肥料,促使极势生长健壮,以提高抗病力。秋后彻底清扫果园落叶,集中烧毁或深埋,以消灭越冬菌源。

(2)化学防治:可喷1∶1∶200倍的波尔多液和70%代森锰锌可湿性粉剂600倍液或50%的多菌灵可湿性粉剂800倍液便能控制住该病的发生蔓延。施药时要避开高温时间段,最佳施药温度为20~30 ℃。由于病害一般从植株下部叶片开始发生,以后逐渐向上蔓延,因此第一、二次喷药要着重喷射植株下部的叶片。

任务二 葡萄虫害识别与防治

一、葡萄透翅蛾

葡萄透翅蛾[*Paranthrene regalis* Nokona regalis Bu]属鳞翅目,透翅蛾科。中国南北各地都有分布,南方主要分布于四川、重庆、贵州、江苏、浙江等省市。

1. 为害状

初孵幼虫从叶柄基部及叶节蛀入嫩茎再向上或向下蛀食;蛀入处常肿胀膨大,有时呈瘤状,枝条受害后易被风折而枯死;主枝受害后会造成大量落果,失去经济效益。

2. 形态特征

成虫:体长约20 mm,翅展30~36 mm,体蓝黑色。头顶、颈部、后胸两侧以及腹部各节连接处呈橙黄色,前翅红褐色,翅脉黑色,后翅膜质透明,腹部有3条黄色横带,雄虫腹部末端有一束长毛。

卵:长椭圆形,略扁平,红褐色,长约1 mm,略扁平。

幼虫:共5龄。老熟幼虫体长38 mm左右,全体略呈圆筒形。头部红褐色,胸腹部黄白色,老熟时带紫红色。前胸背板有倒"人"形纹,前方色淡。

蛹:体长18 mm左右,红褐色,纺锤形(图2-7)。

3. 发生特点

一年发生1代,以老熟幼虫在葡萄枝蔓内越冬。翌年4月底5月初,越冬幼虫开始化蛹,5—6月成虫羽化。7月上旬之前,幼虫在当年生的枝蔓内为害;7月中旬至9月下旬,幼虫多在二年生以上的老蔓中为害。10月以后幼虫进入老熟阶段,继续向植株老蔓和主干集中,在其中短距离地往返蛀食髓部及木质部内层,使孔道加宽,并刺激为害处膨大成瘤,形成越冬室,之后老熟幼虫便进入越冬阶段。

4. 防治技术

(1)人工防治:结合冬季修剪,将被害枝蔓剪除,消灭越冬幼虫,及时处理,剪除枝蔓。

(a) 葡萄透翅蛾成虫

(b) 葡萄透翅蛾幼虫

(c) 葡萄透翅蛾从为害枝排除虫粪

(d) 葡萄透翅蛾在为害枝内的幼虫

(e) 葡萄透翅蛾为害枝条出现黄叶

图 2-7 葡萄透翅蛾

(2)物理防治:悬挂黑光灯,诱捕成虫。

(3)生物防治:将新羽化的雌成虫一头,放入用窗纱制的小笼内,中间穿一根小棍,搁在盛水的面盆口上,面盆放在葡萄旁,每晚可诱到不少雄成虫。诱到一头等于诱到一双,收效很好。

(4)药剂防治:在葡萄抽卷须期和孕蕾期,可喷施 10% ~20% 拟除虫菊酯类农药1 500 ~2 000 倍液,收效很好;当主枝受害发现较迟时,可在蛀孔内滴注烟头浸出液,或直接注入 50% 敌敌畏 500 倍液,然后用黄泥巴封闭。

二、斑衣蜡蝉

斑衣蜡蝉[*Lycorma delicatula*(White)]属于同翅目蜡蝉科,俗称“花姑娘”“椿蹦”“花蹦蹦”“灰花蛾”等,是多种果树及经济林木上的重要害虫之一,同时也是一种药用昆虫,虫体晒干后可入药。

1. **为害状**

以成虫、若虫群集在叶背、嫩梢上刺吸危害，栖息时头翘起，有时可见数十头群集在新梢上，排列成一条直线；导致被害植株发生煤污病或嫩梢萎缩、畸形等，严重影响植株的生长和发育。

2. **形态特征**

成虫：体长 15 ~ 25 mm，翅展 40 ~ 50 mm，全身灰褐色；前翅革质，基部约 2/3 为淡褐色，翅面具有 20 个左右的黑点；端部约 1/3 为深褐色；后翅膜质，基部鲜红色，具有黑点；端部黑色。体翅表面附有白色蜡粉。头角向上卷起，呈短角突起。翅膀颜色偏蓝为雄性，翅膀颜色偏米色为雌性。

卵：长圆柱形，长 3 mm，宽 2 mm 左右，状似麦粒，背面两侧有凹入线，使中部形成 1 长条隆起，隆起的前半部有长卵形的盖。卵粒平行排列成卵块，上覆一层灰色土状分泌物。

若虫：初孵化时白色，不久即变为黑色。1 龄若虫体长 4 mm，体背有白色蜡粉形成的斑点。触角黑色，具长形的冠毛。2 龄若虫体长 7 mm，冠毛短，体形似 1 龄。3 龄若虫体长 10 mm，触角鞭节小。4 龄若虫体长 13 mm，体背淡红色，头部最前的尖角、两侧及复眼基部黑色。体足基色黑，布有白色斑点(图 2-8)。

(a) 斑衣蜡蝉成虫　(b) 斑衣蜡蝉低龄若虫

(c) 斑衣蜡蝉高龄若虫　(d) 斑衣蜡蝉排泄物引起煤污病

图 2-8　斑衣蜡蝉

3. **发生特点**

1 年发生 1 代。以卵在树干或附近建筑物上越冬。翌年 4 月中下旬若虫孵化危害，5 月上旬为盛孵期；若虫稍有惊动即跳跃而去。经三次蜕皮，6 月中、下旬至 7 月上旬羽化为成虫，活动危害至 10 月。8 月中旬开始交尾产卵，卵多产在树干的南方，或树枝分叉处。产卵在臭椿和苦楝上，其孵化率达 80%。一般每块卵有 40～50 粒，多时可达百余粒，卵块排列整齐，覆盖白蜡粉。成、若虫均具有群栖性，飞翔力较弱，但善于跳跃。

4. 防治技术

（1）园艺防治：建园时，不与臭椿和苦楝等寄主植物邻作，降低虫源密度减轻危害。结合疏花疏果和采果后至萌芽前的修剪，剪除枯枝、丛枝、密枝、不定芽和虫枝，集中烧毁，增加树冠通风透光，降低果园湿度，减少虫源。结合冬剪刮除卵块，集中烧毁或深埋。

（2）人工防治：若虫和成虫发生期，用捕虫网进行捕杀。

（3）天敌防治：保护和利用寄生性天敌和捕食性天敌，以控制斑衣蜡蝉，如寄生蜂等。

（4）化学防治：在低龄若虫和成虫危害期，交替选用 2.5% 氯氟氰菊酯乳油 2 000 倍液、90% 晶体敌百虫 1 000 倍混加 0.1% 洗衣粉、10% 氯氰菊酯乳油 2 000～2 500 倍液、50% 杀虫单可湿性粉剂 600 倍液等农药喷雾。

三、葡萄青叶甲

葡萄青叶甲［*Scelodonta lewisii* Baly］属鞘翅目叶甲总科，又名葡萄沟顶叶甲。主要分布于江苏、浙江、湖北、湖南、云南和台湾等地。贵州葡萄栽培区均有分布。

1. 为害状

为害葡萄叶片，叶片被咬成许多长条形孔洞，重者全叶呈筛孔状而干枯；取食花梗、穗轴和幼果造成伤痕而引起大量落花、落果，使产量和品质降低，葡萄在整个生长期均可受害。

2. 形态特征

成虫：体长椭圆形，宝蓝色或紫铜色，具强金属光泽，足跗节和触角端节黑色；头顶中央有 1 条纵沟，唇基与额之间有 1 条浅横沟，复眼内侧上方有 1 条斜深沟；鞘翅基部刻点大，端部的细小，中部之前刻点超过 11 行；后足腿节粗壮。卵：长棒形稍弯曲，半透明，淡乳黄色。幼虫：老熟时头淡棕色，胴部淡黄色。柔软肥胖多皱，有胸足 3 对。蛹：为裸蛹，初黄白色，近羽化前蓝黑色（图 2-9）。

（a）葡萄青叶甲为害叶片状

（b）葡萄青叶甲为害幼枝

图 2-9　葡萄青叶甲

3. 发生特点

1 年发生 1 代，以成虫在葡萄根际土壤中越冬。翌春 4 月上旬葡萄发芽期成虫出蛰为害，4 月中旬葡萄展叶期为出蛰高峰。5 月上旬开始交尾，5 月中、下旬产卵。5 月下旬至 6

月上旬孵化为幼虫，在土壤中生活，6月下旬筑土室化蛹，越冬代成虫陆续死亡。6月底至7月初当年成虫开始羽化，取食为害叶片至秋末落叶时入土越冬。全年中5月上旬和8月下旬为两个成虫高峰期。

4. **防治方法**

(1)人工防治：利用成虫假死性，振落收集杀死。6—7月刮除老翘皮，清除葡萄青叶甲卵。冬季深翻树盘土壤20 cm以上；开沟灌水或稀尿水，阻止成虫出土和使其窒息死亡。

(2)药剂防治：春季越冬成虫出土前，在树盘土壤施50%辛硫磷乳剂500倍液或制成毒土，施后浅锄，春季葡萄萌芽期和5、6月幼果期进行。虫量多时在7、8月还可增施1次，杀灭土中成、幼虫。可选用下列药剂：2.5%溴氰菊酯乳油2 000～3 000倍液；5%顺式氰戊菊酯乳油2 000～2 500倍液；50%辛硫磷乳油1 000～1 500倍液；90%晶体敌百虫800～1 000倍液等，对成虫均有良好效果。

四、葡萄绿盲蝽

绿盲蝽[*Apolygus lucorμm*(Meyer-Dür)]属半翅目盲蝽科，为杂食性葡萄害虫。近年来，绿盲蝽在葡萄树上有不同程度的发生，给葡萄生产造成了一定损失，危害面积和程度逐渐递增，严重影响树势生长。

1. **为害状**

绿盲蝽主要以若虫和成虫刺吸危害葡萄未展开的芽或刚刚展开的幼叶和新梢等。幼叶受害后，最初形成针头大小的红褐色斑点，之后随叶片的生长，以小点为中心形成不规则的孔洞，大小不等，严重时叶片上聚集许多刺伤孔，致使叶片皱缩、畸形，甚至呈撕裂状，生长受阻，光合作用受到极大影响，自身养分制造受到限制，不能供给植株生长足够的养分，植株生长和花芽分化受到影响。

2. **形态特征**

成虫：体长5 mm，宽2.2 mm，绿色，密被短毛。头部三角形，黄绿色，复眼黑色突出，无单眼，触角4节丝状，较短，约为体长2/3，向端部颜色渐深，1节黄绿色，4节黑褐色。前胸背板深绿色，布许多小黑点，前缘宽。小盾片三角形微突，黄绿色，中央具1浅纵纹。前翅膜片半透明暗灰色，其余绿色。足黄绿色，后足腿节末端具褐色环斑，雌虫后足腿节较雄虫短，不超腹部末端，跗节3节，末端黑色。

卵：长1 mm，黄绿色，长口袋形，卵盖奶黄色，中央凹陷，两端突起，边缘无附属物。

若虫：5龄，与成虫相似。初孵时绿色，复眼桃红色。2龄黄褐色，3龄出现翅芽，4龄超过第1腹节，2、3、4龄触角端和足端黑褐色，5龄后全体鲜绿色，密被黑细毛；触角淡黄色，端部色渐深，眼灰色(图2-10)。

3. **发生特点**

绿盲蝽以卵越冬，越冬卵主要产在葡萄芽鳞内，占越冬卵总量的98%，极少量产于葡萄枯枝、落叶内。翌年日均气温在10 ℃以上时孵化为若虫，随后出现成虫。

绿盲蝽一年发生4～5代，在葡萄整个生育期均有发生，第1、2代为主要危害代。绿盲蝽的发生与葡萄的生长发育有关，葡萄园内第1代若虫孵化高峰为4月下旬，此时正是葡萄萌芽期,第 1 代若虫取食危害葡萄嫩芽。第 2 代若虫于 6 月上旬即葡萄花期至幼果期达到孵化高峰,危害葡萄的花序、幼果,第 2 代成虫羽化后开始部分转移到附近杂草、果园、苗圃等植物上危害,部分仍留在葡萄园取食危害。第 3、4 代成虫仍有部分转移扩散至园外危害,因修剪和清理副梢及喷洒药剂等原因,园内虫量较少,对葡萄造成的危害较轻。第 5 代成虫于 9 月下旬开始大量迁回葡萄园产卵越冬,发生数量多,且持续时间较长,从 9 月中旬一直到 11 月上中旬均有成虫发生。

绿盲蝽世代重叠现象严重,主要转移到豆类、玉米、棉花、蔬菜等作物上危害。成虫寿命最长可达 45 d,飞行力极强,行动活泼,日夜均可活动,但夜晚活泼,白天多在叶背、叶柄等隐蔽处潜藏或爬行,清晨和夜晚爬到叶芽及幼果上刺吸危害,稍受惊动,迅速爬迁,不易发现,防治困难。若虫有避光性,昼伏夜出,阴雨天可全天取食。

(a) 葡萄绿盲蝽幼叶受害

(b) 葡萄绿盲蝽幼芽受害

(c) 为害葡萄果粒呈现黑色斑点

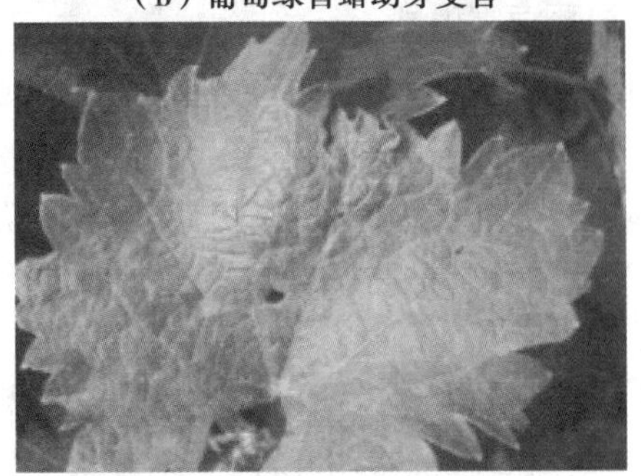

(d) 葡萄绿盲蝽新叶受害呈现孔洞

图 2-10　葡萄绿盲蝽

4. 防治技术

(1) 农业防治:清除葡萄园周围篙类杂草及杞柳等杂树。葡萄园内避免间作绿叶类、直根类等蔬菜。多雨季节注意开沟排水、中耕除草,降低园内湿度。做好管理(抹芽、副梢处理、绑蔓),改善架面通风透光条件。对幼树及偏旺树,避免冬剪过重;多施磷钾肥料,控制用氮量,防止葡萄徒长。

(2) 人工防治:清除葡萄园周围篙类杂草及杞柳等杂树。

(3) 农药防治:在 4 月上中旬抓住第一代低龄期若虫,适时喷洒农药。

项目实训二　葡萄病虫害识别

一、目的要求

了解本地葡萄常见的病虫害种类,掌握葡萄主要病害的症状与病原形态特征,掌握葡萄主要害虫的形态特征与为害特点,学会识别葡萄病虫害的主要方法。

二、材料准备

病害标本:葡萄霜霉病、葡萄白腐病、葡萄黑痘病、葡萄炭疽病、葡萄黑腐病、葡萄白粉病、葡萄褐斑病等病害蜡叶标本、新鲜标本、盒装标本、瓶装浸渍标本、病原菌玻片标本及多媒体课件等。

虫害标本:葡萄透翅蛾、葡萄斑衣蜡蝉、葡萄青叶甲等虫害的新鲜标本、盒装标本、瓶装浸渍标本及多媒体课件等。

工具:光学显微镜、多媒体教学设备、扩大镜、镊子、挑针、干净纱布、盖玻片、载玻片、擦镜纸及吸水纸等。

三、实施内容与方法

1. 葡萄病害识别

(1)观察葡萄霜霉病叶片,注意叶片正面病斑的形状、颜色,边缘是否清晰,注意叶背初期是否有霜状霉层及霉层颜色。显微镜观察葡萄霜霉病病原示范玻片标本,注意分生孢子器及孢囊梗分支形状、末端形状,孢子囊形状、是否有乳状突起。

(2)观察葡萄白腐病病果,注意穗轴和果梗是否有干枯缢缩状态,病叶病斑形状、大小,注意是否生有灰色颗粒状物,是否有同心轮纹。显微镜观察葡萄白腐病病原示范玻片,注意分生孢子器及分生孢子梗、分生孢子形状、大小和颜色。

(3)观察葡萄黑痘病叶片、新梢及果实病斑,注意各部位病斑形状、大小、颜色以及有无晕圈,果实病斑有无鸟眼状表现,病果是否腐烂,散生灰白色小点还是密生同心轮纹小黑点。显微镜观察葡萄黑痘病病原示范玻片,注意观察分生孢子器及分生孢子梗、分生孢子形状、大小和颜色。

(4)观察葡萄炭疽病病叶或者病果,注意病叶或病果上病斑的大小、形状和颜色,用放大镜观察病斑上小黑点的排列情况。叶片病斑颜色、形状、边缘是否清楚,果实病斑有无霉层,霉层颜色,病部是否腐烂,病斑是否凹陷,有无轮纹颗粒物。显微镜观察病原示范玻片或者是自制玻片,注意分生孢子盘的形状、分生孢子的大小、形状等特征。

(5)观察并比较葡萄大小褐斑病病叶,注意病斑形状、大小,是否生有灰色颗粒状物,是否有同心轮纹。显微镜观察葡萄大小褐斑病病原示范玻片,注意分生孢子器形状及分生孢子梗、分生孢子形状、大小和颜色。

(6)观察当地常见葡萄病害症状及病原菌形态。

2. **葡萄虫害识别**

(1)观察葡萄透翅蛾标本,注意成虫的体形、体色、前翅的特征;幼虫形态和为害状。观察当地葡萄透翅蛾成虫和幼虫的主要区别。

(2)观察葡萄斑衣蜡蝉标本,注意成虫触角类型及其着生位置、前翅特征和口器类型,观察当地蝉类成若虫的主要特征。

(3)观察葡萄青叶甲标本,注意成虫是否有金属光泽,身体的外形或长或圆,复眼形状,着生位置是否接近前胸,触角形状。幼虫是否多足型。观察当地叶甲类成、幼虫的主要区别。

(4)观察当地常见葡萄害虫形态特征。

四、学习评价

评价内容	评价标准	分值	实际得分	评价人
1. 葡萄病害的症状、病原、发生特点和防治技术 2. 葡萄虫害的为害状、形态特征、发生特点和防治技术	每个问题回答正确得 10 分	20 分		教师
1. 能正确进行以上葡萄病害症状的识别 2. 能结合症状和病原对以上葡萄病害作出正确的诊断 3. 能根据以上不同病害的发病规律,制订有效的综合防治方法	操作规范、识别正确、按时完成。每个操作项目得 10 分	30 分		教师
1. 正确识别当地常见葡萄虫害标本 2. 描述常见当地葡萄害虫的为害状 3. 能根据葡萄虫害的发生规律,制订有效的综合防治措施	操作规范、识别正确、按时完成。每个操作项目得 10 分	30 分		教师
团队协作	小组成员间团结协作,根据学生表现评价	10 分		小组互评
团队协作	计划执行能力,过程的熟练程度	10 分		小组互评

思考与练习

1. 葡萄霜霉病、葡萄白粉病症状各有何特点?
2. 葡萄白腐病症状有何特点? 如何防治?
3. 简述葡萄透翅蛾的为害状,如何进行防治?

项目三　桃树病虫害识别与防治

📖 **学习目标**

1. 了解当地桃树植物病虫害的主要种类。
2. 掌握桃树病害的症状及害虫的形态特征。
3. 了解桃树植物病虫害的发生、发展规律。
4. 掌握符合当地实际情况的病虫害综合防治技术和生态防治技术。

任务一　桃树病害识别与防治

一、桃缩叶病

桃缩叶病在贵州桃产区均有发生，南方以湖南、湖北、江苏、浙江等省发生较重。

1. 症状

春梢刚从芽鳞抽出时，被侵害的叶片呈现卷曲状，颜色发红，随着叶片逐渐展开，卷曲程度也随之加重，局部大或肥厚、皱缩，呈褐绿色，后转为紫红色。春末夏初，病部表面生出1层银白色粉状物，最后病叶焦枯脱落。新梢受害节间短，略肿胀，叶片簇生，严重时枯死。花和幼芽受害后成畸形，果面龟裂，易脱落（图3-1）。

2. 病原

病原菌为畸形外囊菌[*Taphrina deformans*（Berk.）Tul]，属子囊菌亚门。

3. 发生特点

以厚壁芽孢子在树皮和桃芽鳞片上越冬。第二年春季桃芽萌发时，芽孢子萌发产生芽管，直接穿透表皮或经气孔侵入叶片。病菌侵入后在叶片表皮细胞和栅栏组织之间蔓延，刺激中层细胞分裂，细胞壁增厚，致使叶片肥厚皱缩变色。初夏形成子囊层，产生子囊孢子或芽孢子，芽孢子在树皮和桃芽鳞片上越夏，但是由于夏天温度高，不适于孢子的萌发和侵染，所以一般无再侵染。病菌喜冷凉潮湿气候，在春寒多雨的年份，桃树抽梢展叶慢，发病较重。

4. 防治技术

采用病虫害预防、专治、挑治等防治技术。做到以防为主，减少药物施用量，降低生产

（a）桃缩叶病发病初期

（b）桃缩叶病

（c）桃缩叶病

（d）桃缩叶病发病后期

图 3-1　桃缩叶病

成本。

(1)清洁桃园:采果后,将园内杂草割除,在园内堆放,冬季修剪后,清除桃园内杂物,包括剪下的枝、落叶、病果,随后全园喷 5 ~6 波美度石硫合剂,保护树体,杀灭病菌。春季萌芽现蕾时,用 5 波美度石硫合剂对桃树进行全园喷布,杀灭树体表皮病菌,及时摘除病叶,集中处理。

(2)科学施肥:对发病重、落叶多的桃树,加强肥水管理,促使早日恢复树势。在施足基肥的情况下,追肥不再单一施用尿素,萌芽肥以优质复合肥为主,稳果肥、壮果肥以施高含量硫酸钾复合肥为主,通过增钾、减氮,桃树生长结果均衡,叶色浓绿,桃缩叶病发生大幅度减少。

(3)化学防治:桃缩叶病主要危害萌动芽和春梢,最好的防治时间是萌芽、现蕾期;使用高效、低毒、低残留或无残留的化学药物和生物农药。

掌握适当的用药间隔时间,在桃树开花后至第 2 次生理落果期,温度相对较低,病害危害轻,可喷杀菌剂 1 ~2 次,用药间隔 10 ~15 d;第 2 次生理落果期到果实膨大期病害严重,可用药 4 ~5 次,每次间隔 10 ~12 d,果实采收前 10 d 内停止用药,并且临近成熟前的 2 次用药以生物性药物为主。

桃忌用铜制剂。硫酸铜、波尔多液、可杀得等都是铜制剂。

二、桃疮痂病

桃疮痂病又称黑星病,我国桃产区均有分布。除为害桃树外,还能侵染李、杏、梅等多种核果类果树。

1. 症状

主要为害果实，也能侵害叶片和新梢。果实发病多在肩部产生暗褐色圆形小点，后呈黑色痣状斑点，严重时病斑聚合成片。病菌扩展一般仅限于表皮组织，因此病斑常龟裂，呈疮痂状。新梢被害后产生长圆形浅褐色病斑，后变暗褐色，病部微隆起，常发生流胶，病健组织界限明显，翌春病斑上产生暗色绒点状分生孢子丛。叶片被害产生不规则形或多角形灰绿色病斑，后变暗色或紫红色，最后干枯脱落成穿孔（图 3-2）。

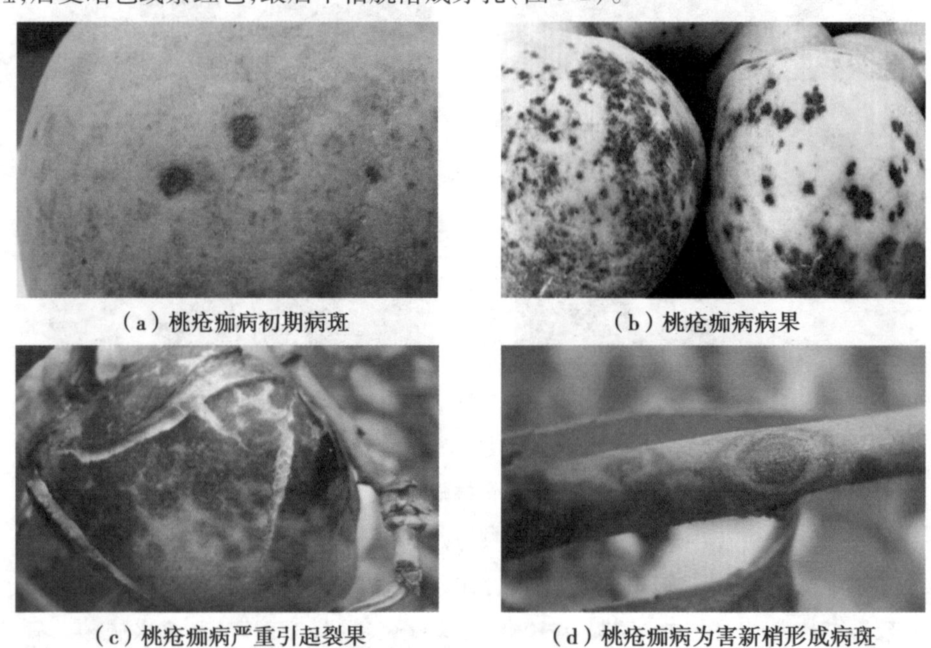

（a）桃疮痂病初期病斑　（b）桃疮痂病病果

（c）桃疮痂病严重引起裂果　（d）桃疮痂病为害新梢形成病斑

图 3-2　桃疮痂病

2. 病原

桃疮痂病的病原菌为嗜果枝孢菌［*Fusicladium carpophilum*（thum）］，属半知菌亚门。

3. 发病特点

病菌主要以菌丝在枝梢病斑上越冬，翌年 4—5 月产生分生孢子，经雨水或有风的雾天进行传播。分生孢子萌发后形成的芽管直接穿透寄主表皮的角质层而侵入，在叶子上通常自其背面侵染，侵入后的菌丝并不深入寄主组织和细胞内部，仅在寄主角质层与表皮细胞的间隙进行扩展、定植并形成束状或垫状菌丝体，然后从其上长出分生孢子梗并突破寄主角质层裸露在外。病害潜育期很长，病菌侵染果实的潜育期为 40 ~ 70 d，枝梢和病叶也达 25 ~ 50 d，这样果实的发病从 6 月开始，由其产生的分生孢子进行再侵染的发病就次要了，只有很晚的品种才可见再侵染。暖潮湿条件利于病害发生。果实成熟期越早，发病越轻。油桃因果面无毛，病菌易侵入，故发病较重。

4. 防治技术

（1）清洁桃园：采果后，将园内杂草割除，在园内堆放，冬季修剪后，清除桃园内杂物，包括剪下的枝、落叶、病果，随后全园喷 5 ~ 6 波美度石硫合剂，保护树体，杀灭病菌。春季萌芽现蕾时，用 5 波美度石硫合剂对桃树进行全园喷布，杀灭树体表皮病菌。

（2）科学施肥：增施有机肥，控制速效氮肥的用量，适量补充微量元素肥料，以提高树体抵抗力。合理修剪，注意桃园通风透光和排水。

（3）生长期防治：在黔东南地区，5 月上旬到 7 月中旬，桃果实处于生长缓慢期，高温、高湿气候，容易滋生病菌，是疮痂病发生危害阶段，也是病害防治的重要时期。采用石硫合剂进行清园有很好的预防效果。生理落果结束后到果实膨大前用 0.5～0.6 波美度石硫合剂对桃树枝干、叶片、果实以及园内杂草等进行喷雾，与其他药物交替防治 1～2 次。果实生长期使用石硫合剂对人体安全，无药物残留，且杀虫、杀菌，是晚熟桃无公害生产的重要技术。

（4）防治害虫：及时喷药防治害虫，减少虫伤，以减少病菌侵入的机会。

三、桃炭疽病

桃炭疽病主要危害部位是果实和枝梢，尤其危害幼果最为严重。在桃树和李子树混栽区域有时互为感病，导致损失严重。

1. 症状

新梢染病，呈长椭圆形褐色凹陷病斑，病梢侧向弯曲，严重时枯死。叶片染病产生淡褐色圆形或不规则形灰褐色病斑，其上产生橘红色至黑色粒点。后病斑干枯脱落穿孔，新梢顶部叶片萎缩下垂，纵卷成管状。幼果染病发育停止，果面暗褐色，萎缩硬化成僵果残留于枝上。果实膨大后，染病果面初呈淡褐色水渍状病斑，后扩大变红褐色，病斑凹陷有明显同心轮纹状皱纹，湿度大时产生橘红色黏质小粒点，最后病果软腐脱落或形成僵果残留于枝上（图 3-3）。

（a）桃炭疽病为害叶片初期症状

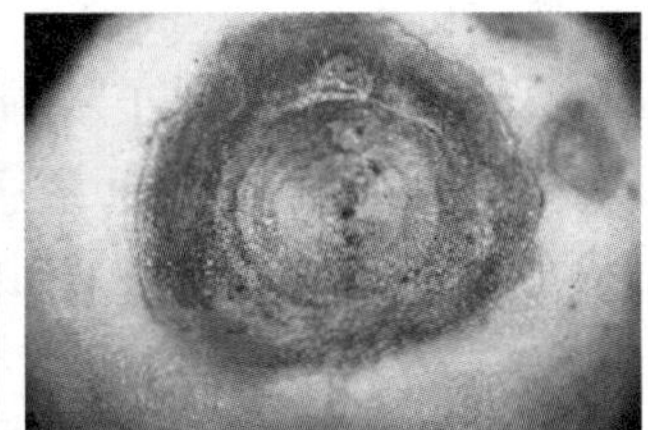

（b）桃炭疽病病果

（c）桃炭疽病病叶

图 3-3　桃炭疽病

2. 病原

病原菌为炭疽菌属［*Gloeosporium laeticolor* Berk］，属半知菌亚门。

3. 发生特点

桃树炭疽病病菌以菌丝在病枝、病果中越冬，翌年遇适宜的温湿度条件，即当平均气温达 10～12℃、相对湿度达 80% 以上时形成孢子，借风雨、昆虫传播，形成第 1 次侵染。该病为害时间长，在桃全部生育期都可侵染。高湿是本病发生与流行的主导诱因。开花及幼果期低温多雨，果实成熟期暖和、多云多雾、高湿有利于发病。管理粗放泥土黏重、排水不良、施氮过多、树冠郁闭的桃园发病严重。

4. 防治技术

（1）清洁桃园：同桃疮痂病。

(2)栽培管理:切忌在低洼、排水不良地段建桃园。加强栽培管理,多施有机肥和磷钾肥,适时夏剪,改善树体风光条件。

(3)生长期防治:5 月上旬到 7 月中旬,晚熟桃果实处于生长缓慢期,高温、高湿气候,容易滋生病菌,是炭疽病发生危害阶段,也是病虫害防治的重要时期。采用石硫合剂进行清园有很好的预防效果。生理落果结束后到果实膨大前用 0.5 ~0.6 波美度石硫合剂对桃树枝干、叶片、果实以及园内杂草等进行喷雾,与其他药物交替防治 1 ~2 次。果实生长期使用石硫合剂对人体安全,无药物残留,且杀虫、杀菌,是晚熟桃无公害生产的重要技术。

(4)药剂防治:炭疽病主要在晚熟桃果实生长缓慢期发生,防治时要在防治技术上加以调整,有针对性用药,提高防治效果。

四、桃褐腐病

桃褐腐病又称菌核病,是贵州桃树上的重要病害之一,在我国北方、南方、沿海及西北地区均有发生。在多雨年,遇蛀果类害虫发生严重时,可造成毁灭性损失。该病能侵染为害桃、李、杏、樱桃等核果类果树。

1. 症状

花与叶:花部受害自雄蕊及花瓣尖端开始,先发生褐色水渍状斑点,后逐渐延至全花,随即变褐而枯萎。天气潮湿时,病花迅速腐烂,表面丛生灰霉,若天气干燥时则萎垂干枯,残留枝上,长久不脱落。嫩叶受害,自叶缘开始,病部变褐萎垂,最后病叶残留枝上。

新梢:侵害花与叶片的病菌菌丝,可通过花梗与叶柄逐步蔓延到果梗和新梢上,形成溃疡斑。病斑长圆形,中央稍凹陷,灰褐色,边缘紫褐色,常发生流胶。当溃疡斑扩展环割一周时,上部枝条即枯死。气候潮湿时,溃疡斑上出现灰色霉丛。

果实:桃褐腐病幼果发病初期,呈现黑色小斑点,后来病斑木栓化,表面龟裂,严重时病果变褐、腐烂,最后变成僵果。果实生长后期发病较多,染病初期呈现褐色,圆形小病斑,尔后,病斑扩展很快,并露出灰色粉状小球,形似胞子堆,呈同心轮纹排列,病果大部或完全腐烂、落地。

桃花:感染表现萎凋变褐,病花干枯附着于桃枝上,有花腐的桃枝梢尖枯死(图 3-4)。

2. 病原

病原菌为链核盘属[*Monilinia fructcola*(Wint.)Rehm.],属子囊菌亚门。其无性世代为丛梗孢菌 Monilia sp.。

3. 发病特点

病菌主要以菌丝体在树上及落地的僵果内或枝梢的溃疡斑部越冬,翌春产生大量分生孢子,借风雨、昆虫传播,通过病虫伤、机械伤或自然孔口侵入。在适宜条件下,病部表面产生大量分生孢子,引起再次侵染。在贮藏期内,病健果接触,可传染危害。花期低温、潮湿多雨,易引起花腐。果实成熟期温暖、多雨雾易引起果腐。病虫伤、冰雹伤、机械伤、裂果等表面伤口多,会加重该病的发生。树势衰弱,管理不善,枝叶过密,地势低洼的果园发病常较重。果实贮运中如遇高温、高湿,利于病害发展。

4. 防治技术

(1)清洁桃园:同桃疮痂病。

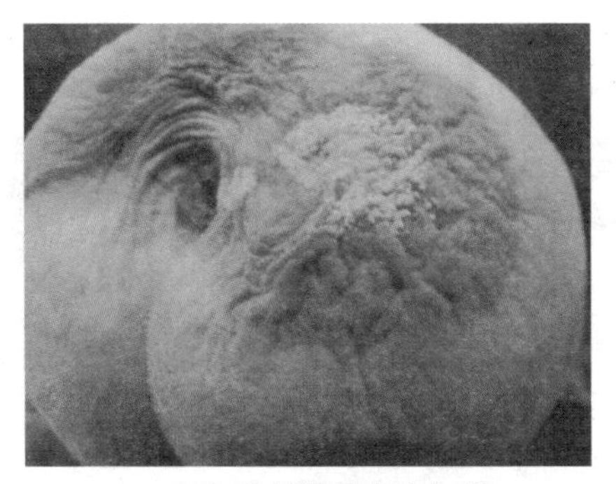
(a) 桃褐腐病发病初期

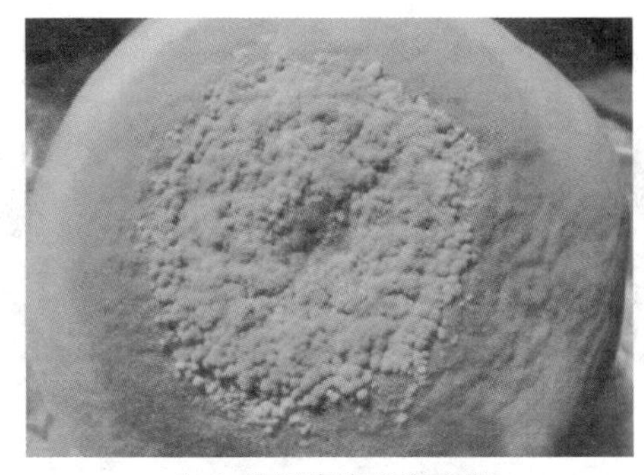
(b) 桃褐腐病发病中期

(c) 桃褐腐病病果

(d) 桃褐腐病病果

图 3-4　桃褐腐病

(2)生长期防治:在黔东南地区,5 月上旬到 7 月中旬,晚熟桃果实处于生长缓慢期,高温、高湿气候,容易滋生病菌,是桃褐腐病发生危害阶段,也是病虫害防治的重要时期,采用石硫合剂进行清园有很好的预防效果。生理落果结束后到果实膨大前用 0.5 ~ 0.6 波美度石硫合剂对桃树枝干、叶片、果实以及园内杂草等进行喷雾,与其他药物交替防治 1 ~ 2 次。

(3)化学防治:桃树发芽前喷布 5 波美度石硫合剂或 45% 晶体石硫合剂 30 倍液。落花后 10 d 左右喷施 65% 代森锌可湿性粉剂 500 倍液,50% 多菌灵 1 000 倍液,或 70% 甲基托布津 800 ~ 1 000 倍液。

五、桃流胶病

桃流胶病在我国桃产区均可以发生,是一种极为普遍发生的病害。

1. 症状

流胶病是枝干重要病害,造成树体衰弱,减产或死树。春夏季在当年新梢上以皮孔为中心,发生大小不等的某些突起的病斑,以后流出无色半透明的软树胶;在其他枝干的伤口处或 1 ~ 2 年生的芽痕附近,也会流出半透明的树胶,以后树胶变成茶褐色的结晶体,吸水后膨胀,呈胨状胶体,严重时树皮开裂,枝干枯死,树体衰弱(图 3-5)。

2. 病原

桃流胶病是一种非侵染性的生理性病害。

3. 发病特点

(1)由于寄生性真菌及细菌的危害,如干腐病、腐烂病、炭疽病、疮痂病、细菌性穿孔病和

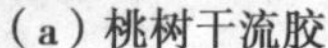
（a）桃树干流胶

（b）桃树枝条流胶

（c）枝条受侵染，以皮孔为中心产生疣状

图 3-5　桃流胶病

真菌性穿孔病等，这些病害或寄生枝干，或危及叶片，使病株生长衰弱，降低抗性。

（2）虫害特别是蛀干害虫所造成的伤口易诱发流胶病。蟏象为害易使果实流胶病发生。

（3）机械损伤造成的伤口以及冻害、日灼伤等，生长期修剪过度及重整枝。

（4）接穗不良及使用不亲和的砧木。土壤不良，黏壤土、瘦瘠土壤、菜园土和酸碱过重的果园容易出现流胶病。

（5）排水不良，灌溉不适当，地面积水过多等。

4. 防治技术

（1）栽培管理：加强土壤改良，增施有机肥料，注意果园排水，做好病虫害防治工作，防止病虫伤口和机械伤口，保护好枝干。

（2）化学防治：树体上的流胶部位，先行刮除，再涂抹 5 波美度石硫合剂或涂抹生石灰粉，隔 1 ~ 2 d 后再刷 70% 甲基托布津或 50% 多菌灵 20 ~ 30 倍液。

六、桃树细菌性穿孔病

桃树细菌性穿孔病在贵州桃产区均有分布，在温暖多湿地区发生严重。除为害桃树外，还为害樱桃、李、杏等其他核果类果树。

1. 症状

主要为害叶片，多发生在靠近叶脉处，初生水渍状小斑点，逐渐扩大为圆形或不规则形，直径 2 mm，褐色、红褐色的病斑，周围有黄绿色晕环，以后病斑干枯、脱落形成穿孔，严重时导致早期落叶。果实受害，从幼果期即可表现症状，随着果实的生长，果面上出现 1 mm 大小的褐色斑点，后期斑点变成黑褐色。病斑多时连成一片，果面龟裂（图 3-6）。

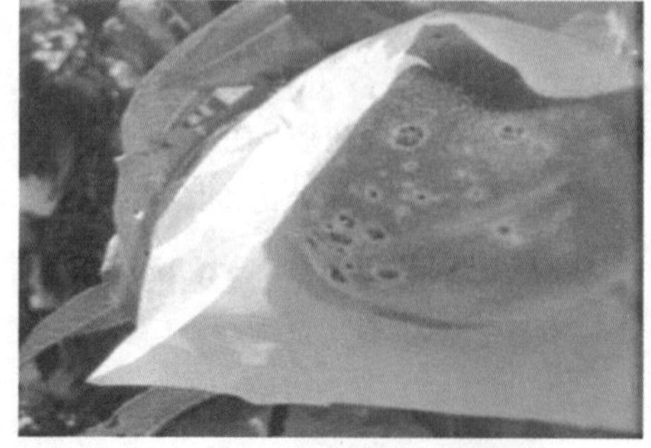
（a）桃树细菌性穿孔病病果

（b）桃树细菌性穿孔病叶病斑

图 3-6　桃树细菌性穿孔病

2. 病原

桃树细菌性穿孔菌[*Xanthomonus campestris* pv. *pruni*(Smith)Dye]属细菌薄壁菌门黄单孢杆菌属。

3. 发病特点

病菌在枝条的腐烂部位越冬，翌年春天病部组织内细菌开始活动，桃树开花前后，病菌从病部组织中溢出，借风雨或昆虫传播，经叶片的气孔、枝条的芽痕和果实的皮孔侵入。一般年份春雨期间发生，夏季干旱月份发展较慢，到雨季又开始后期侵染。病菌的潜伏期因气温高低和树势强弱而异。气温 30 ℃时潜伏期为 8 d,25 ~26 ℃时为 4 ~5 d,20 ℃时为 9 d,16 ℃时为 16 d，树势强时潜伏期可长达 40 d。幼果感病的潜伏期为 14 ~21 d。在降雨频繁、多雾和温暖阴湿的天气下，病害严重；干旱少雨时则发病轻。树势弱，排水、通风不良的桃园发病重。虫害严重时，如红蜘蛛为害猖獗时，病菌从伤口侵入，发病严重。

4. 防治技术

(1)农业防治：加强桃园管理，增强树势，清除病枝、病果、病叶，集中烧毁，以消灭越冬病源。注意果园排水，合理修剪，使果园通风透光良好，降低果园湿度。增施有机肥料，避免偏施氮肥，合理修剪，使桃园通风透光，以增强树势，提高抗病能力。大力推广"起垄覆盖、小沟灌溉"新技术。

(2)化学防治：在发病前，喷洒 1∶1∶120 波尔多液 30% DT,15 d 用药一次进行预防。轻微发病时，喷洒 20% 农用链霉素可湿性粉剂 1 000 ~2 000 倍液,10 ~15 d 用药一次；病情严重时，可喷 70% 农用链霉素可湿性粉剂 3 000 倍液,7 ~10 d 喷施一次。

任务二　桃树虫害识别与防治

一、桃小食心虫

桃小食心虫[*Carposina niponensis* Walsingham]属鳞翅目果蛀蛾科小食心虫属，又名桃蛀果蛾。主要为害桃、花红、山楂和酸枣等。

1. 为害状

桃小食心虫主要以幼虫为害果实，被害果蛀孔针眼大小，蛀孔流出眼珠状果胶，俗称"流眼泪"，不久干枯呈白色蜡质粉末，蛀孔愈合后成小黑点略凹陷。幼虫入果后在果肉里横串食，排粪于果肉，俗称"馅"，没有充分膨大的幼果，受害后多呈畸形，俗称"猴头果"，被害果实不能食用，失去商品价值。

2. 形态特征

成虫：雌虫体长 7 ~8 mm，翅展 16 ~18 mm；雄虫体长 5 ~6 mm，翅展 13 ~15 mm，全体白灰至灰褐色，复眼红褐色。雌虫唇须较长向前直伸；雄虫唇须较短并向上翘。前翅中部近前缘处有近似三角形蓝灰色大斑，近基部和中部有 7 ~8 簇黄褐色或蓝褐色斜立的鳞片。后翅灰色，缘毛长，浅灰色。翅缰雄1根，雌2根。

卵：椭圆形或桶形，初产卵橙红色，渐变深红色，近孵卵顶部显现幼虫黑色头壳，呈黑点状。卵顶部环生2～3圈"Y"状刺毛，卵壳表面具不规则多角形网状刻纹。

幼虫：体长13～16 mm，桃红色，腹部色淡，无臀栉，头黄褐色，前胸盾黄褐至深褐色，臀板黄褐或粉红。前胸气门前毛片具2根刚毛。腹足趾钩单序环10～24个，臀足趾钩9～14个，无臀栉。

蛹：长6.5～8.6 mm，刚化蛹黄白色，近羽化时灰黑色，翅、足和触角端部游离，蛹壁光滑无刺。

茧：分冬、夏两型。冬茧扁圆形，直径6 mm，长2～3 mm，茧丝紧密，包被老龄休眠幼虫；夏茧长纺锤形，长7.8～13 mm，茧丝松散，包被蛹体，一端有羽化孔。两种茧外表粘着土砂粒（图3-7）。

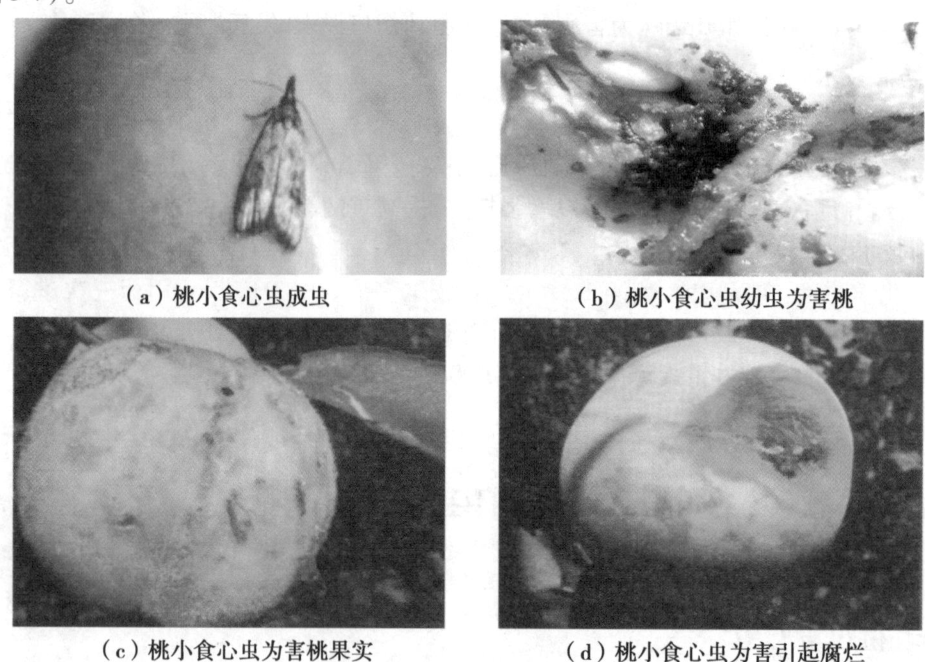

（a）桃小食心虫成虫　（b）桃小食心虫幼虫为害桃

（c）桃小食心虫为害桃果实　（d）桃小食心虫为害引起腐烂

图3-7　桃小食心虫

3. 发生特点

据记载，桃小食心虫在贵州每年发生1～2代，以老熟幼虫做茧在土中越冬。越冬代成虫羽化后经1～3 d产卵，绝大多数卵产在果实茸毛较多的萼洼处。初孵幼虫先在果面上爬行数十分钟到数小时之久，选择适当的部位，咬破果皮，然后蛀入果中，第一代幼虫在果实中历期为22～29 d。第一代成虫在7月下旬至9月下旬出现。第二代卵发生期与第一代成虫的发生期大致相同，盛期在8月中下旬。第二代幼虫在果实内历期为14～35 d。

桃小食心虫成虫无趋光性和趋化性，但雌蛾能产生性激素。成虫有夜出昼伏现象和世代重叠现象。桃小食心虫的发生与温、湿度关系密切。越冬幼虫出土始期，当旬平均气温达到16.9 ℃、地温达到19.7 ℃时，如果有适当的降水，即可连续出土。温度在21～27 ℃，相对湿度在75%以上，对成虫的繁殖有利；高温、干燥对成虫的繁殖不利，长期下雨或暴风雨抑制成虫的活动和产卵。

4. **防治技术**

(1)地面防治:根据幼虫出土观测结果,可在越冬幼虫出土后结茧前地面爬行 1 ~2 h 时,在冠下地面喷洒杀虫剂,杀死出土幼虫,可用5%辛硫磷乳油 1 000 倍液,要求湿润地表土1 ~1.5 cm。喷洒后用齿耙子浅搂,深达 3 ~5 cm。也可采用地膜覆盖地盘,闷死出土幼虫。

(2)树上防治

①性诱捕杀成虫:性诱剂迷向法使雄性成虫找不到雌性成虫进行交尾交卵,不能繁育下一代,要每 30 ~50 m^2 放一个性诱剂,使果园空中全部散发雌性成虫的雌性刺激气味,使雄性成虫找不到雌性成虫进行交尾。

②化学防治:根据成虫发生盛期和虫卵期预测结果进行树上喷药防治,选用既杀成虫又杀幼虫,还杀虫卵,残效期长的药剂,如 2.5% 溴氰菊酯 2 000 倍液、10% 氯氰菊酯 1 000 ~2 000倍液,20% 尔灭菊酯 2 000 ~4 000 倍液,这些药剂杀虫率较高,但此药剂为广谱性杀虫剂,对天敌、人也有杀伤力,故在一年中不宜连续使用 2 次以上。

二、桃红颈天牛

桃红颈天牛[*Aromia bungii* Faldermann]属鞘翅目天牛科,为害桃、杏、李、梅、樱桃等。

1. **为害状**

幼虫在皮层和木质部蛀隧道,造成树干中空,皮层脱离,树势弱,常引起树体死亡。

2. **形态特征**

成虫:桃红颈天牛体黑色,有光亮;前胸背板红色,背面有 4 个光滑疣突,具角状侧枝刺;鞘翅翅面光滑,基部比前胸宽,端部渐狭;雄虫触角超过体长 4 ~5 节,雌虫超过 1 ~2 节。雄虫触角有两种色型:一种是身体黑色发亮和前胸棕红色的"红颈型",另一种是全体黑色发亮的"黑颈型"。

卵:卵圆形,乳白色,长 6 ~7 mm。幼虫乳白色,前胸较宽广。身体前半部各节略呈扁长方形,后半部稍呈圆筒形,体两侧密生黄棕色细毛。前胸背板前半部横列 4 个黄褐色斑块,背面的两个各呈横长方形,前缘中央有凹缺,后半部背面淡色,有纵皱纹;位于两侧的黄褐色斑块略呈三角形。胴部各节的背面和腹面都稍微隆起,并有横皱纹。

蛹:体长 35 mm 左右,初为乳白色,后渐变为黄褐色。前胸两侧各有一刺突(图 3-8)。

3. **发生特点**

红颈天牛 2 年发生 1 代,以幼虫在树干蛀道越冬,翌年 3—4 月恢复活动,在皮层下和木质部钻不规则隧道,并向蛀孔外排出大量红褐色粪便碎屑,堆满孔外和树干基部地面。5、6 月间为害最烈,严重时树干全部被蛀空而死。幼虫老熟后,向外开一排粪孔,用分泌物粘结粪便、木屑,在隧道内做茧化蛹。6、7 月间,成虫羽化后咬孔钻出,交配产卵于树基部和主枝枝杈粗皮缝隙内。幼虫孵化后,先在皮下蛀食,经过滞育过冬。翌年春继续蛀食皮层,至 7、8 月间,向上往木质部蛀食成弯曲隧道,再经过冬天,到第 3 年 5、6 月间老熟化蛹,羽化为成虫。

4. **防治技术**

(1)人工除虫:桃红颈天牛为害桃树干、枝,在黔东南州成年桃园内发生得十分猖獗,它

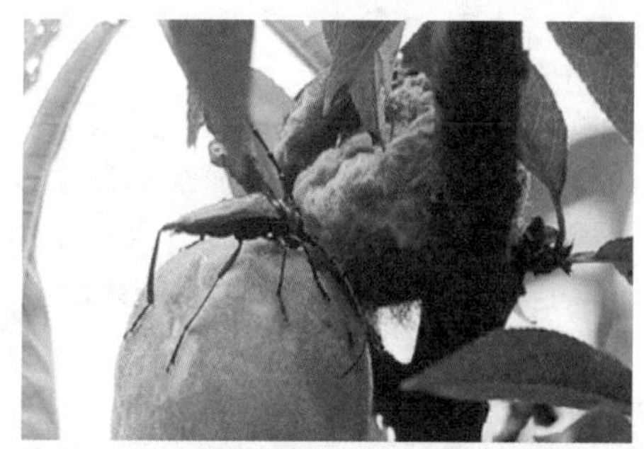

（a）桃红颈天牛成虫

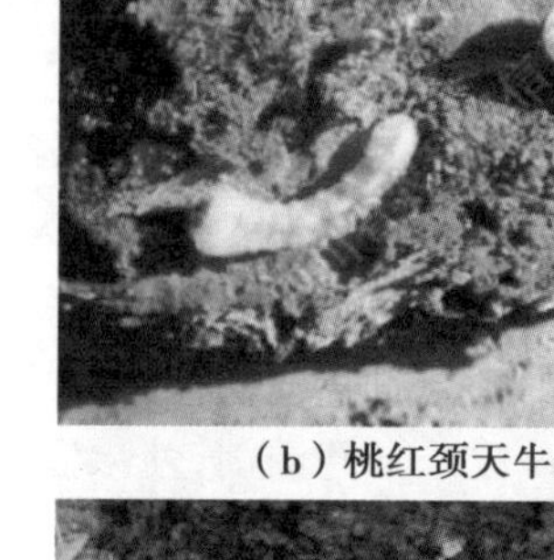

（b）桃红颈天牛幼虫

（c）桃红颈天牛为害桃树纵剖面

（d）桃红颈天牛蛀害桃树排出的大量虫粪

（e）桃红颈天牛在桃树蛀道截面

图 3-8　桃红颈天牛

们弄断枝条，蛀空树干，桃树寿命大大缩短。桃红颈天牛 5—6 月发生为害，主要为害枝干，6 月晴天注意人工捕杀成虫。

桃红颈天牛防治主要是观察桃树枝干流胶，有流胶并发现锯末时，应即时用细钢丝穿刺流胶部位，再用注射器注入敌敌畏药液，再用稀泥堵上注入口，5—10 月隔 5 d 检查 1 次，随时发现，随时防治。

（2）物理防治：6 月上旬成虫产卵前，用白涂剂涂刷桃树枝干，防止成虫产卵。白涂剂配方为生石灰 10 份、硫黄（或石硫合剂渣）1 份、食盐 0.2 份、动物油 0.2 份、水 40 份混合而成。

（3）生物防治：于 4、5 月间晴天中午在桃园内释放肿腿蜂（桃红颈天牛天敌），杀死桃红颈天牛小幼虫。

三、桃吉丁虫

桃吉丁虫［*Chrysochroa fulgidissia*（Schoenh）］俗称爆皮虫、锈皮虫，属鞘翅目吉丁科。

1. 为害状

成虫咬食叶片造成缺刻，幼虫蛀食枝干皮层，被害处有流胶，为害严重时树皮爆裂，甚至造成整株枯死。

2. **形态特征**

成虫的大小、形状因种类而异，小的不足 1 cm，大的超过 8 cm，头较小，触角和足都很短。幼虫体长而扁，乳白色，大多蛀食树木，也有潜食于树叶中的，严重时能使树皮爆裂，故名“爆皮虫”。桃吉丁虫是一种极为美丽的甲虫，一般体表具多种色彩的金属光泽，大多色彩绚丽异常，似娇艳迷人的淑女，也被喻为“彩虹的眼睛”（图 3-9）。

（a）桃吉丁虫幼虫、成虫

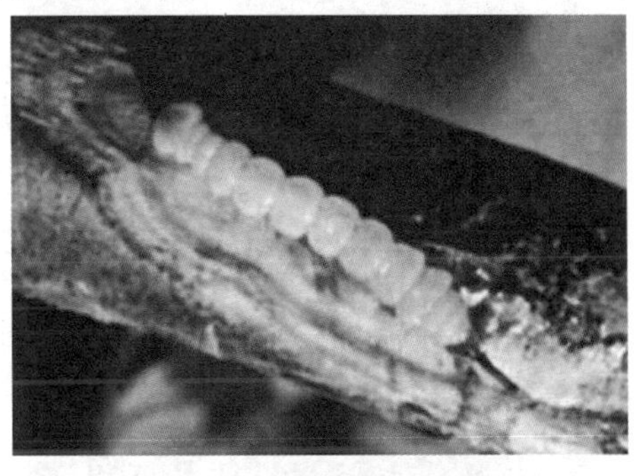

（b）桃吉丁虫幼虫为害状

图 3-9　桃吉丁虫

3. **发生特点**

1 年发生 1 代，以老熟幼虫在木质部越冬。第二年 3 月开始活动，4 月开始化蛹，5 月中、下旬是成虫出现盛期。成虫羽化后，在树冠上活动取食，有假死性。6 月上旬是产卵盛期，多产于树势衰弱的主干及主枝翘皮裂缝内。幼虫孵化后，即咬破卵壳而蛀入皮层，逐渐蛀入形成层后，沿形成层取食，8 月幼虫陆续蛀进木质部越冬。

4. **防治技术**

主要采用人工除虫，晚熟桃单纯用药物防治效果不好，要结合人工清除的方法来防治，这样防治成本降低，安全、无污染。

桃吉丁虫防治主要是观察桃树枝干流胶，有流胶并发现锯末时，应立即用细钢丝穿刺流胶部位，再用注射器注入敌敌畏药液，最后用稀泥堵上注入口，5—10 月隔 5 d 检查 1 次，随时发现，随时防治。

四、桃蛀螟

桃蛀螟[*Dichocrocis punctiferalis* Guenée]又名桃蠹、桃斑蛀螟，俗称蛀心虫、食心虫，属鳞翅目螟蛾科。

1. **为害状**

桃蛀螟以幼虫蛀入果实内取食为害，受害果实内充满虫粪，极易引起裂果和腐烂，严重影响果实品质和产量。

2. **形态特征**

成虫：黄色或橙黄色，体长 12 mm，翅展 22 ~ 25 mm，前后翅散生多个黑斑，类似豹纹。

卵：椭圆形，宽 0.4 mm、长 0.6 mm，表面粗糙，有细微圆点，初时乳白色，后渐变橘黄色至红褐色。

幼虫:长成后长 22 mm,体色多呈暗红色,也有淡褐、浅灰、浅灰蓝等色。头、前胸盾片、臀板暗褐色或灰褐色,各体节毛片明显,第1—8 腹节各有6个灰褐色斑点,呈2横排列,前4个后2个。

蛹:长 14 mm,褐色,外被灰白色椭圆形茧(图 3-10)。

(a)桃蛀螟成虫 (b)桃蛀螟幼虫

(c)桃蛀螟幼虫在桃果内为害 (d)桃蛀螟为害油桃

(e)桃蛀螟为害桃幼果腐烂后干缩

图 3-10 桃蛀螟

3. 发生特点

桃蛀螟1年发生3~4代,主要以老熟幼虫在干僵果内、树干枝杈、树洞、翘皮下、贮果场、土块下及玉米、高粱、秸秆、玉米棒、向日葵花盘、蓖麻种子等处结厚茧越冬。越冬代成虫4月下旬始见。成虫对黑光灯有较强趋性,对糖醋液也有趋性。卵多散产在果实萼筒内,其次为两果相靠处及枝叶遮盖的果面或梗洼上。发生期长,世代重叠严重。初孵幼虫啃食花丝或果皮,随即蛀入果内,食掉果内子粒及隔膜,同时排出黑褐色粒状粪便,堆集或悬挂于蛀孔部位,遇雨从虫孔渗出黄褐色汁液,引起果实腐烂。幼虫一般从花或果的萼筒、果与果、果与叶、果与枝的接触处钻入。

4. **防治方法**

(1)物理防治:①清除越冬幼虫。在每年4月中旬,越冬幼虫化蛹前,清除玉米、向日葵等寄主植物的残体,并刮除苹果、桃等果树翘皮,集中烧毁,减少虫源。②果实套袋。在套袋前结合防治其他病虫害喷药1次,消灭早期桃蛀螟所产的卵。③诱杀成虫。在桃园内点黑光灯或用糖醋液诱杀成虫,可结合诱杀桃小食心虫进行。④拾毁落果和摘除虫果,消灭果内幼虫。

(2)生物防治:喷洒苏云金杆菌75~150倍液或青虫菌液100~200倍液。

(3)化学防治:不套袋的果园,要在第一、二代成虫产卵高峰期喷药。

五、桃桑白蚧

桃桑白蚧[*Pseudulacaspis Pentagona*(Targioni-Tozzetti)]又名桑盾介壳虫、桃白介壳虫,属同翅目介壳虫科,是桃树的重要害虫。

1. **为害状**

以雌成虫和若虫群集固着在枝干上吸食养分,严重时灰白色的介壳密集重叠,形成枝条表面凹凸不平,树势衰弱,枯枝增多,甚至全株死亡。若不加有效防治,3~5年内可将全园毁灭。

2. **形态特征**

雌成虫:橙黄色或橘红色,体长1 mm左右,宽卵圆形,介壳圆形,直径2~2.5 mm。略隆起有螺旋纹,灰白至灰褐色,壳点黄褐色,在介壳中央偏旁。

雄成虫:体长0.65~0.7 mm,翅展1.32 mm左右,橙色至橘红色,体略呈长纺锤形。介壳长约1 mm,细长,白色,壳点橙黄色,位于壳前端。

卵:椭圆形,初产淡粉红色,渐变淡黄褐色,孵化前为橘红色。

若虫:初孵若虫淡黄褐色,扁卵圆形,体长0.3 mm左右,分泌绵毛状物遮盖身体。脱皮之后开始分泌蜡质物形成介壳,脱皮覆于壳上,称为壳点(图3-11)。

3. **发生特点**

以受精雌成虫在枝干上越冬,卵产在雌虫体下。初孵幼虫善爬行,当找到适宜的寄生地点后即行固定,经蜕皮后触角和足消失,并开始分泌蜡质,形成蚧壳。一般第一代若虫主要危害枝干;第二代若虫除危害枝干外还危害果实;第三代若虫还危害当年新梢。

4. **防治技术**

(1)栽培管理:在新梢抽生前,应剪去发病树上的所有病枝,集中烧毁,以减少虫源,防止传播。许多农户有在园边地头、房前屋后栽种花椒的习惯,花椒是桑白蚧最喜欢的树种,桃园边栽花椒会加重桑白蚧的危害,因此桃园附近要尽量清除家栽、野生的花椒。

(2)减少伤口:在采收季节,宜赤脚或穿软鞋上树采收,避免穿硬底鞋上树而损伤树皮,增加伤口,引起病菌感染。

(3)苗木检疫:禁止在病树上剪取接穗和出售带病苗木,在无病的新区,如发现个别病树,应及时砍去烧毁。

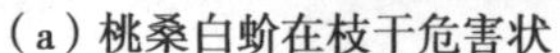

(a)桃桑白蚧在枝干危害状

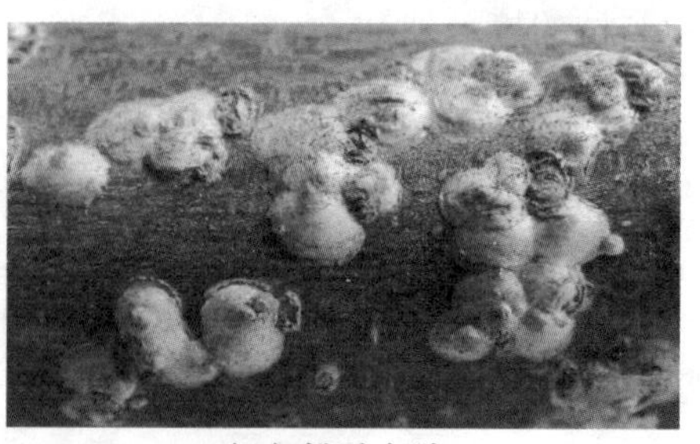

(b)桃桑白蚧

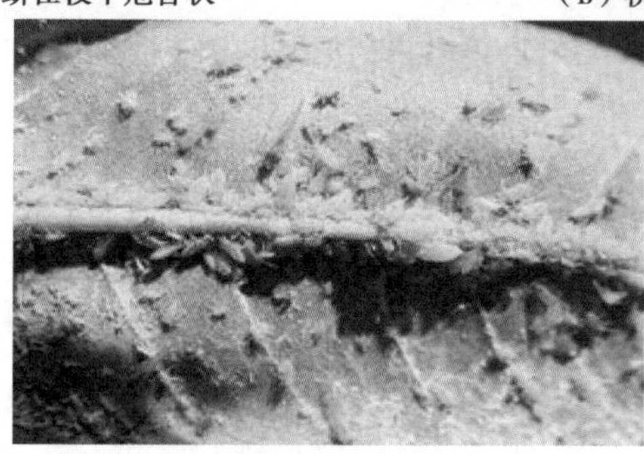

(c)桃桑白蚧为害叶片

图 3-11 桃桑白蚧

(4)药剂防治:春季 3—4 月,在肿瘤中的病菌溢出传播以前,用利刀刮除病瘤后涂 402 抗菌剂 200 倍液效果最好,愈伤组织快速形成,病斑可自行脱落。也可用刀割除癌瘤,刮净病斑后,在伤口处涂以白乳胶,白乳胶的涂覆厚度为 1 ~2 mm。用装潢用白乳胶进行防治,不复发,不侵染,一劳永逸,简单易行,防治时间上全年均可。

六、桃蚜

桃蚜[*Myzus persicae*(Sulzer)]属同翅目蚜科,别名腻虫、烟蚜、桃赤蚜、菜蚜。桃蚜是广食性害虫。桃蚜营转主寄生生活周期,其中冬寄主(原生寄主)植物主要有梨、桃、李、梅、樱桃等蔷薇科果树等;夏寄主(次生寄主)主要有白菜、甘蓝、萝卜、芥菜、芸苔、芜菁、甜椒、辣椒、菠菜等多种作物。

1. 为害状

成若虫群集芽、叶、嫩梢上刺吸植物体内汁液,被害叶向背面不规则卷曲,同时还可分泌蜜露,引起煤污病,影响植物正常生长;更重要的是会传播多种植物病毒。

2. 形态特征

无翅孤雌蚜:体长约 2.6 mm,宽 1.1 mm,体色有黄绿色、洋红色。腹管长筒形,是尾片的 2.37 倍,尾片黑褐色;尾片两侧各有 3 根长毛。

有翅孤雌蚜:体长 2 mm。腹部有黑褐色斑纹,翅无色透明,翅痣灰黄色或青黄色。

有翅雄蚜:体长 1.3 ~1.9 mm,体色深绿、灰黄、暗红或红褐。头胸部黑色。

卵:椭圆形,长 0.5 ~0.7 mm,初为橙黄色,后变成漆黑色而有光泽(图 3-12)。

3. 发生特点

南方 1 年发生 30 ~40 代,以卵在桃、李、杏等越冬寄主的芽旁、裂缝、小枝杈等处越冬,

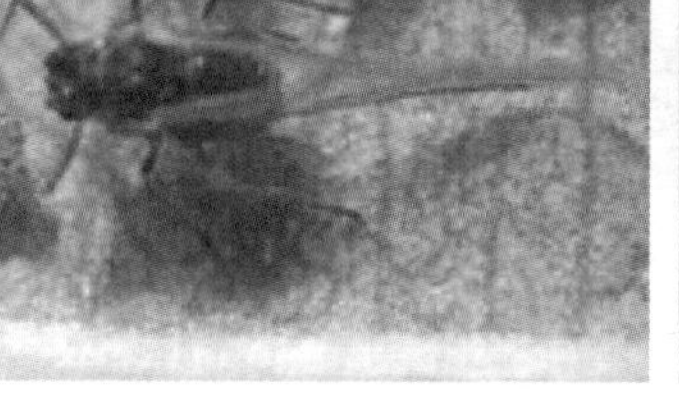

（a）桃蚜有翅蚜虫与无翅蚜

（b）桃蚜若虫

（c）成虫有翅蚜

图 3-12　桃蚜

桃蚜一般营全周期生活，早春，越冬卵孵化为干母，在冬寄主上营孤雌胎生，繁殖数代皆为干雌。当断霜以后，产生有翅胎生雌蚜，迁飞到十字花科、茄科作物等侨居寄主上为害，并不断营孤雌胎生繁殖出无翅胎生雌蚜，继续进行为害。直至晚秋当夏寄主衰老，不利于桃蚜生活时，才产生有翅性母蚜，迁飞到冬寄主上，生出无翅卵生雌蚜和有翅雄蚜，雌雄交配后，在冬寄主植物上产卵越冬。越冬卵抗寒力很强，即使在北方高寒地区也能安全越冬。桃蚜也可以一直营孤雌生殖的不全周期生活。

4. 防治技术

（1）加强果园管理：结合春季修剪，剪除被害枝梢，集中销毁。

（2）黄板诱蚜：在桃园地周围设置黄色板。即把涂满橙黄色 66 cm 见方的塑料薄膜，从 66 cm、33 cm 宽的长方形框的上方使涂黄面朝内包住夹紧。插在桃子园周围，隔 3 ~ 5 m 远一块，再在没涂色的外面涂机油。这样可以大量诱杀有翅蚜。

（3）保护天敌：蚜虫天敌有瓢虫、食蚜蝇、草蛉、烟蚜茧蜂、菜蚜茧蜂、蜘蛛、寄生菌等。要合理使用广谱性杀虫剂。

（4）药剂涂茎：用吡虫啉乳油 1 份，加水 3 份，用毛刷在主干周围涂 6 cm 宽的药环。涂药后用纸或塑料布包好，残效期可维持 15 d 左右。如树皮粗糙，可先将粗皮刮掉。

（5）药剂防治：春季卵孵化后，桃树未开花和卷叶前，可用 50% 的吡蚜酮可湿性粉剂 1 500倍，50% 抗虫威乳油 2 000 倍液等进行防治。

项目实训三　桃树病虫害识别

一、目的要求

了解当地桃树常见病虫害种类，掌握桃树主要病害症状及病原菌形态特征，掌握桃树主要害虫的形态及为害特点，学会识别桃树病虫害的主要方法。

二、材料准备

病害标本：桃缩叶病、桃褐腐病、桃炭疽病、桃灰霉病、桃树细菌性穿孔病等病害的蜡叶标本、新鲜标本、盒装标本、瓶装浸渍标本、病原菌玻片标本及多媒体课件等。

虫害标本：桃桑白蚧、桃潜叶蛾、桃蛀螟、桃小食心虫、桃红颈天牛和桃蚜等虫害的瓶装浸渍标本、针插标本、生活史标本及危害状标本等。

工具：显微镜、体视显微镜、多媒体教学设备、放大镜、挑针、载玻片、盖玻片、吸水纸、镜头纸、蒸馏水。

三、内容与方法

1. 桃树病害识别

（1）观察桃缩叶病病叶，注意病斑的大小、颜色、形状及病叶的状态，是否穿孔、皱缩、增厚、有无粉状物，显微镜观察桃缩叶病病原示范玻片，或自制病原玻片观察。

（2）观察桃疮痂病果实、果梗、叶片、叶柄等部位，注意病斑的形状、大小、颜色，有无轮纹，有无灰色霉层，在叶片正面还是反面，观察果实是否有瘤状突起病斑。显微镜观察桃疮痂病病原示范玻片。注意分生孢子器形状及分生孢子梗、分生孢子形状、大小和颜色。

（3）观察桃炭疽病病叶或者病果，注意病叶或病果上病斑的大小、形状和颜色，用放大镜观察病斑上小黑点的排列情况。叶片病斑颜色、形状、边缘是否清楚，果实病斑有无霉层，霉层颜色，病部是否腐烂，病斑是否凹陷，有无轮纹颗粒物。显微镜观察病原示范玻片或者是自制玻片。注意分生孢子盘的形状、分生孢子的大小、形状等特征。

（4）观察褐腐病病叶或者病果，注意发病部位是内部还是外部，病斑有无轮纹，表面是霉层、霉丛还是小黑点。显微镜观察桃褐腐病病原示范玻片，分生孢子、分生孢子盘、分生孢子器的特征。

（5）观察桃流胶病标本，注意病变部位的形状、位置、是否有小黑点、是否有黄色流胶。

（6）观察桃细菌性穿孔病病叶或者病果，注意叶斑形状，是否有菌脓，干燥时病斑是否干裂、穿孔，果实后期是否腐烂，是否有臭味。用显微镜观察桃树细菌性穿孔病病原示范玻片，注意菌落形状、颜色、是否隆起，菌体形状，鞭毛着生情况，有无芽孢。

（7）观察当地桃树常见病害症状及病原。

2. 桃树虫害识别

（1）观察桃蛀螟、桃小食心虫害虫标本，注意比较幼虫体色、毛片、腹足趾钩、为害状及成虫的大小、翅的斑纹。

（2）观察桑白蚧标本，注意蚧壳的大小、形状、体表的刻点、有无蜡粉、壳点的位置等。

（3）观察桃潜叶蛾标本，注意成虫的体色、大小、翅端的斑纹，幼虫的为害状，化蛹时结茧的位置及形态，产卵的位置。

（4）观察桃红颈天牛、吉丁虫害虫标本，注意幼虫的特征及为害状。观察成虫鞘翅形状、颜色。

（5）观察桃蚜害虫标本，注意卷叶情况的异同，体色、有无蜡粉、触角类型、腹管、尾片等特征。借助实物或图片了解卵的形态及产卵位置。

（6）观察当地桃树常见害虫形态和为害状。

四、学习评价

评价内容	评价标准	分值	实际得分	评价人
1. 桃树病害的症状、病原、发生特点和防治技术 2. 桃树虫害的为害状、形态特征、发生特点和防治技术	每个问题回答正确得10分	20分		教师
1. 能正确进行以上桃树病害症状的识别 2. 能结合症状和病原对以上桃树病害作出正确的诊断 3. 能根据以上不同桃树病害的发病规律,制订有效的综合防治方法	操作规范、识别正确、按时完成。每个操作项目得10分	30分		教师
1. 正确识别当地常见桃树虫害标本 2. 描述常见当地桃树害虫的为害状 3. 能根据桃树虫害的发生规律,制订有效的综合防治措施	操作规范、识别正确、按时完成。每个操作项目得10分	30分		教师
团队协作	小组成员间团结协作,根据学生表现评价	10分		小组互评
团队协作	计划执行能力,过程的熟练程度	10分		小组互评

思考与练习

1. 简述桃缩叶病的症状特点,如何防治?
2. 简述桃炭疽病发病特点和防治技术。
3. 简述桃流胶病的防治技术。
4. 桃红颈天牛、桃吉丁虫在危害上和防治技术上有何不同?
5. 根据黔东南桃树病虫发生种类和特点制订综合防治方案。

项目四　杨梅病虫害识别与防治

学习目标

1. 了解当地杨梅植物病虫害的主要种类。
2. 掌握杨梅病害的症状及害虫的形态特征。
3. 了解杨梅植物病虫害的发生、发展规律。
4. 掌握符合当地实际情况的病虫害综合防治技术和生态防治技术。

任务一　杨梅病害识别与防治

一、杨梅癌肿病

杨梅癌肿病又名杨梅疮,是细菌性病害。以危害枝干为主。

1. 症状

发病初期出现乳白色的小突起,表面光滑,后逐渐增大成肿瘤,表面变得粗糙或凹凸不平,木栓化,质坚硬,瘤呈球形,最大直径可达10 cm以上。一个枝条上肿瘤少者1~2个,多者可达5个以上,一般在枝条节部发生较多,对枝条生长造成严重影响。杨梅癌肿病主要发生在二、三年生的枝干上,也有发生在多年生的主干、主枝和当年生的新梢上。被害部位以上的枝条枯死;树干发病促使树势早衰,严重时也可引起全株死亡,对杨梅产量影响很大(图4-1)。

图4-1　杨梅癌肿病症状

2. 病原

杨梅癌肿病是由丁香假单胞菌[*Pseudomonas syringae* pv. *myricae* C. Ogimi]杨梅致病变种所致,是一种细菌性病害。

3. 发病特点

病菌在病树上或果园地面上的病瘤内越冬,次年春季细菌从病瘤内溢出后,主要通过雨水的溅散传播,也能通过空气、接穗、昆虫(枯叶蛾)传播。4月底至5月初,病菌从枝梢的伤口侵入,5 月下旬开始发病。

4. 防治技术

(1)冬季清园:在新梢抽生前,应剪去发病树上的所有病枝,集中烧毁,以减少病源,防止传播。

(2)减少伤口:在采收季节,宜赤脚或穿软鞋上树采收,避免穿硬底鞋上树而损伤树皮,增加伤口,引起病菌感染。

(3)苗木检疫:禁止在病树上剪取接穗和出售带病苗木,在无病的新区,如发现个别病树,应及时砍去烧毁。

(4)药剂防治:春季 3—4 月份,在肿瘤中的病菌溢出传播以前,用利刀刮除病瘤后涂 402 抗菌剂 200 倍液效果最好,愈伤组织快速形成,病斑可自行脱落。

二、杨梅褐斑病

杨梅褐斑病,又名炭疽病,俗称杨梅红点,属真菌性病害。

1. 症状

主要为害叶片,初期在叶面上出现针头大小的紫红色小点,以后逐渐扩大为圆形或不规则形病斑,中央呈浅红褐色或灰白色,边缘褐色,直径 4 ~ 8 mm。后期在病斑中央长出黑色小点,是病菌的子囊果。当叶片上有较多病斑时,病叶就干枯脱落,受害严重时全树叶片落光,仅剩秃枝,直接影响树势、产量和品质(图 4-2)。

图 4-2　杨梅褐斑病叶片病斑

2. 病原

病原菌为座囊菌目[*Mycosphacrcalla myricac* Saw],属子囊菌亚门腔菌纲。

3. 发病特点

病菌以子囊果在落叶或树上的病叶上越冬。次年 4 月底至 5 月初在子囊果开始形成子囊孢子,5 月中旬以后,如遇雨水或天气潮湿,从子囊果内陆续散发出成熟的子囊孢子,通过雨水传播蔓延。孢子萌发侵入叶片后并不马上表现症状,潜伏期较长(3 ~4 个月),一般至 8 月中下旬出现新病斑。该病 1 年发生 1 次,无再次侵染。

4. 防治技术

(1)冬季清园:清扫园内落叶,并集中烧毁或深埋,以减少越冬病源。

(2)加强管理:园内土壤要深翻改土,增施有机质肥料,提高土壤肥力,增强树势,提高抗病能力。

(3)化学防治:在果实采收前半个月和采收后各喷一次倍量式波尔多液、75% 百菌清可湿性粉剂或 50% 多菌灵可湿性粉剂 800 ~1 000 倍液等药剂的防治效果较好。

三、杨梅白腐病

杨梅白腐病形成果实腐烂,俗称“烂杨梅”。

1. 症状

果实成熟期雨水多,病菌容易侵染,发病愈多。发病后,少数肉柱萎蔫,似局部熟印状,后蔓延至半个果或全果。病部软腐，并产生许多白色霉状物，果味变淡，还散发腐烂的气味（图4-3）。

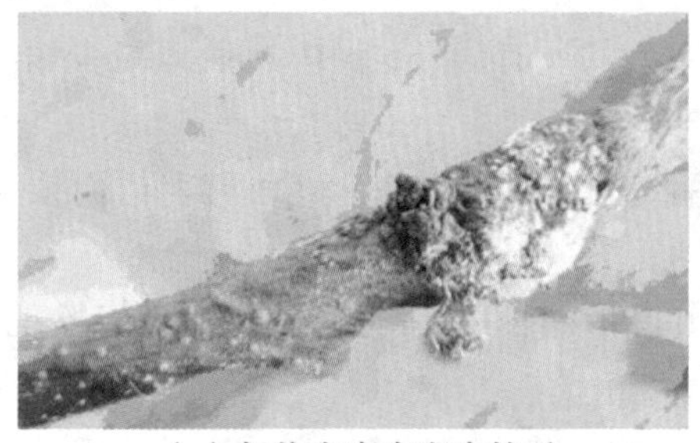

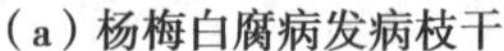

（a）杨梅白腐病发病枝干

（b）杨梅白腐病被害果实白色霉状物

图4-3 杨梅白腐病

2. 病原

病原菌主要是半知门菌亚门中青霉菌（*Penicillium* sp.）、绿色木霉菌（*Trichoderma Viride* Pers. Ex Fr.）

3. 发生特点

病菌在腐烂病果或土壤中越冬，靠暴雨冲击把病菌溅到树冠上近地表果实上。杨梅进入成熟期，雨日多，果实变软，病菌滋生，初仅少数肉柱萎蔫，后因果实抵抗力和酸度下降，造成吸水后的肉柱破裂，扩展到半个果或全果，后在病果内产生白色菌丝，果味变淡，有的散发出腐烂的气味，以后再经雨水冲击造成整个树冠被侵染。

4. 防治技术

对白腐病主要在于防，不在于治。防止该病尤以薄膜避雨设施栽培最佳，或喷洒山桃酸钾600倍液，提高果实硬度，增强抗病力。

（1）果实增硬：就是将果实增强到一定的硬度，使果实提高抗白腐病的能力。用有机活性钙，即将葡萄糖酸钙或柠檬酸钙等有机钙进行活性化以后才使用，加强了补钙的有效性。从4月上旬开始，每隔15 d左右，与其他营养液结合一起，先后使用4次，增硬的效果适当，防白腐病的效果明显。

（2）地面喷药：冬季结合清园，彻底清除落地果，同时喷洒3～5波美度石硫合剂，可减少白腐病菌在土中越冬，降低果实白腐病的发病率。

（3）采前清园：因为白腐病菌是一种腐败菌，若果园里有腐烂物，就会增加白腐菌的滋生，因此园间的腐烂物一定要清除。

（4）避雨设施：白腐病菌是靠雨水冲刷而传播，所以在杨梅园地之上用白色塑料薄膜遮盖，防治白腐病的效果较好。

四、杨梅根结线虫

杨梅根结线虫是很常见的寄生线虫，寄主范围很广，可以危害几百种植物。

1. 为害状

根结线虫主要危害杨梅根部，感染根系形成根结，最后变黑腐烂，导致树势减弱（图4-4）。

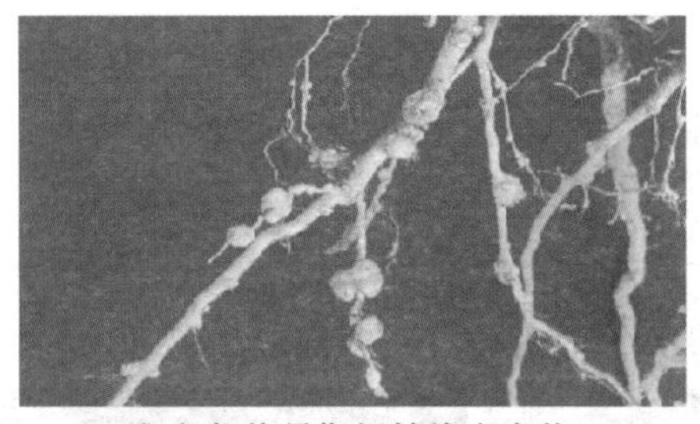
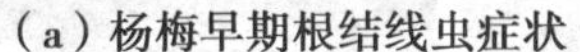
（a）杨梅早期根结线虫症状

（b）杨梅根结线虫症状

图4-4　杨梅根结线虫病

2. 发生特点

病原线虫寄生在根部的根皮与中柱之间，使根组织过度生长，结果形成大小不等的根瘤，严重时导致根系盘结成团。由于根系遭受破坏，影响了养分和水分输送，最后导致老根瘤腐烂，病根坏死。地上部表现为枝梢变短，叶片变小，长势削弱；严重时叶色发黄，叶缘卷曲，甚至枝叶干枯脱落。根结线虫以卵和雌虫越冬，以带虫的病根和土壤传播，病苗、水流也可传播。

3. 防治技术

（1）加强苗木检疫：严禁从疫区调运苗木。

（2）病苗处理：对发病苗木用48 ℃热水浸泡根15 min，可杀死线虫。

（3）园地选择与处理：建园前需严格检查，确定土壤不带病原线虫，若发现带病原线虫的土壤，应进行全面消毒。具体方法是，在定植前半个月，沟施80%二溴氯丙烷，每公顷用量为45～60 kg，沟深15 cm，沟距30 cm。沟施时，每500 g兑水25～75 L，均匀施入后覆土踏实。

（4）病树处理：加强肥水管理，增强树势；在1—2月间，挖除病株周围5～15 cm土壤表层的病根和须根团，保持水平根和大根，株施石灰1.5～2.5 kg，集中烧毁清除下来的病根；严重发生的可用药剂处理，于2—3月，株施80%二溴氯丙烷40～60 mL，兑水7.5～15 L。施药时，在树干四周，每隔30 cm打穴，穴深15 cm，穴距约30 cm，将药液灌入洞穴后覆土踏实。

任务二　杨梅虫害识别与防治

一、蓑蛾类

蓑蛾[*Psychidae*]属鳞翅目蓑蛾科，俗称蓑衣虫、袋袋虫、皮虫、背包虫。全世界已知约800种，中国记录有20余种。蓑蛾是一类杂食性害虫。为害杨梅的蓑蛾主要有大蓑蛾、小蓑蛾和白囊蓑蛾。

1. 为害状

以幼虫和雌成虫钻在袋囊中取食嫩枝的皮和叶片。

2. 形态特征

成虫小形的翅展约为 8 mm,大形的翅展可达 50 mm。雄蛾复眼小。无单眼。口器退化。翅发达,翅面有鳞片或有鳞毛,呈半透明状,翅斑纹简单,色暗而不显。幼虫肥大,胸足和臀足发达,腹足退化呈跖状吸盘。幼虫吐丝造成各种形状蓑囊,囊上黏附断枝、残叶、土粒等。幼虫栖息囊中,行动时伸出头、胸,负囊移动(图 4-5)。

(a)大蓑蛾成虫

(b)蓑蛾类幼虫

(c)幼虫吐丝造成的蓑囊

图 4-5 蓑蛾类

3. 发生特点

大蓑蛾:护囊纺锤形,丝质较疏松,囊外附有大的碎叶片和少数枝梗,排列不整齐。1 年发生 1 代。以幼虫在护囊内悬挂在树枝上越冬,次年 4 月下旬化蛹,5 月上、中旬成虫羽化。雌虫羽化后仍在囊内,雄虫羽化后从护囊末端飞出,与囊内雌成虫交配。雌虫产卵于护囊内,5 月下旬前后孵化出幼虫。幼虫从护囊中爬出,将咬碎的叶片连缀一起做成新护囊。7—9 月为害最烈,越冬前吐丝封闭囊口,将护囊缠挂树上开始食害。护囊若不及时摘去,其缠缚部位常被紧缚而产生缢痕,影响枝梢的生长,且容易自此处折断。

小蓑蛾:护囊橄榄形,丝质轻、紧密,囊外附有碎叶片和排列整齐的细枝。1 年发生 2 代。第一代 4—5 月出现,虫口数少,为害较轻,但如果不及时防治,第二代出现增多,7、8 月间为害猖獗。杨梅被小蓑蛾为害后,叶片变红,造成提早落叶,严重时,一张叶片多达 4 ~ 5 只幼虫。因此,小蓑蛾对杨梅的威胁很大。

白囊蓑蛾:护囊长圆形,灰白色,丝质紧密,无附着枝和叶,常缀挂于叶背面。一年发生 1 代,7 月中下旬至 8 月上旬发生最多;严重时一叶上多达 5 ~ 6 只,食害叶肉,使被害叶变红色,早脱落。

4. 防治技术

(1)人工摘除虫囊:幼虫为害初期,虫口集中,容易发现,便于人工及时摘除。冬季结合修剪,剪除越冬幼虫护囊,集中消灭。

(2)生物防治:保护利用螳螂、瓢虫、草蛉、蜘蛛等有益天敌;青虫菌、白僵菌或苏云金杆菌也能防治多种害虫。

(3)物理机械防治:用黑灯光或糖酒醋诱杀成虫和幼虫。

(4)喷药防治:大蓑蛾在 5 月下旬,选用 25% 悬浮乳油灭幼脲 3 号 2 000 ~ 4 000 倍液、1% 苦参碱可溶性溶剂 1 000 ~ 1 500 倍液等农药进行喷雾,都有良好的防治效果,但以傍晚喷药效果最佳,喷药时要求树冠内外、上下都喷到。

二、果蝇

果蝇[*Drosophila melanogaster*]属双翅目果蝇科，目前有 1 000 种以上的果蝇物种被发现，大部分的物种以腐烂的水果或植物体为食，少部分则只取用真菌、树液或花粉为食物。为害杨梅的种类很多，主要有黑腹果蝇、黄果蝇、伊米果蝇等。下面以黑腹果蝇为例。

1. 为害状

杨梅成熟后，吸引正在繁殖的果蝇到杨梅上取食、表层下产卵。卵孵化后，幼虫会钻进杨梅肉里取食危害。

2. 形态特征

成虫：体型较肥大，体表半透明，颜色逐渐加深，硬化。雌虫体型较雄体大，腹部末端稍尖，色浅，腹部背面呈 5 条黑色条纹，腹面呈一明显黑斑，腹部有 6 个腹片，雄虫腹部末端呈黑色钝圆形，腹背有 3 条条纹，最后一条极宽，第一对足的跗节基部有性梳，腹部有 4 个腹片。

幼虫：头尖尾钝，头上有一黑色钩状口器。三龄幼虫体长 4 ~ 5 mm，总共有三龄幼虫。

蛹：为菱外形，逐渐由淡黄、柔软逐渐硬化为深褐色。

卵：体长约 0.5 mm，呈白色椭圆形，前端背面伸出一触丝，附着在食物上(图 4-6)。

(a) 果蝇成虫

(b) 果蝇幼虫

图 4-6　果蝇

3. 发生特点

杨梅果蝇在田间世代重叠，不易划分代数，各虫态同时并存，在气温 10 ℃以上时，果蝇成虫出现。在气温 21 ~25 ℃、湿度 75% ~85% 条件下，一个世代历期 4 ~ 7 d。杨梅进入成熟期后，果实变软，果蝇有合适的食物，此期为果蝇发生盛期，随着采收，杨梅逐渐减少，果蝇数量随之下降。果蝇主要栖息在具有发酵物、潮湿阴凉的生态环境，所以在杨梅采收后，树上残次果和树下落地果腐烂，又会出现盛发期，而随着残次果及落地果的逐渐消失，虫口因食物的缺少而下降。杨梅果蝇发生盛期在 6 月中下旬和 7 月中下旬两个食物条件极好的时期。以 6 月中下旬的发生危害造成经济损失。清晨和黄昏为成虫的活动高峰期。

4. 防治技术

(1)果园管理：调节通风透光，保持果园适当的温湿度，结合修剪，清理果园，尤其是腐烂的杂物及发酵物，可以减少虫源。

(2)诱杀：果蝇成熟期不能喷药，可用 10% 吡虫啉、香蕉、蜂蜜、食醋按 10 ∶ 10 ∶ 6 ∶ 3 的比例配制成诱杀剂，放在园内诱杀果蝇。

(3)地膜覆盖：果实成熟前覆盖白色地膜。

(4)粘虫板：用松香 7 份+红糖 1 份+机油 2 份混合后成粘虫板。

(5)拣除落地烂果：拣除杨梅成熟前的生理落果和成熟采收期的落地烂果，送出园外一定距离的地方覆盖厚土，可避免其生存繁殖后返回园内危害。

(6)化学防治：在成熟期前(即 5 月上旬)用低毒残留的 1.8% 爱福丁或阿维菌素喷洒落地果，并及时清理，可有效防治果蝇的发生。

三、杨梅小卷叶蛾

杨梅小卷叶蛾[*Eudemis gyrotis* Meyr]属鳞翅目卷叶蛾科。在贵州杨梅栽培区均有分布。同时还为害柑橘、茶叶、黄豆等作物。

1. 为害状

以幼虫在初展嫩叶端部或嫩叶边缘吐丝、缀连叶片呈虫苞，潜居缀叶中食害叶肉。当虫苞叶片严重受害后，幼虫因食料不足，再向新梢嫩叶转移，重新卷叶结苞为害。杨梅新梢受害后，枝条抽生伸长困难，生长慢，树势转弱。严重为害时，新梢呈一片红褐焦枯，对杨梅幼树提前结果，早期丰产及产量都有很大影响。

2. 形态特征

成虫：长 6 ~ 8 mm，体黄褐色，静止时呈钟罩形，前翅基斑褐色，中带上半部狭，下半都向外侧突然增宽，似斜“h”形。卵：扁平，椭圆形，淡黄色，数十粒排成鱼鳞状卵块。幼虫：老熟时体长 13 ~ 18 mm，黄绿色至翠绿色，臀栉 6 ~ 8 根。蛹：长 9 ~ 11 mm，黄褐色，腹部 2 ~ 7 节背面各有两行小刺，后行小而密(图 4-7)。

杨梅小卷叶蛾为害枝端形成的虫苞

图 4-7 杨梅小卷叶蛾

3. 发生特点

贵州 1 年发生 4 代，以幼虫在卷叶内越冬。第 1 代幼虫为害春梢嫩叶，第 2 代为害夏梢，第 3 代为害晚夏梢和早秋梢，第 4 代为害晚秋梢并进入越冬。成虫夜间羽化，白天躲在叶背和树丛蔽光处，傍晚交尾产卵。卵产在嫩梢叶尖处，散产，偶见双粒。幼虫孵化后，在叶面叶尖处就地取食表皮，并将其向内卷裹，幼虫受惊后常迅速向后跳动，并吐丝下垂，2 龄幼虫卷的虫苞有 2 ~ 3 片叶，3 ~ 4 龄幼虫食量加大，吐丝卷叶数可达 4 ~ 6 片，5 龄幼虫食量减少,常被黄茧蜂等天敌寄生。老熟幼虫在卷叶内结茧化蛹。

4. 防治技术

(1)加强管理:各新梢期做到合理施肥,促新梢健壮。

(2)冬春季清园:冬季修剪时剪除有虫枝条,清除树盘下病叶落叶,铲除园中杂草,进入新梢期、花穗抽发期、幼果期后,发现卷叶“虫苞”及时摘除。

(3)灯诱成虫:成虫发生季节可利用黑灯光诱杀成虫,减少产卵。

(4)药剂防治:进入卵孵化初期和盛期、花蕾期及时喷洒 100 亿活芽孢/g 苏去金丁菌悬浮剂 800 倍液或 1.8% 阿维菌素乳油 3 000 倍液。开花前、新梢期、幼果期,喷洒 2.5% 溴氰菊酯或 10% 氯氰菊酯乳油 2 000 倍液。

四、杨梅枝干类害虫

枝干类害虫如褐天牛[*Nadezhdiella* cantori]、星天牛[*Anoplophora chinensis*(Forster)]属鞘翅目天牛科。贵州杨梅栽培区有分布。

1. 为害状

以幼虫在近地表的主干部位钻蛀取食,造成植株养分和水分的输送受阻,导致树势衰退,最后全株枯死。

2. 形态特征(褐天牛)

成虫:体长 26 ~ 51 mm,体宽 10 ~ 14 mm。初羽化时为褐色,后变为黑褐色,有光泽,并具灰黄色绒毛。两复眼间有 1 深纵沟,触角基瘤之前、额中央又有 2 条弧形深沟,呈括弧状。雄虫触角超过体长的 1/3 ~ 1/2,雌虫触角较体长略短或等于体长。前胸宽大于长,背面呈较密而又不规则的脑状皱折,侧刺突尖锐。

卵:椭圆形,长约 3 mm,卵壳有网纹和刺突。初产时乳白色,逐渐变黄,孵化前呈灰褐色。

幼虫:老熟时体长 46 ~ 56 mm,乳白色,体呈扁圆筒形。头的宽度约等于前胸背板的 2/3,口器上除上唇为淡黄色外,余为黑色。3 对胸足未全退化,尚清晰可见。中胸的腹面、后胸及腹部第一至七节背腹两面均具移动器。

蛹:淡黄色,体长约 40 mm,翅芽叶形,长达腹部第三节后缘(图 4-8)。

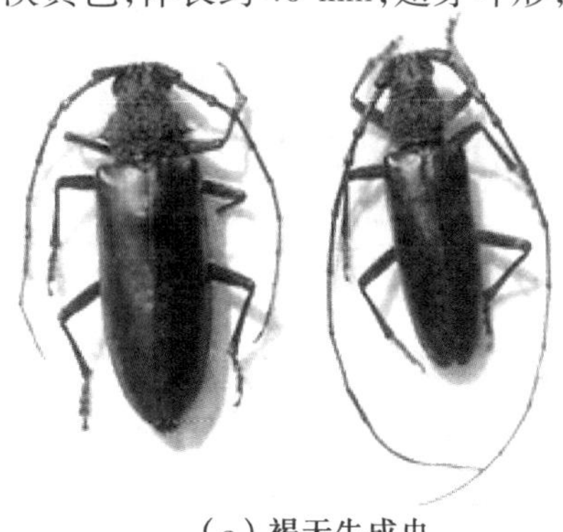

(a) 褐天牛成虫

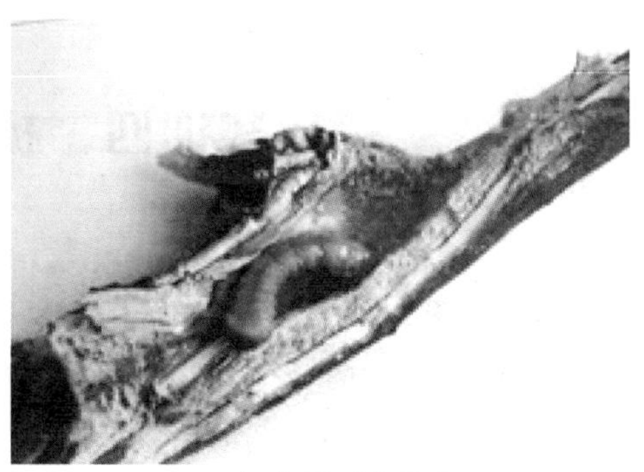

(b) 褐天牛幼虫

图 4-8　枝干害虫(褐天牛)

3. 发生特点

褐天牛:两年完成1代。7月上旬前孵化出幼虫,次年8月上旬至10月上旬化蛹,10月上旬至11月上旬羽化为成虫后在蛹室中越冬。第三年4月下旬成虫外出活动。成虫产卵分布于距地面16 cm到侧枝高处的树皮裂缝和伤口处。

星天牛:每年发生1代。以幼虫在树干基部或主根内越冬。成虫多出现在4月下旬至5月上旬,5—6月为羽化期,产卵多在5—8月,卵多产在离地5 cm的范围内。孵化后的幼虫先在皮下向下蛀食,常因数头幼虫在树干基部皮层蛀食而形成"围头",导致杨梅整株枯死。幼虫经3 ~4个月皮下蛀食后开始进入木质部,至一定深度后再转向上部。一般虫道长约15 cm,羽化被变色树皮所掩盖。

4. 防治技术

(1)加强果园管理:通过加强肥水管理,促使植株生长旺盛,并保持树干光滑,及时剪除病虫枝和枯枝,蔃剪口要平滑整齐。同时,在4—8月间保持树冠基部无杂草,预防天牛成虫在其中产卵。

(2)人工捕杀:成虫大量羽化出孔时,利用褐天牛喜在闷热夜晚外出活动,星天牛成虫多在晴天中午栖息于枝端并在树干基部产卵等特点,对成虫进行人工捕杀。4 ~8月,检查树干基部是否有成虫咬伤的伤口、流胶、幼虫为害时排出的木屑等,及时用铁丝钩杀幼虫。对已蛀入主干的害虫,可将虫孔中堵塞的木屑掏空后,把蘸有80%敌敌畏乳油的药棉球,塞入虫孔中将孔堵死,熏杀幼虫。

(3)保护利用天敌:褐天牛有多种寄生性天敌,其中以寄生于幼虫的天牛茧蜂和寄生于卵的长尾啮小蜂最为常见,对天牛的抑制作用显著。另外啄木鸟也是天牛的重要天敌,可加强保护和利用。

(4)树干涂白防止产卵:在4月将杨梅树的主干和主枝涂白,涂白剂有:①水泥10 kg、生石灰10 kg、新鲜牛粪1 kg,加适量水调成糊状。②生石灰20 kg、硫黄1 kg、敌敌畏0.25 kg、食盐0.5 kg、桐油0.1 kg,加适量水调成糊状,也可在成虫开始产卵前(4月)将包装化肥的编织袋裁成宽20 cm左右的条带,包扎距地面1 m以下的枝干,防止产卵。

(5)药剂防治:每年4—6月,可定期使用1.8%阿维菌素乳油2 500倍液喷布枝干。

项目实训四　杨梅病虫害识别

一、目的要求

了解当地常见杨梅病虫害种类,掌握杨梅主要病害症状及病原菌形态,掌握杨梅主要害虫形态及为害特点,学会识别杨梅病虫害的主要方法。

二、材料准备

病害标本:杨梅癌肿病、杨梅褐斑病、杨梅白腐病、杨梅根结线虫病等蜡叶标本、新鲜标本、盒装标本、瓶装浸渍标本、病原菌玻片标本。

虫害标本：杨梅蓑蛾类、杨梅果蝇、白蚁、杨梅卷叶蛾、枝干害虫等盒装标本、瓶装浸渍标本。

工具：显微镜、多媒体教学设备、放大镜、挑针、镊子、载玻片、盖玻片、酒精灯、酒精、吸水纸、镜头纸、蒸馏水。

三、实施内容与方法

1. 杨梅病害识别

(1) 观察杨梅褐斑病标本，注意病斑形状、大小，注意是否生有灰色颗粒状物，是否有同心轮纹。显微镜观察杨梅褐斑病病原示范玻片，注意分生孢子器形状及分生孢子梗、分生孢子形状、大小和颜色。

(2) 观察杨梅白腐病病果，注意穗轴和果梗是否有干枯缢缩状态，病叶病斑形状、大小，注意是否生有灰色颗粒状物，是否有同心轮纹。显微镜观察杨梅白腐病病原示范玻片，注意分生孢子器形状及分生孢子梗、分生孢子形状、大小和颜色。

(3) 观察杨梅根结线虫病病原示范玻片，或者分离线虫观察，注意区别雌虫和雄虫及其大小和形态。

(4) 观察杨梅癌肿病，注意树势是否出现衰退现象，观察地下部分，注意是否有肿瘤，肿瘤颜色、形状，是否有龟裂。显微镜观察杨梅癌肿病病原示范玻片，注意菌落形状、颜色、是否隆起，菌体形状，鞭毛着生情况，有无芽孢。

(5) 观察本地常见杨梅病害症状及病原。

2. 杨梅虫害识别

(1) 观察蓑蛾类蛾标本，注意成虫翅形状、大小、口器特征，翅面是否有鳞毛，翅斑纹特点、颜色。幼虫体型、胸足、臀足和腹足特点。观察幼虫吐丝造成各种蓑囊形状。观察并区别大蓑蛾、小蓑蛾和白囊蓑蛾形态特征和为害状。

(2) 观察果蝇标本，注意成虫胸部背板、腹部背板、翅外缘的主要特征，认识幼虫体色、体型、口器类型。观察当地杨梅果蝇主要种类成虫、幼虫的主要特征区别。

(3) 观察杨梅小卷叶蛾标本，注意成虫翅形状、大小、颜色，幼虫第八腹节背面的尾状突起，观察当地杨梅卷叶蛾成虫、幼虫的主要特征区别。

(4) 观察白蚁标本，注意有翅成虫和无翅成虫区别，翅的形状、前后翅大小、颜色，比较工蚁、兵蚁头部、口器区别。观察当地白蚁主要形态区别。

(5) 观察褐天牛、星天牛标本，注意幼虫体型、口器特征、前胸背板特征，胸、腹节的背腹面是否有骨化区或者突起，观察当地危害杨梅天牛类成幼虫的主要特征区别。

(6) 观察本地常见杨梅害虫形态特征及危害状。

四、学习评价

评价内容	评价标准	分值	实际得分	评价人
1. 杨梅病害的症状、病原、发生特点和防治技术 2. 杨梅虫害的为害状、形态特征、发生特点和防治技术	每个问题回答正确得 10 分	20 分		教师
1. 能正确进行以上杨梅病害症状的识别 2. 能结合症状和病原对以上杨梅病害作出正确的诊断 3. 能根据以上不同杨梅病害的发病规律，制订有效的综合防治方法	操作规范、识别正确、按时完成。每个操作项目得 10 分	30 分		教师
1. 正确识别当地常见杨梅虫害标本 2. 描述常见当地杨梅害虫的为害状 3. 能根据杨梅虫害的发生规律，制订有效的综合防治措施	操作规范、识别正确、按时完成。每个操作项目得 10 分	30 分		教师
团队协作	小组成员间团结协作，根据学生表现评价	10 分		小组互评
团队协作	计划执行能力，过程的熟练程度	10 分		小组互评

思考与练习

1. 杨梅褐斑病症状特点是什么？怎样防治？
2. 如何识别杨梅白腐病？
3. 简述杨梅果蝇的发生和防治特点。
4. 如何防治枝干害虫？

项目五　柑橘病虫害识别与防治

📖 学习目标

1. 了解当地柑橘植物病虫的主要种类。
2. 掌握柑橘病害的症状及害虫的形态特征。
3. 了解柑橘植物病虫害的发生、发展规律。
4. 掌握符合当地实际情况的病虫害综合防治技术和生态防治技术。

任务一　柑橘病害识别与防治

一、柑橘炭疽病

柑橘炭疽病是我国柑橘产区普遍发生的一种主要病害，常引起叶、果脱落，枝梢枯死，主要危害柑橘、金橘、柚类等植物。

1. 症状

叶片：叶片发病多在叶缘或者叶尖，病斑浅灰色，呈不规则或者圆形。潮湿天气呈现朱红色小液点，天气干燥时，斑面常现同心轮纹小黑点。

枝梢：枝梢病斑多始自叶腋处，由褐色小斑发展为长梭形下陷病斑，当病斑绕茎扩展一周时，常致枝梢变黄褐色至灰白色枯死。

果实：幼果发病，腐烂后干缩成僵果，悬挂树上或脱落。成熟果实发病，在干燥条件下呈黄褐色、稍凹陷、革质、圆形至不定形，边缘明显；湿度大时果面上出现深褐色斑块，严重时可造成全果腐烂。贮运期间，多现自蒂部或其附近处出现茶褐色稍下陷斑块，终至皮层及内部瓤囊变褐腐烂（图 5-1）。

2. 病原

病原菌由胶孢炭疽菌[*Colletotrichum gloeosporioides* Penz]侵染所致。有性阶段为小丛壳菌[*Glomerella cingulata*(Stonem.)Spauld. et Schrenk]，属子囊菌亚门。

3. 发病特点

病菌以菌丝体在病部组织内越冬，病枯枝梢是病菌主要的侵染来源，次年春天产生分生孢子，由风雨或昆虫传播，侵入寄主引起发病。高温多雨的季节发生严重。冬季冻害较重及

（a）柑橘炭疽病病叶

（b）柑橘炭疽病病果

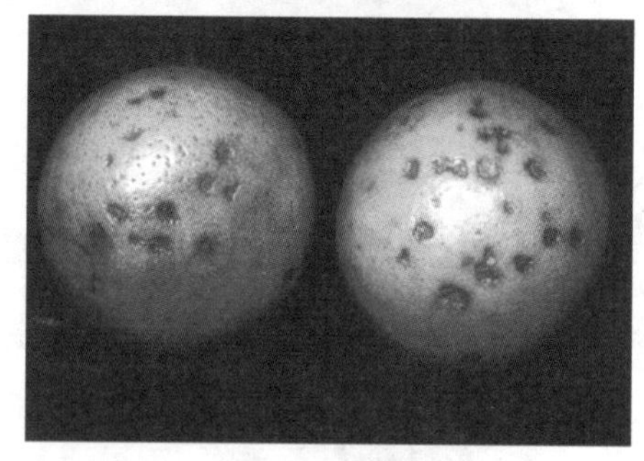

（c）柑橘炭疽病

（d）柑橘炭疽病发病叶片

图 5-1 柑橘炭疽病

早春气温低、阴雨多的年份发病也较重。受冻害和栽培管理不善、生长衰弱的橘树发病严重；过熟、有伤口及受日灼的果实容易感病。

4. 防治技术

应采取加强栽培管理，增强树势，提高抗病力为主的综合治理措施。

（1）改善果园管理：做好肥水管理和防虫、防冻、防日灼等工作，并避免造成树体机械损伤，保持健壮的树势。剪除病虫枝和徒长枝，清除地面落叶；冬季剪除病枝病叶，收集烧毁。清园后全面喷洒 0.8 ~ 1 波美度石硫合剂加 0.1% 洗衣粉一次。

（2）肥水管理：加强肥水管理，提高植株活力。深翻改土，增施有机肥和磷钾肥，避免偏施过施氮肥；整治排灌系统，做好防涝、防旱、防冻和防虫等工作。

（3）药剂防治：在幼果期和 8—9 月果实成长期，每隔 15 ~ 20 d，各喷药一次。有效药剂为 75% 百菌清可湿性粉剂 500 倍液，波尔多液（0.5∶1∶100）等。

二、柑橘疮痂病

柑橘疮痂病是柑橘重要病害之一，在中国的柑橘种植区都有发生，贵州栽培区均有分布。此病主要为害柑橘新梢幼果，也可为害花萼和花瓣，严重时会导致果实畸形，进而导致减产。

1. 症状

叶片受害，初期在叶面产生油渍状黄褐色圆形小点，以后病斑向外隆出而对应的叶面呈内凹，病斑为木栓化的瘤状突及圆锥状的疮痂，并彼此愈合成疮瘤群，使叶片呈畸形扭曲。潮湿时，病斑顶部有灰色霉层。被害叶片常枯黄脱落。新梢发病，特征与叶片相似，病梢短小扭曲。幼果受害，则散生或集生瘤状突起病斑，或发育成果形小、皮厚、汁少的畸形果（图 5-2）。

(a) 柑橘疮痂病

(b) 柑橘疮痂病病果后期症状

(c) 柑橘疮痂病为害温州蜜柑

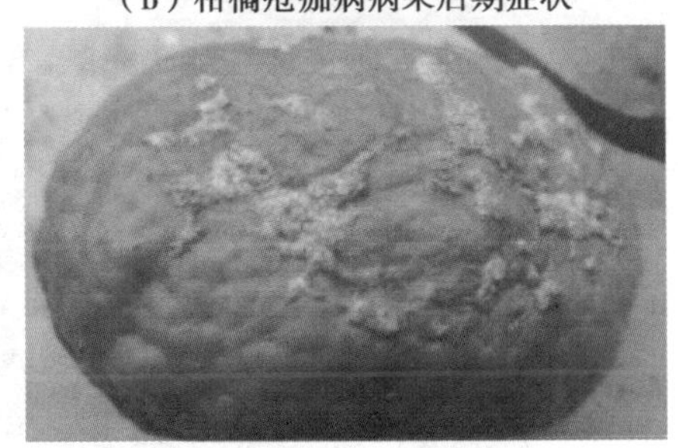

(d) 柑橘疮痂病后期症状

图 5-2　柑橘疮痂病

2. 病原

病原菌为柑橘痂圆孢菌[*Sphaceloma fawcettii* Jenk.],属半知菌亚门。有性阶段在我国尚未发现。

3. 发病特点

以菌丝体潜伏于病组织里越冬。春季阴湿多雨,气温上升到 15 ℃以上时,产生分生孢子,经风、雨或者昆虫传播,侵入新梢、嫩茎和幼叶,萌发产生芽管,从表皮或伤口侵入,经 3 ~ 10 d 的潜育期,即可产生病斑。在条件适合的情况下可进行多次再侵染。阴雨连绵或清晨雾重露多的天气,有利于病菌的侵入,病害易流行。

4. 防治技术

(1)剪除病梢病叶:冬季和早春结合修剪,剪除病枝病叶,春梢发病后也及时剪除病梢。

(2)实施检疫:新开柑橘园要采用无病苗木,防止病菌带入。

(3)化学防治:以防治幼果疮痂病为重点,于花谢 2/3 时喷药,发病条件特别有利时可在半个月后再喷一次。有效的药剂品种有波尔多液(硫酸铜 0.5 ~ 1 kg,石灰 0.5 ~ 1 kg,水 100 kg)、50% 多霉清可湿性粉剂 800 ~ 1 000 倍液、12% 绿菌灵乳油 500 倍液等。

注意事项:此病在发病初期易与柑橘溃疡病相混淆,这两种病害在叶片上的症状,主要区别是溃疡病病斑表里穿破,呈现于叶的两面,病斑较圆,中间稍凹陷,边缘显著隆起,外圈有黄色晕环,中间呈火山口状裂开,病叶不变形。疮痂病病斑仅呈现于叶的一面,一面凹陷,一面突起,叶片表里不穿破。病斑外围无黄色晕环,病叶常变畸形。

三、柑橘脚腐病

柑橘脚腐病在我国各柑橘产区均有发生,其中以西南橘区较重。发病橘树根颈部皮层死亡,引起树势衰弱,严重时可致整株死亡。有时也可侵染树冠下部的果实。

1. 症状

柑橘脚腐病发生于根颈部,组织腐烂呈褐色,有酒糟味。在潮湿环境下,病部分泌淡黄色胶质物。干燥时,病部干缩。条件适宜,病斑迅速向纵横扩展,向上蔓延至主干,向下蔓延,引起主根、侧根甚至须根大量腐烂。横向扩展使根颈环割,导致植株枯死。发病较轻时,叶片失去光泽;病重时,叶片失绿,叶脉变黄,叶形较小,早期落叶,果小,味酸质劣(图 5-3)。

(a)柑橘脚腐病

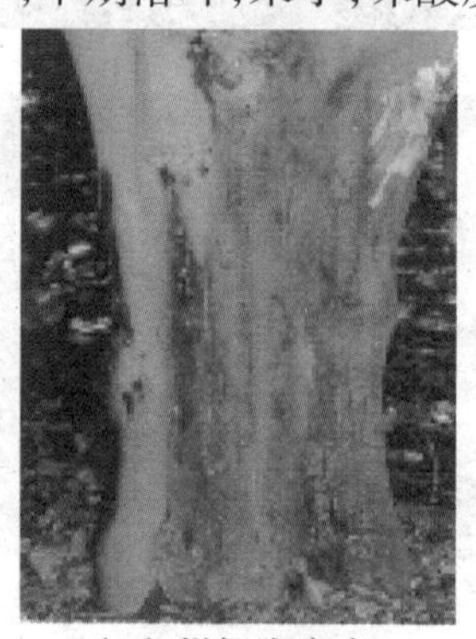

(b)柑橘脚腐病

图 5-3　柑橘脚腐病

2. 病原

病原菌主要是寄生疫霉菌[*Phytophthora parasitica* Dastur]和褐腐疫霉菌[*P. Citrophthora* (R. et E. Smith) Leno]属鞭毛菌亚门。

3. 发病特点

以菌丝体在病组织内或以卵孢子在土壤中越冬。次春,条件适宜时,土壤中的卵孢子萌发,产生孢子囊和游动孢子,从根颈部侵入,引起发病。春、秋季多雨潮湿,发病严重。土质黏重,地下水位高,种植过深,根颈及根部受伤的橘树,以及肥水不足,树势衰弱的结果树,均易发病。品种间抗病性差异显著。

4. 防治要点

选用抗病砧木嫁接,适当提高接口部位。苗木宜浅栽,使根颈暴露于地面。低洼地注意开沟排水,并及时防治天牛和吉丁虫。

(1)加强栽培管理:做好果园排水和树干害虫的防治,果园操作时避免损伤主干。

(2)药剂治疗:初夏前后,将每株橘树的根颈部土壤扒开,发现病斑时,将腐烂的皮层、已变色的木质部刮除干净,再在伤口处涂药保护,药剂有 1∶1∶10 的波尔多液、2% ~3% 的硫酸铜液、石硫合剂残渣、25% 瑞毒霉可湿性粉剂 200 ~ 300 倍液。也可在病部纵划数条刻痕(每条刻痕相距 1 ~ 1.5 cm)后再涂药。

四、柑橘青霉病和绿霉病

柑橘青霉病和绿霉病主要为害贮藏期的果实,但也可以为害田间的成熟果实。烂果率为 10% ~30%,导致果农损失严重。近几年在贵州的许多柑橘园,特别是 9—10 月降雨多时,绿霉病多发生,病果率高达 5% ~8%,叶子和枝干上都附生着一层厚厚的绿霉。

1. 症状

柑橘青、绿霉病的症状基本相同，都只能为害果实，引起果腐。受害果实初期为水渍状软腐，病部组织湿润柔软，用手指按压病部果皮容易破裂。2～3 d 后病部产生白色霉状物，随后在白色霉状物中部产生青色或蓝绿色粉状物。以后病部不断扩大，致全果腐烂，腐烂部分深入果肉内部。但两病的症状也有些不同，区别如下：青霉病产生的粉状物呈蓝色，白色霉状物很窄，仅 1～2 mm，腐烂的速度较慢，在 17～21 ℃下，全果腐烂要半个月，不粘包果纸，有一股发霉气味。绿霉病产生的粉状物呈蓝绿色，白色霉状物带较宽，有 8～18 mm，腐烂速度较快，在 17～21 ℃下全果腐烂约要 1 周，紧粘包果纸，有芬香气味（图 5-4）。

（a）柑橘青霉病病果

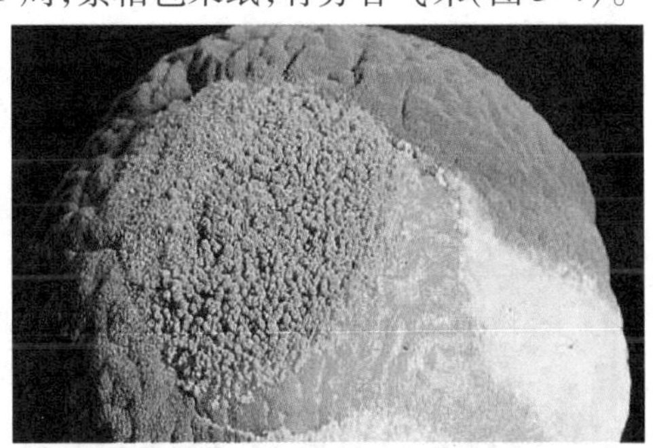

（b）柑橘绿霉病病果

图 5-4　柑橘青霉病和绿霉病

2. 病原

青霉病病原菌为意大利青霉[*Penicillium italicum* Wehmer]，分生孢子梗无色，顶端有2～5 个分枝，呈扫帚状。绿霉病病原菌为指状青霉[*Penicillium digitatum* Sac]，分生孢子梗无色，顶端有 1～2 个分枝。均属半知菌亚门。

3. 发生特点

此病主要为害柑橘果实；青霉菌及绿霉菌可以在各种有机物质上营腐生生长，并产生大量分生孢子扩散到空气中，靠气流传播，病菌萌发后必须通过果皮上的伤口才能侵入危害，引起果腐。以后在病部又能产生大量分生孢子进行再侵染。在贮藏库中，青霉菌侵入果皮后，能分泌一种挥发性物质，将健果果皮损伤，引起接触传染。绿霉病菌对温度的要求比青霉菌略高，所以柑橘在贮藏初期多发生青霉病。到贮藏后期，库内温度增高，绿霉病则发生较多。

4. 防治技术

（1）贮藏期防治：采收不要在雨后或晨露未干时进行，从采收到搬运、分级、打蜡包装和贮藏的整个过程，均应避免机械损伤，特别不能粒果剪蒂、果柄留得过长和剪伤果皮。

（2）橘园防治：结合防治柑橘炭疽病、蚧壳虫等，采果后全园树株喷 1 次 0.5 波美度石硫合剂。冬季施肥时，翻 1 次园土，把土表霉菌埋于地中，合理修剪，改善通风透气环境。9 月中旬，喷 1～2 次杀菌剂保护，要喷在果实上。

五、柑橘溃疡病

柑橘溃疡病是国内外的植物检疫对象。属细菌病害，该病危害柑橘叶片、枝梢和果实。

苗木和幼树受害特别严重会造成落叶、枯梢,影响树势;果实受害重者落果,轻者带有病疤不耐贮藏,发生腐烂,大大降低果实商品价值,使果农增加病虫防治成本,经济效益受损。

1. 症状

植物叶片上先出现针头大小的浓黄色油渍状圆斑,后逐渐穿透叶肉,接着叶片正反面隆起,呈海绵状,随后病部中央破裂,木栓化,呈灰白色火山口状。病斑多为近圆形,常有轮纹或螺纹状,周围有一暗褐色油腻状外圈和黄色晕环。果实和枝梢上的病斑与叶片上的相似,但病斑的木栓化程度更为严重,山口状开裂更为显著,枝梢受害以夏梢最严重,严重时引起叶片脱落,枝梢枯死(图 5-5)。

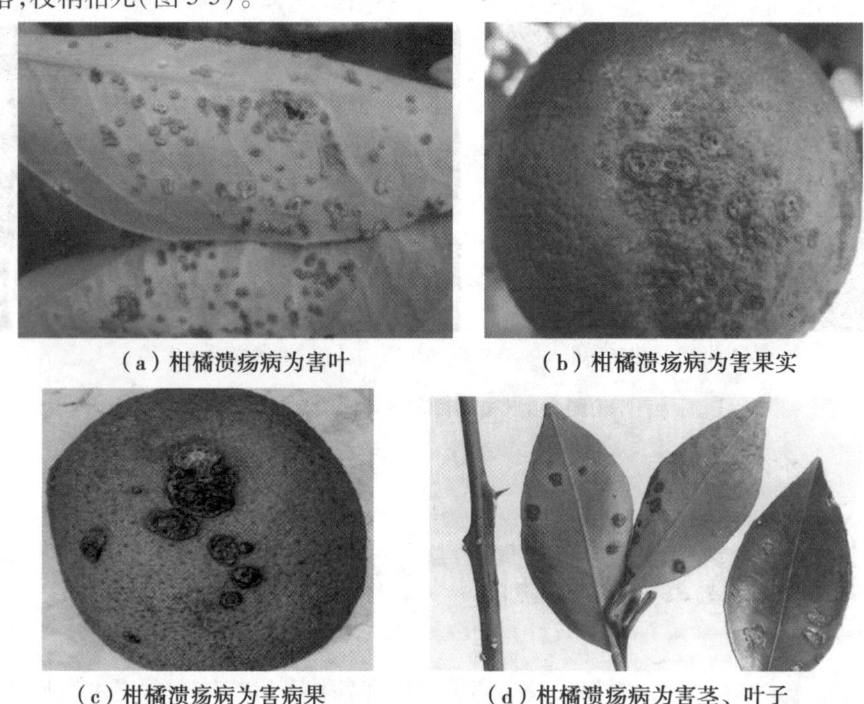

(a)柑橘溃疡病为害叶　(b)柑橘溃疡病为害果实

(c)柑橘溃疡病为害病果　(d)柑橘溃疡病为害茎、叶子

图 5-5　柑橘溃疡病

2. 病原

病原菌为[*Xanthomonas asonopodis* pv. *citri* Vauterin et al],属于一种黄极毛杆菌的细菌。菌体短杆状,两端圆,一端生有一条鞭毛,能运动,有荚膜,无芽孢,革兰氏染色阴性反应,好气性。

3. 发生特点

病原细菌在柑橘病部组织内越冬,翌年温度适宜、湿度大时,细菌从病部溢出,借风、雨、昆虫和枝叶相互接触作短距离传播,病菌落到寄主的幼嫩组织上,由气孔、伤口侵入,潜育期为 3 ~ 10 d,高温多雨时,病害流行。柑橘溃疡病发生的温度为 20 ~ 35 ℃,最适为 25 ~ 30 ℃,高温、高湿天气是流行的必要条件。伤口有利于病菌的传播和侵入。田间以夏梢发病最重,其次是秋梢、春梢。

不同柑橘品种的抗病性差异显著,其中甜橙类严重感病,宽皮柑橘类较耐病,而金橘则抗病。刚抽发的嫩梢叶和刚形成的幼果，其气孔还未形成，病菌不能入侵。嫩梢叶在萌发后20～55 d，幼果在落花后35～80 d其气孔形成多且处于开放阶段，病菌易侵入而大量发病。

4. 防治技术

(1)植物检疫：柑橘苗木、接穗、砧木、种子和果实的调运要按规定严格实施检疫，防止溃疡病的传播蔓延。保护区发现病树、病苗立即烧毁。

(2)焚毁根除病株：严格执法；在铲除柑橘溃疡病疫情时，先将柑橘树地上部分砍掉销毁，再用10%草甘膦水剂15倍液杀其树兜，能彻底消灭柑橘溃疡病活体寄主。

(3)农业防治：选择抗病新品种；冬季结合清园，剪除发病严重的枝梢，减少菌源量以减轻为害。

(4)化学防治：重点在春夏秋嫩梢抽发期，每间隔7～10 d喷一次农药，常年用药有0.2～0.3波美度石硫合剂、72%农用链霉素可湿性粉剂1 000倍液、3%金核霉素水剂300倍液、2%春蕾霉素可湿性粉剂400倍液、20%龙克菌杀菌铜胶悬剂500倍液、12%绿菌灵乳油500倍液等。

(5)消灭病源：柑橘溃疡病是一种局部性从幼嫩组织侵染的外侵病害，不能随气流做远距离主动传播，因此只要禁止新的病原材料传入，被根治康复的树就不会再发病。

六、柑橘黄龙病

柑橘黄龙病是世界柑橘生产上的毁灭性病害，是由一种限于韧皮部内寄生的革兰氏阴性细菌引起，能够侵染包括柑橘属、枳属、金柑属和九里香等多种芸香科植物。目前中国19个柑橘生产省(市、自治区)中已有11个受到该病危害，严重制约柑橘产业的健康发展。

1. 症状

全年都能发生，春、夏、秋梢均可出现症状，以秋、冬季症状最为明显。叶片有3种类型的黄化，即斑驳黄化、均匀黄化和缺素状黄化。

叶片转绿后局部褪绿，形成斑驳状黄化，斑驳位置、形状非常不规则，呈雾状，没有清晰边界，多数斑驳起源自叶脉、基部或边缘，是较为准确的判断症状。

均匀黄化多出现在秋季气温局部回落后，所抽生的秋梢、晚秋梢上，新梢叶片不转绿，逐渐形成均匀黄化，多出现在树冠外围、向阳处和顶部，是较为准确的判断症状。

缺素状黄化不是真的缺素，是由于黄龙病引起根部局部腐烂，造成吸肥能力下降，引起叶片缺素，主要表现为类似缺锌、缺锰症状，是黄龙病识别的辅助症状。

柑橘果实有两种类型症状，即青果、红鼻果。青果病主要表现为成熟期果实不转色，呈青软果(大而软)或青僵果(小而硬)，柚类、柠檬类、橙类均有此症状；红鼻果主要表现为成熟期果实转色异乎寻常地从果蒂开始，而果顶部位转色慢而保持青绿色形成红鼻果，柑橘类、橙类均有此症状。细菌随筛管转运至全株，使树体衰退。病枝上再发的新梢，或剪截了黄化枝后抽出的新梢，枝短、叶小变硬，表现缺锌、缺锰状的花叶(图5-6)。

2. 病原

为一种类革兰氏阴性细菌，属韧皮杆菌。菌体多数呈圆形或者椭圆形，少数呈不规则形，尺度为(20～600)nm×(170～1 600)nm。菌体的外部界限是膜质结构，厚17～33 nm，平均25 nm。由3层膜组成。

（a）柑橘黄龙病斑驳叶　（b）柑橘黄龙病黄化叶　（c）柑橘黄龙病病果

图 5-6　柑橘黄龙病

3. **发生特点**

该病通过苗木、接穗和木虱传播。发生与气候条件、栽培管理及品种有关。5 月下旬开始发病，8—9 月最严重。春、夏季多雨，秋季干旱时发病重；施肥不足，低洼果园排水不良，树冠郁闭，发病重。同一品种中，幼龄树较老龄树抗病，4 ~ 8 年生的树发病重。不同品种抗病力也有差异。立地条件也有关系，平地、河谷、溪边果园发病重于山地果园。

4. **防治技术**

柑橘黄龙病应以防为主。

（1）严格检疫：严格控制带病苗木，接穗进入无病新区，新建柑橘园应距离 5 ~ 10 km 以上。

（2）防治木虱

①九里香是木虱寄主植物，柑橘园应禁用九里香作绿篱，有九里香的应立即处理。

②木虱主要为害新梢嫩叶，因此，春、秋季抽梢时要做好防治木虱工作，夏季要做好抹芽控梢工作，冬季结合清园消灭群集在叶背越冬的木虱，木虱抗药力差，只要重视防治就可奏效。

③砍伐病树烧毁，杜绝传染源。病原菌在树体内分布不均匀，且潜伏期长短不一，因此，一株树有时仅部分枝梢发病，有的果农就采用把生病部分砍掉，结果第二年另一部分又发病，而传染源一直无法杜绝，仍然在果园流行传染，所以发现病树，一定要痛下决心，把整株树彻底挖掉烧毁，以杜绝传染源。病园全部挖树后要间隔一年以上并且错开定植位置方可重新种植柑橘。

④加强果园管理，增强树势，提高柑橘产量。

七、柑橘煤污病

煤污病又称煤烟病，在花木上发生普遍，影响光合作用、降低花木观赏价值和经济价值，甚至引起死亡。贵州柑橘栽培区常有发生。

1. 症状

煤污病主要为害叶片、枝梢及果实，发病初期仅在病部生一层暗褐色小霉点，后逐渐扩大，直至形成绒毛状黑色或暗褐色霉层，并散生黑色小刻点，即病菌的闭囊壳或分生孢子器。该病病原有 10 余种，因此症状多样（图 5-7）。

（a）柑橘煤污病病叶　　（b）柑橘煤污病病果

图 5-7　柑橘煤污病

2. 病原

病原菌为柑橘煤炱［*Capnodium citri* Berk. et Desm.］、巴特勒小煤炱［*Meliola butleri* Syd.］、刺盾炱［*Chaetothyrium spinigerum*（Holm）Yamam.］，均属子囊菌亚门真菌。

3. 发病特点

以菌丝体或分生孢子器及闭囊壳在病部越冬，翌春由霉层上飞散孢子借风雨传播，并以蚜虫、介壳虫、粉虱的分泌物为营养，辗转为害。生产上，上述害虫的存在是本病发生的先决条件，荫蔽潮湿及管理不善的橘园，发病重。

4. 防治技术

（1）栽培管理：加强柑橘园管理，适当修剪，以利通风透光，降低树冠湿度，增强树势。

（2）药剂防治：在介壳虫、粉虱和蚜虫等害虫发生严重的柑橘园或病树，应喷施松脂合剂或机油乳剂等防治，也可于发病初期喷施机油乳剂 60 倍液，或 50% 多菌灵可湿性粉剂 400 倍液。在发病初期可喷施等量式波尔多液杀菌剂。在挂果的前期可用 20% 吡虫啉可湿性粉剂 3 000～5 000 倍液喷施。

任务二　柑橘虫害识别与防治

一、柑橘大实蝇

柑橘大实蝇［*Bactrocera minax*（Enderlein）］俗称“柑蛆”，双翅目实蝇科，又名橘大食蝇、柑橘大果蝇。被害果称“蛆果”，是国际国内植物检疫性对象。寄主为橘类的甜橙、京橘、酸橙、红橘、柚子等,也可危害柠檬、香橼和佛手。其中以酸橙和甜橙受害严重,柚子和红橘次之。

1. **为害状**

成虫产卵于柑橘幼果中,幼虫孵化后在果实内部穿食瓤瓣,常使果实未熟先黄,黄中带红,使被害果提前脱落。而且被害果实严重腐烂,使果实完全失去食用价值,严重影响产量和品质。

2. **形态特征**

成虫:体长10~13 mm,翅展约21 mm,全体呈淡黄褐色。复眼金绿色。胸部背面具6对鬃,中央有深茶色的倒"Y"形斑纹,两旁各有一条宽直斑纹。中胸背面中央有一条黑色纵纹,从基部直达腹端,腹部第3节近前缘有一条较宽的的黑色横纹,纵横纹相交成"十"字形。雌虫产卵管圆锥形,长约6.5 mm,由3节组成。

卵:长1.2~1.5 mm,长椭圆形,一端稍尖,两端较透明,中部微弯,呈乳白色。

幼虫:老熟幼虫体长15~19 mm,乳白色圆锥形,前端尖细,后端粗壮。口钩黑色,常缩入前胸内。前气门扇形,上有乳状突起30多个;后气门片新月形,上有3个长椭圆形气孔,周围有扁平毛群4丛。

蛹:长约9 mm,宽4 mm,椭圆形,金黄色,鲜明,羽化前转变为黄褐色,幼虫时期的前气门乳状突起仍清晰可见(图5-8)。

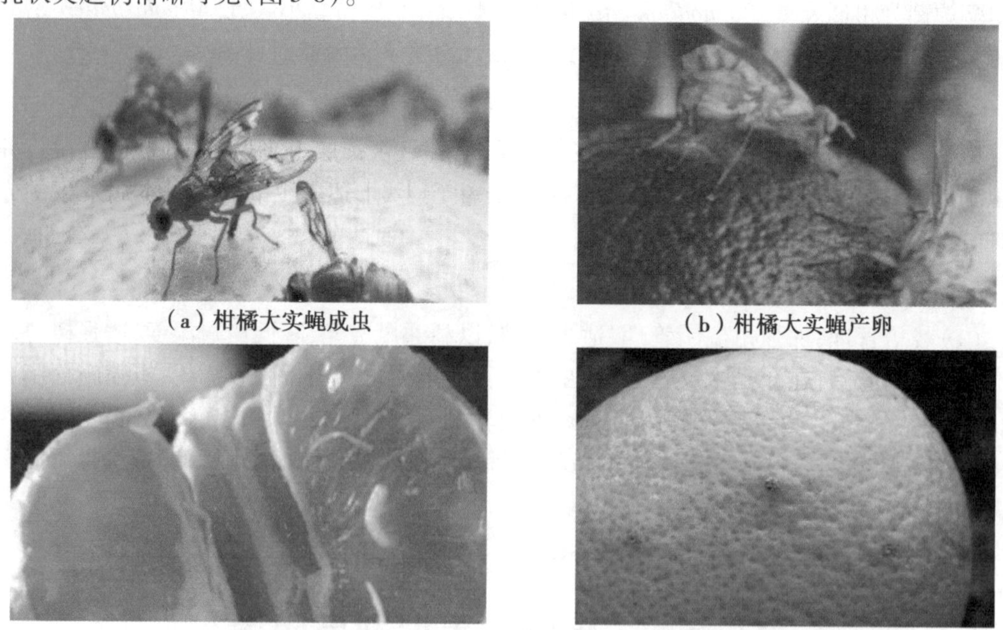

(a)柑橘大实蝇成虫 (b)柑橘大实蝇产卵

(c)柑橘大实蝇幼虫 (d)柑橘大实蝇的产卵果

图5-8 柑橘大实蝇

3. **发生特点**

1年发生1代,以蛹在土壤内越冬。翌年4月下旬开始羽化出土,4月底至5月上、中旬为羽化盛期。雌成虫产卵期为6月上旬到7月中旬。幼虫9月上旬为孵化盛期。贵州惠水各发生期均迟 10 ~ 20 d。极少数迟发的幼虫和蛹能随果实运输，在果内越冬，到 1、2 月老熟后从被害果中脱落；成虫羽化后 20 余日开始交尾，交尾后约 15 d 开始产卵。卵产于柑橘类植物的幼果内，产卵部位及症状随柑橘种类不同而有差异。在甜橙上卵产于果脐和果腰之间，产卵处呈乳状突起；在红橘上卵产于近脐部，产卵处呈黑色圆点；在柚子上卵产于果蒂处，产卵处呈圆形或椭圆形内陷的褐色小孔。卵在果内孵化后，幼虫成群取食橘瓣。10 月中、下旬被害果大量脱落。幼虫老熟后随果实落地或在果实未落地前即爬出，入土化蛹、越冬。入土深度通常在土表下 3 ~ 7 cm，以 3 cm 最多，超过 10 cm 极为罕见。

4. 防治技术

（1）人工灭虫：从 9 月下旬至 11 月中旬止，摘除未熟先黄、黄中带红的蛆果，拾净地上所有的落地果进行煮沸处理、集中深埋处理，以达到杀死幼虫，断绝虫源的目的。

（2）冬季翻耕：消灭冬蛹，结合冬季修剪清园、翻耕施肥，消灭地表 10 ~ 15 cm 耕作层的部分越冬蛹。

（3）触杀或诱杀：利用柑橘大实蝇成虫产卵前有取食补充营养（趋糖性）的生活习性，可用糖酒醋敌百虫液或敌百虫糖液制成诱剂诱杀成虫。具体方法有喷雾法和挂罐法。

①喷雾：于成虫盛发期（5 月中下旬至 6 月下旬）用 90% 晶体敌百虫 100 g 加红糖 1.5 kg 加水 50 kg 的比例配制成 500 ~ 800 倍药液，在上午 9 时成虫开始取食前，大雾滴喷于柑橘果园中枝叶茂密、结果较多的柑橘树叶背。全园喷 1/3 的树，每树喷 1/3 的树冠，隔 5 ~ 7 d 改变方位喷雾一次，连续喷 4 ~ 5 次。

②挂罐：用红糖 5 kg、酒 1 kg、醋 0.5 kg、晶体敌百虫 0.2 kg、水 100 kg 的比例配制成药液，盛于 15 cm 以上口径的平底容器内（如可乐瓶、挂篮盆、罐等），药液深度以 3 ~ 4 cm 为宜，罐中放几节干树枝便于成虫站在上面取食，然后挂于树枝上诱杀成虫。

（4）不育防治：用辐射处理雄虫后，利用不育雄蝇和雌虫交尾，造成不育。

（5）性诱防治：可以选性诱剂，悬挂园中诱杀成虫。

二、柑橘矢尖蚧

柑橘矢尖蚧［*Unaspis yanonensis* Kuwana］属同翅目盾蚧科。危害柑橘、香橼、柚、龙眼、茶、兰花等果、花、林木植物。

1. 为害状

柑橘矢尖蚧以雌虫和若虫群集于植物叶、枝、果实上吸食汁液，并排出蜜露，诱发煤污病，使叶、枝变黄。严重时导致枯枝、落叶、落果，甚至全株枯死。

2. 形态特征

雌虫体长 2.8 mm 左右，橙黄色。蚧壳狭长似箭状，紫褐色，背面有 1 条明显纵脊。雄虫体长 0.5 mm 左右，橙黄色，具翅 1 对，腹末有针状交尾器。雄蚧壳长形，白色，背面有 3 条纵脊。2 龄若虫体扁，椭圆形，淡黄色，触角及足消失（图 5-9）。

3. 发生特点

贵州 1 年发生 2 ~ 3 代，以受精雌成虫在寄主上越冬，次年 4 月至 5 月产卵于介壳下。初孵若虫在枝叶上爬行一段时间后开始固定取食。雌性成虫及若虫多在枝、叶及果面上为害，雄性若虫多集中于叶片上为害。1 月下旬成虫羽化交配后，雄虫死亡，雌虫越冬。

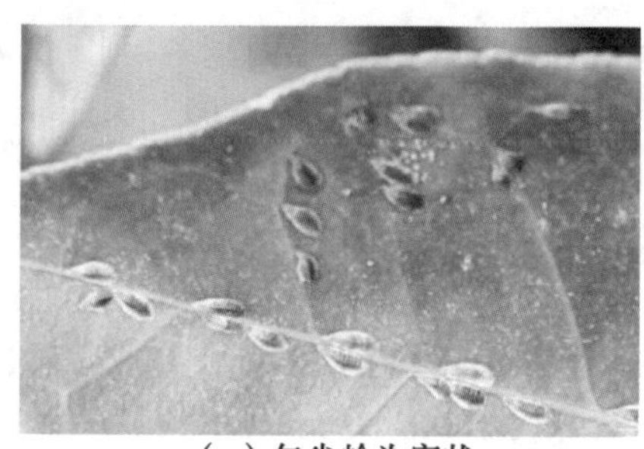

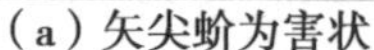

（a）矢尖蚧为害状

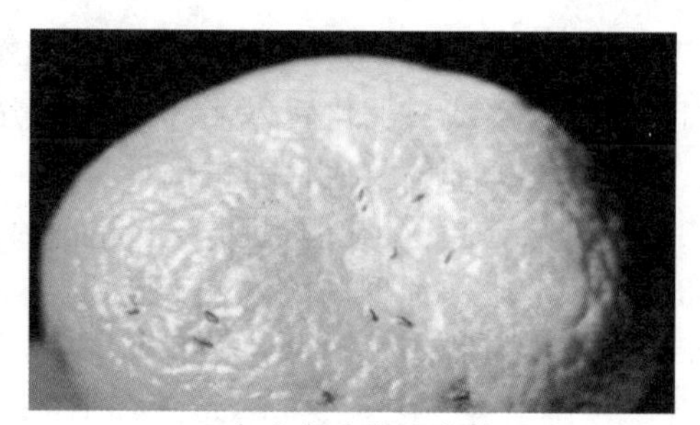

（b）矢尖蚧为害状

图 5-9　柑橘矢尖蚧

柑橘矢尖蚧在柑园中呈中心分布，常由一处或多处生长旺盛且阴蔽的柑橘树上开始发生。然后向周围扩散蔓延至整个橘园，山坡呈现出中心点至片的延伸，一般大面积成灾的情况较少；树完全封闭的虫口密度大，受害重；树势弱且管理差的受害也重。对于一个果场来说，果园中心树虫口密度大，受害重，四周边缘虫口密度小，受害轻；幼树虫口密度小，受害轻。柑橘矢尖蚧的短距离传播，主要是经枝叶相邻接触、人员进出沾带及风吹扩散；长距离传播主要是通过幼苗、枝条的引进和果实的运输而扩散。

4. 防治技术

（1）剪除被害虫枝，集中处理，减少虫源。保护和利用自然天敌，如黄金蚜小蜂、矢尖蚧蚜小蜂等。

（2）在第一代若虫孵化高峰期，用优乐得、吡虫啉等农药喷雾防治。冬季或早春喷 3～5 波美度石硫合剂，或 16～18 倍的松脂合剂，或 20～25 倍的机油乳剂喷雾防治。

三、吹绵蚧

吹绵蚧［*Icerya purchasi* Maskell］属同翅目硕蚧科。世界性分布，贵州栽培区有分布，其寄主为 250 多种植物。

1. 为害状

吹绵蚧常群集在叶芽、嫩枝及新梢上危害，发生严重时，叶色发黄，造成落叶和枝梢枯萎，以致整枝、整株死去，即使尚存部分枝条，亦因其排泄物引起煤污病而一片灰黑。

图 5-10　吹绵蚧成虫

2. 形态特征

成虫：雄成虫体长 3 mm，翅长 3～3.5 mm。虫体橘红色；触角 11 节，每节轮生长毛数根；胸部黑色；翅紫黑色；腹部 8 节，末节有瘤状突起 2 个。雌虫体长 6～7 mm；身体橙黄色，椭圆形；无翅；触角 11 节，黑色；腹部扁平，背面隆起，上被淡黄白色蜡质物，腹部周缘有小瘤状突起 10 余个，并分泌遮盖身体的绵团状蜡粉，故很难见其真面目。

卵：长椭圆形，初产橙黄色，长 0.65 mm、宽 0.29 mm，日久渐变橘红色。

若虫：初孵若虫卵圆形、橘红色，附肢与体多毛，体被淡黄色蜡粉及蜡丝；黑色触角 6 节，足黑色。2 龄后雌雄异形。3 龄雄虫为预蛹。茧长椭圆形，白色，外窥可见蛹体（图 5-10）。

3. 发生特点

据记载，吹绵蚧在贵州每年完成 2 ~ 3 代，以若虫、成虫或卵越冬。一般 4—6 月发生严重，温暖潮湿的气候有利于虫害的发生。第一代卵 3 月上旬始见，少数早至上年 12 月，5 月为产卵盛期，卵期 15.2 ~ 25.6 d，若虫 5 月上旬至 6 月下旬发生，若虫期 48.7 ~ 54.2 d；成虫发生于 6 月中旬至 10 月上旬，7 月中旬最盛，产卵期达 31.4 天，每雌虫产卵 200 ~ 679 粒。7 月上旬至 8 月中旬为第二代卵期，8 月上旬最盛，卵期 9.4 ~ 10.6 d；若虫 7 月中旬至 11 月下旬发生，8、9 月最盛，若虫期 49.2 ~ 106.4 d。主要危害柑橘、油桐、苹果、桃等林木和果树。

4. 防治技术

(1) 人工防治：随时检查，用手或用镊子捏去雌虫和卵囊，或剪去虫枝、叶。

(2) 生物防治：保护或引放大红瓢虫、澳洲瓢虫，捕食吹绵蚧，这是在生物防治史上成功的事例之一，因其捕食作用大，可以达到有效控制的目的。

(3) 药物防治：参考柑橘矢尖蚧。

四、柑橘木虱

柑橘木虱［*Diaphorina citri* Kuway］属同翅目木虱科，是柑橘嫩梢期的重要害虫。主要危害柑橘，也可危害九里香及黄皮等芸香科植物。

1. 为害状

成虫多在寄主嫩梢产卵，孵化出若虫后吸取嫩梢汁液，直至成虫羽化。受害的寄主嫩梢可出现凋萎、新梢畸变等。木虱还会分泌的白色蜜露并黏附于枝叶上，能引起煤烟病的发生。木虱如在柑橘黄龙病病株上取食、产卵繁殖，可产生大量的带菌成虫，成虫可通过转移为害新植株而传播黄龙病。

2. 形态特征

成虫：体长约 3 mm，体灰青色且有灰褐色斑纹，被有白粉。头顶突出如剪刀状，复眼暗红色，单眼 3 个，橘红色。触角 10 节，末端 2 节黑色。前翅半透明，边缘有不规则黑褐色斑纹或斑点散布，后翅无色透明。足腿节粗壮，跗节 2 节，具 2 爪。腹部背面灰黑色，腹面浅绿色。雌虫孕卵期腹部橘红色，腹末端尖，产卵鞘坚韧，产卵时将柑橘芽或嫩叶刺破，将卵柄插入。

卵：似芒果形，橘黄色，上尖下钝圆有卵柄，长 0.3 mm。

若虫：刚孵化时体扁平，黄白色，2 龄后背部逐渐隆起，体黄色，有翅芽露出。3 龄带有褐色斑纹。5 龄若虫土黄色或带灰绿色，翅芽粗，向前突出，中后胸背面、腹部前有黑色斑状块，头顶平，触角 2 节。复眼浅红色，体长 1.59 mm（图 5-11）。

3. 发生特点

在周年有嫩梢的情况下，1 年可发生 11 ~ 14 代。以成虫密集叶片背面越冬，其发生代数与柑橘抽发新梢次数有关，每代历期长短与气温有关。田间世代重叠。成虫产卵于露芽后的芽叶缝隙处，没有嫩芽不产卵。初孵的若虫吸取嫩芽汁液并在其上发育成长，直至 5 龄。成虫停息时尾部翘起，与停息面呈 45°。在没有嫩芽时，停息在老叶的正面和背面。在 8 ℃以下时，成虫静止不动，14 ℃时可飞能跳，18 ℃时开始产卵繁殖。木虱多分布在衰弱树上，

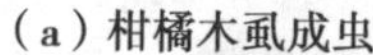
(a)柑橘木虱成虫

(b)柑橘木虱若虫

(c)柑橘木虱若虫为害产生白色分泌物

图 5-11 柑橘木虱

这些树一般先发新芽,提供了食料和产卵场所。在一年中,秋梢受害最重,其次是夏梢,尤其是5月的早夏梢,受带毒柑橘木虱为害后不可避免会爆发黄龙病。而春梢主要受到越冬代的为害。10月中旬至11月上旬常有一次迟秋梢,木虱会发生一次高峰。

4. 防治技术

(1)加强管理:做好冬季清园。在一个果园内种植的品种要求一致,便于落实统一的管理措施。加强肥水管理,使柑树长势壮旺,每次新梢发梢整齐,利于统一时间喷药防治木虱。柑橘果园土壤多为酸性,基肥施用碱性肥料叶必绿,从根本上改良土壤,提供全面营养元素,发梢整齐。

(2)生物防治:以虫治虫。柑橘木虱的天敌有跳小蜂、瓢虫、草蛉、花蝽、蓟马、螳螂、食蚜蝇、螨类、蜘蛛和蚂蚁等。其中寄生于若虫和蛹的跳小蜂寄生率高达30% ~50%,对木虱有一定的抑制作用,应注意保护利用。

(3)药剂防治:第一次喷药时间应在露芽期,可采用物理窒息原理的纳米矿物油200 ~350倍喷杀。

五、柑橘潜叶蛾

柑橘潜叶蛾[*Phyllocnistis citrella* Stainton]属鳞翅目潜叶蛾科。贵州栽培区有分布。危害柑橘、金柑、枸橘、枳壳等植物。

1. 为害状

幼虫潜叶为害幼芽嫩叶,造成蜿蜒的隧道,被害叶片卷缩,易于脱落,并诱致溃疡病的发生。

2. 形态特征

成虫体长2 mm左右,体翅银白色,前翅基部有2条褐色纵纹,中央有2条黑纹呈"Y"形,顶角有1个黑色圆斑。前后翅狭长,有缘毛。成熟幼虫体长4 mm左右,黄绿色,纺锤形,腹末有1对细长的突起(图5-12)。

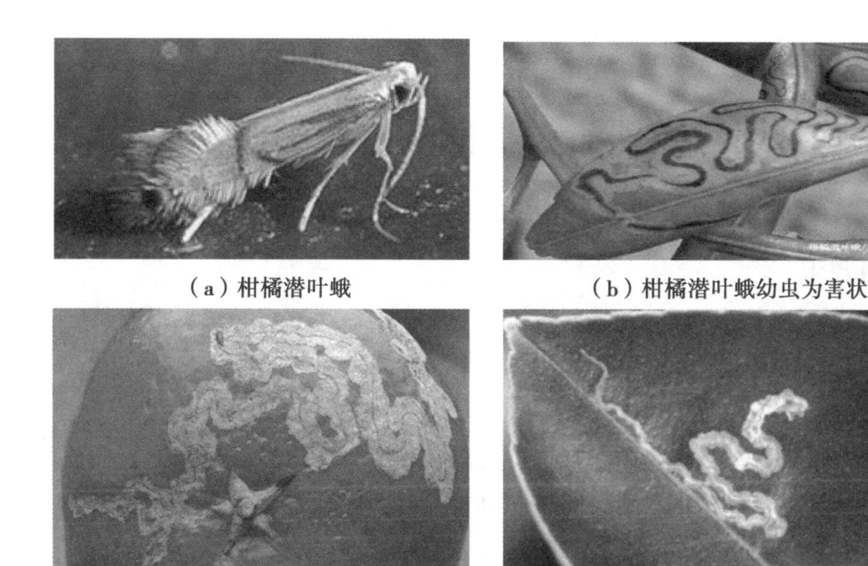

（a）柑橘潜叶蛾　　（b）柑橘潜叶蛾幼虫为害状

（c）柑橘潜叶蛾为害果实　　（d）柑橘潜叶蛾幼虫为害状

图 5-12　柑橘潜叶蛾

3. 发生特点

柑橘潜叶蛾田间世代重叠，大多数以蛹越冬，少数老熟幼虫亦能越冬。第 2 年 4—5 月羽化为成虫，成虫多在清晨羽化，夜出活动，趋光性弱，飞翔敏捷。羽化半小时后即能交尾，交尾后 2～3 d 于傍晚产卵。卵多散产于叶背。4—5 月平均气温达 20 ℃左右时，初孵幼虫由卵底潜入皮下为害，蛀道总长 50～100 mm，蛀道有黑色虫粪。开始为害新梢嫩叶，7—8 月为害最重。幼虫共 4 龄，3 龄为暴食阶段，4 龄不取食，口器变成吐丝器，将叶片边缘吐丝结茧，致叶缘卷起来并在里面化蛹。

4. 防治技术

（1）清除果园：冬季剪除在晚秋梢和冬梢上过冬的幼虫和蛹；春季和初夏早期摘除零星发生为害的幼虫和蛹，以减少下一代的虫源。

（2）果园管理：在柑橘夏、秋梢抽发时，控制肥水，采取“去零留整，去早留齐，集中放梢”的抹芽放梢措施，以打断它的食物链，使夏、秋梢抽发整齐，以减轻其为害和减少喷药次数。

（3）药剂防治：在新梢芽长 5 mm，萌芽率 20% 左右时喷第一次药，以后 5～7 d 喷 1 次，连续 2～3 次，重点喷布树冠外围和嫩芽、嫩梢，可选用 20% 甲氰菊酯；或土壤沟施（沟深 3 cm）3% 克百威可湿性粉剂 2.5 kg 混合 25 kg 煤灰，然后覆土，天旱时适当灌水，药效长达 2 个月。

（4）生物防治：天敌有橘潜蛾姬小蜂、草蛉等。

项目实训五　柑橘病虫害识别

一、目的要求

了解本地柑橘常见病虫害种类，掌握柑橘主要病害的症状及病原菌的形态特征，掌握柑橘主要害虫的形态特征及为害特点，学会识别柑橘病虫害的主要方法。

二、材料准备

病害标本：柑橘炭疽病、柑橘脚腐病、柑橘疮痂病、柑橘青霉病和绿霉病、柑橘溃疡病、柑橘黄龙病、柑橘煤污病等新鲜标本、盒装标本、瓶装浸渍标本、病原菌玻片标本及多媒体课件等。

虫害标本：柑橘大实蝇、柑橘矢尖蚧、吹绵蚧、柑橘木虱、柑橘潜叶蛾等害虫标本、盒装标本、瓶装浸渍标本及多媒体课件等。

工具：显微镜、多媒体教学设备、放大镜、挑针、解剖刀、镊子、滴瓶、载玻片、盖玻片。

三、内容与方法

1. 柑橘病害识别

(1)观察柑橘脚腐病标本，注意发病部位、组织是否腐烂、有无酒味，观察病部是否分泌淡黄色胶质物，显微镜观察柑橘脚腐病病原示范标本，主要孢子囊、孢囊梗形态特征。

(2)观察柑橘溃疡病病叶或者病果，注意病叶或者病果上病斑的大小、形状和颜色；叶片病斑形状、木栓化程度及颜色，有无晕圈；观察果实病斑木栓化程度及颜色，有无晕圈。观察柑橘溃疡病病原示范标本，注意菌落形状、颜色、是否隆起，菌体形状，菌体鞭毛着生情况，有无芽孢。

(3)观察柑橘疮痂病病斑的形状、大小、颜色，有无灰色霉层，观察果实是否有瘤状突起病斑；观察柑橘疮痂病病原示范玻片标本，注意分生孢子器、分生孢子梗及分生孢子形状、大小和颜色。

(4)观察比较柑橘青霉病和绿霉病标本，注意果实霉层颜色区别、边缘是否清晰，显微镜观察柑橘青霉病和绿霉病示范玻片标本，或者自制玻片标本观察，比较分生孢子器、分生孢子梗及分生孢子形状、大小和颜色。

(5)观察柑橘炭疽病的病叶或者病果，注意病叶或者病果上病斑的大小、形状和颜色，用放大镜观察病斑上小黑点的排列情况。叶片病斑颜色、形状、边缘是否清楚，果实病斑有无霉层，霉层颜色，病部是否腐烂，病斑是否凹陷，有无轮纹颗粒物。观察柑橘炭疽病病原示范标本，注意分生孢子盘、分生孢子梗及分生孢子形状、大小和颜色。

(6)观察柑橘黄龙病标本，注意病叶或者病果上颜色变化、均匀黄化或呈斑驳症状。病叶主、侧脉颜色，注意与缺素症区别。观察是否烂根，果实是否成熟；带不带类立克次氏体病菌。

(7)观察柑橘煤污病标本，注意叶片、枝梢及果实症状，是否生一层暗褐色小霉点，后逐渐扩大，形成绒毛状黑色或暗褐色霉层，观察是否有散生黑色小点刻，观察柑橘煤污病病原示范标本，注意闭囊壳形状、大小和颜色。

(8)观察当地常见柑橘病害症状

2. 柑橘虫害识别

(1)观察柑橘矢尖蚧、吹绵蚧，注意蚧壳的大小及形状、体表的刻点、有无蜡粉、壳点的位置等。观察雌成虫体壁被蜡质的粉末或者坚硬的蜡块，或者是有特殊的蚧壳以保护自己。观察当地常见蚧壳成、若虫的形态和蚧壳的颜色、形状等主要特征进行区别。

(2)观察柑橘潜叶蛾，注意幼虫头部、腹部形态特征，有无腹足，在叶上为害状。观察当地柑橘潜叶蛾成虫、幼虫的主要区别。

(3)观察柑橘大实蝇成虫，注意胸部背板、腹部背板、翅外缘的主要特征；观察幼虫体色、体形和口器变异；观察当地柑橘大实蝇成虫、幼虫形态特征及为害特点。

(4)观察柑橘木虱成虫，注意触角类型及其头部特征、前翅特征和口器类型等，观察当地柑橘木虱成虫、若虫的主要区别。

(5)观察当地柑橘害虫形态特征。

四、学习评价

评价内容	评价标准	分值	实际得分	评价人
1. 柑橘病害的症状、病原、发生特点和防治技术 2. 柑橘虫害的为害状、形态特征、发生特点和防治技术	每个问题回答正确得10分	20分		教师
1. 能正确进行以上柑橘病害症状的识别 2. 能结合症状和病原对以上柑橘病害作出正确的诊断 3. 能根据以上不同柑橘病害的发病规律，制订有效的综合防治方法	操作规范、识别正确、按时完成。每个操作项目得10分	30分		教师
1. 正确识别当地常见柑橘虫害标本 2. 描述当地常见柑橘害虫为害状 3. 能根据柑橘虫害的发生规律，制订有效的综合防治措施	操作规范、识别正确、按时完成。每个操作项目得10分	30分		教师
团队协作	小组成员间团结协作，根据学生表现评价	10分		小组互评
团队协作	计划执行能力，过程的熟练程度	10分		小组互评

思考与练习

1. 柑橘炭疽病与柑橘疮痂病的症状、发病特点及防治技术有何异同？
2. 如何防治柑橘溃疡病？
3. 简述柑橘潜叶蛾的发生特点，如何防治？

项目六　蓝莓病虫害识别与防治

📖 **学习目标**

1. 了解当地蓝莓植物病虫的主要种类。
2. 掌握蓝莓病害的症状及害虫的形态特征。
3. 了解蓝莓植物病虫害的发生、发展规律。
4. 掌握符合当地实际情况的病虫害综合防治技术和生态防治技术。

任务一　蓝莓病害识别与防治

一、蓝莓灰霉病

蓝莓灰霉病是蓝莓上发生的对产量影响最大的病害。贵州栽培区均有分布。

1. 症状

花和果实发育期中最容易感染此病。由先开放的单花受害很快传播到所有的花蕾和花序上,花蕾和花序被一层灰色的细粉尘状物所覆盖,而后花、花托、花柄和整个花序变成黑色枯萎,形态近似火疫病。果实感染后小浆果破裂流水,变成果浆状腐烂。湿度较小时,病果干缩成灰褐色浆果,经久不落(图 6-1)。

(a)蓝莓灰霉病花蕾发病症状

(b)蓝莓灰霉病果实发病症状

图 6-1　蓝莓灰霉病

2. 病原

病原菌为灰葡萄孢[*Botrytis cinerea* Pers],属半知菌亚门丝孢纲丝孢目葡萄孢属。

3. 发病特点

病菌以菌核、分生孢子及菌丝体随病残组织在土壤中越冬。菌核抗逆性很强,越冬以后,翌年春天条件适宜时,菌核即可萌发产生新的分生孢子。分生孢子通过气流传播到花序上,以蓝莓外渗物作营养。分生孢子很易萌发,通过伤口、自然孔口及幼嫩组织侵入寄主,实现初次侵染。侵染发病后又能产生大量的分生孢子进行多次再侵染。

4. 防治技术

(1)选用较为抗病的品种。

(2)加强栽培管理:秋冬彻底清除枯枝、落叶、病果等病残体,集中烧毁;发现菌核后,应深埋或烧毁;在生长季节摘除病果、病叶,减少再侵染的机会。严格控制浇水,尤其在花期和果期应控制用水量和次数,避免阴雨天浇水;发病后控制浇水和施肥,集中处理病果、病叶,并及时喷药保护;不偏施氮肥,增施磷肥、钾肥,培育壮苗,以提高植株自身的抗病力;注意农事操作卫生,预防冻害;大棚育苗与栽培要加强通风、排湿工作,使空气的相对湿度不超过65%,可有效防止和减轻灰霉病。

(3)药剂防治:可于开花前至始花期和谢花后喷50%速克灵1 500倍液或40%施佳乐800倍液,也可在开花前喷50%代森铵500~1 000倍液或50%苯来特可湿性粉剂1 000倍液,或用其他防灰霉病药剂。但果期禁止喷药,以免污染果实,造成农药残留。

二、蓝莓僵果病

蓝莓僵果病是蓝莓生产中发生最普遍,危害严重的病害之一。

1. 症状

在染病初期,表现为新叶、芽、茎干、花序等的突然萎蔫、变褐色。3~4周以后,由真菌孢子产生的粉状物覆盖叶片叶脉、茎尖、花柱,并向开放花朵传播,最终会侵害果实,表现为果实萎蔫、失水、变干、脱落、呈僵尸状,因此称之为僵果病(图6-2)。

(a)蓝莓僵果病症状

(b)蓝莓僵果病病菌子囊盘

图6-2　蓝莓僵果病

2. 病原

蓝莓僵果病病原菌为链核盘菌[*Monilinia vaccinii-corymbosi*(Reade)Honey],属子囊菌亚

门链核盘菌属。

3. **发病特点**

病菌每年侵染蓝莓2次,第一次以越冬子囊盘中释放的子囊孢子侵染幼嫩枝条。子囊盘的开放与蓝莓枝条春天萌发的时间相同。第二次以分生孢子侵染。在侵染初期,成熟的孢子在新叶和花的表面萌发,菌丝在叶片和花表面的细胞内和细胞外发育,引起细胞破裂死亡。从而造成新叶、芽、茎干、花序等突然萎蔫、变褐。3~4周以后,由真菌孢子产生的粉状物覆盖叶片叶脉、茎尖、花柱,并向开放花朵传播,进行二次侵染,最终受侵害的果实萎蔫、失水、变干、脱落,呈僵尸状。越冬后,落地的僵果上的孢子萌发,再次进入第二年侵染循环。

4. **防治技术**

通过品种选择、地区选择降低蓝莓僵果病危害。入冬前,清除果园内落叶、落果,烧毁或埋入地下,可有效降低蓝莓僵果病的发生。春季开花前浅耕和土壤施用尿素也有助于减轻病害的发生。

三、蓝莓病毒病

1. **症状**

①蓝莓花叶病毒:引起叶片褪绿、黄化,有时也在叶片上出现淡红或白色斑驳。症状在植株上分散,有时几年后才显症。果实成熟期延长,严重影响果实的产量和品质。

②蓝莓带化病毒:在叶片上出现细长的淡红色条纹,花期部分花瓣出现淡红色条纹,导致叶片呈鞋带状或新月状卷曲,枝条大量死亡。

③蓝莓环斑病毒:叶片出现坏死环斑,穿孔,脱落。叶片畸形,植株矮化、死亡。病毒通过土壤中的线虫进行传播(图6-3)。

(a)蓝莓带状病毒叶片为害状

(b)蓝莓带状病毒叶脉为害状

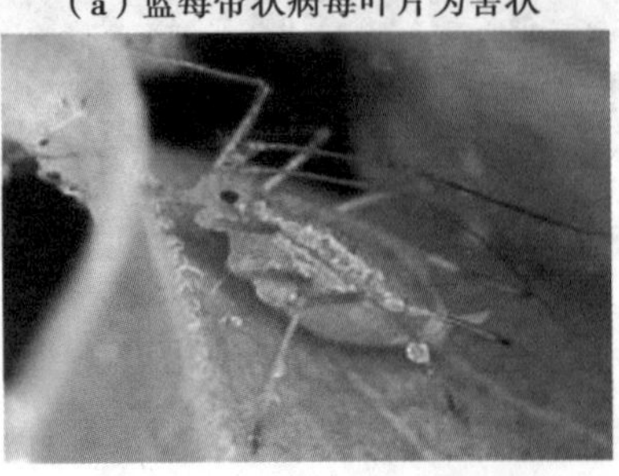

(c)蓝莓带状病毒传毒蚜虫

(d)蓝莓花叶病毒为害状

图6-3 蓝莓病毒病

2. 病原

目前发现多种病毒可侵染蓝莓引起病毒病,如蓝莓花叶病毒[Blueberry mosaic virus]、蓝莓带化病毒[Blueberry shoestring virus]、烟草环斑病毒[Tobacco ring-spot virus]等。

3. 发生特点

蓝莓病毒病传播是从植株到植株,主要靠蓝莓蚜虫传播。蓝莓环斑病毒通过土壤中的线虫进行传播。利用带病毒植株繁殖苗木是蓝莓病毒远距离传播的主要方式。

4. 防治技术

田间选用脱毒砧木,销毁感染植株,栽植蓝莓前进行土壤消毒,选用抗病品种。

四、蓝莓缺素症

蓝莓缺素症是一种常见的生理病害,因为蓝莓适宜生长的土壤 pH 为 4.0～4.8,在调节土壤酸度时,往往会导致土壤中的某些元素缺少而导致植株生长不良。

1. 症状

(1)缺铁失绿症:蓝莓常见的一种营养失调症。其主要症状是叶脉间失绿,严重时叶脉也失绿,新梢上部叶片症状较重。

(2)缺镁症:表现为浆果成熟期叶缘和叶脉间失绿,主要出现在生长迅速的新梢老叶上,以后失绿部位变黄,最后呈红色。

(3)缺硼症:症状是芽非正常开绽,萌发后几周顶芽枯萎,变暗棕色,最后顶端枯死(图6-4)。

(a)蓝莓缺镁症

(b)蓝莓缺铁失绿症

图 6-4　蓝莓缺素症

2. 发生特点

引起蓝莓出现缺铁失绿症的主要原因是土壤 pH 值偏高、石灰性土壤、有机质含量不足和干旱,引起缺镁症的主要原因是镁元素缺少,引起缺硼症的主要原因是土壤水分不足。

3. 防治技术

治疗蓝莓缺素症的方法就是进行土壤调酸和适当灌溉。具体做法是每一棵蓝莓用1.5 kg草炭土加 100 g 硫黄粉,搅拌均匀后撒在蓝莓的根系附近,盖上秸秆等覆盖物后浇透水，大概一个月后蓝莓就能缓过来。缺镁症可对土壤施氧化镁来矫治。引起缺硼症的主要原因是土壤水分不足，所以充分灌水，叶面喷施0.3% ~0.5%硼砂溶液即可矫治。

任务二　蓝莓虫害识别与防治

一、扁刺蛾

扁刺蛾[*Thosea sinensis*]属鳞翅目刺蛾科扁刺蛾属的一个物种。除危害蓝莓外，还危害苹果、桃、梧桐、枫杨、白杨、泡桐等多种果树和林木。

1. 为害状

以幼虫在蓝莓叶背取食，发生严重时叶被食光，影响蓝莓生长和产量。幼虫身体上的毒刺能刺伤人的皮肤，在蓝莓果实采摘期容易对人造成伤害。

2. 形态特征

雌蛾体长13 ~18 mm，翅展28 ~35 mm。体暗灰褐色，腹面及足的颜色更深。前翅灰褐色、稍带紫色，中室的前方有一明显的暗褐色斜纹，自前缘近顶角处向后缘斜伸。雄蛾中室上角有一黑点（雌蛾不明显）。后翅暗灰褐色。老熟幼虫体长21 ~26 mm，宽16 mm，体扁、椭圆形，背部稍隆起，形似龟背。全体绿色或黄绿色，背线白色。体两侧各有10个瘤状突起，其上生有刺，每一体节的背面有2小丛刺毛，第四节背面两侧各有一红点；蛹长10 ~15 mm，前端肥钝，后端略尖削，近似椭圆形。初为乳白色，近羽化时变为黄褐色。茧长12 ~16 mm，椭圆形，暗褐色，形似鸟蛋。卵扁平光滑，椭圆形，长1.1 mm，初为淡黄绿色，孵化前呈灰褐色（图6-5）。

（a）扁刺蛾成虫

（b）扁刺蛾幼虫

图6-5　扁刺蛾

3. 发生特点

据记载贵州1年发生2代，少数发生3代。均以老熟幼虫在寄主树干周围土中结茧越冬。越冬幼虫4月中旬化蛹，成虫5月中旬至6月初羽化。第一代幼虫发生期为5月下旬至7月中旬，盛期为6月初至7月初；第二代幼虫发生期为7月下旬至9月底，盛期为7月底至8月底。成虫羽化多集中在黄昏时分,尤以18—20时羽化最多。成虫羽化后即行交尾产卵,卵多散产于叶面,初孵化的幼虫停息在卵壳附近,并不取食,蜕第一次皮后,先取食卵壳,再啃食叶肉,仅留1层表皮。幼虫取食不分昼夜。自6龄起,取食全叶,虫量多时,常从一枝的下部叶片吃至上部,每枝仅存顶端几片嫩叶。幼虫期共8龄,老熟后即下树入土结茧,下树时间多在晚8时至翌日清晨6时,而以后半夜2—4时下树的数量最多。结茧部位的深度和距树干的远近与树干周围的土质有关:黏土地结茧位置浅,距离树干远,比较分散;腐殖质多的土壤及砂壤土地,结茧位置较深,距离树干较近,而且比较集中。

4. 防治技术

(1)消灭越冬虫源:扁刺蛾越冬代茧期历时很长,一般可达7个月,可根据扁刺蛾的结茧地点分别用敲、挖、翻等方法消灭越冬茧,从而降低来年的虫口基数。

(2)摘除虫叶集中销毁:扁刺蛾的低龄幼虫有群集为害的特点,幼虫喜欢群集在叶片背面取食,被害寄主叶片往往出现白膜状,及时摘除受害叶片集中消灭,可杀死低龄幼虫。

(3)消灭老熟幼虫:老熟幼虫多数于晚上或清晨下地结茧,可在老熟幼虫下地时杀灭它们,以减少下一代虫口密度。

(4)灯光诱杀:成虫具有一定的趋光性,可在羽化盛期设置黑光灯诱杀成虫。

(5)生物防治:可用白僵菌粉剂喷粉防治,也可用BT制剂(100亿孢子/g的1 000倍液或BT乳剂300倍液),兑水1 000倍喷雾。天敌上海青蜂可将卵产于刺蛾幼虫体上寄生,幼虫在寄主茧内越冬,翌年4—5月成虫咬破寄主茧壳羽化,其寄生率可达58%;此外,黑小蜂、姬蜂、寄蝇、赤眼蜂、步甲和螳螂等天敌对其发生量可起到一定的抑制作用。

二、黄刺蛾

黄刺蛾[*Cnidocampa flavescens*(Walker)]属鳞翅目刺蛾科,以幼虫为害蓝莓、枣、核桃、柿、枫杨、苹果、杨等90多种植物。

1. 为害状

黄刺蛾以幼虫咬食叶片。低龄幼虫只食叶肉,残留叶脉,将叶片吃成网状;大龄幼虫可将叶片吃成缺刻,严重时仅留叶柄及主脉,发生量大时可将全枝甚至全树叶片吃光。

2. 形态特征

成虫:雌蛾体长15~17 mm,翅展35~39 mm;雄蛾体长13~15 mm,翅展30~32 mm。体橙黄色。前翅黄褐色,自顶角有1条细斜线伸向中室,斜线内方为黄色,外方为褐色;在褐色部分有1条深褐色细线自顶角伸至后缘中部,中室部分有1个黄褐色圆点。后翅灰黄色。

卵:扁椭圆形,一端略尖,长1.4~1.5 mm,宽0.9 mm,淡黄色,卵膜上有龟状刻纹。

幼虫:黄刺蛾幼虫又名麻叫子、痒辣子、毒毛虫等。幼虫体上有毒毛,易引起人的皮肤痛痒。老熟幼虫体长19~25 mm,体粗大。头部黄褐色,隐藏于前胸下。胸部黄绿色,体自第二节起,各节背线两侧有1对枝刺,以第三、四、十节的为大,枝刺上长有黑色刺毛;体背有紫褐色大斑纹,前后宽大,中部狭细成哑铃形,末节背面有4个褐色小斑;体两侧各有9个枝刺,体中部有2条蓝色纵纹,气门上线淡青色,气门下线淡黄色。

蛹:被蛹,椭圆形,粗大。体长13~15 mm。淡黄褐色,头、胸部背面黄色,腹部节背面有褐色背板(图6-6)。

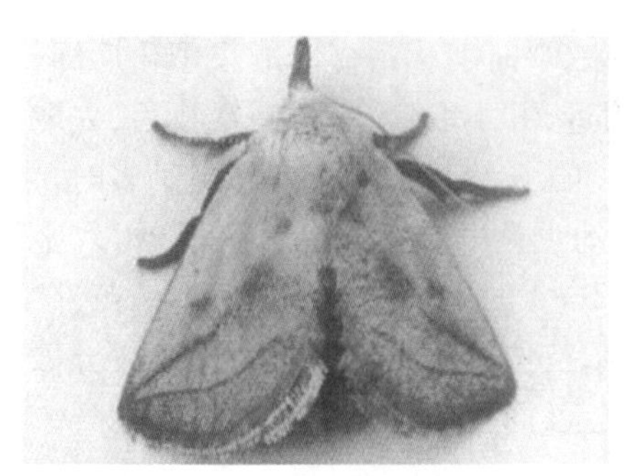

（a）黄刺蛾成虫

（b）黄刺蛾低龄幼虫

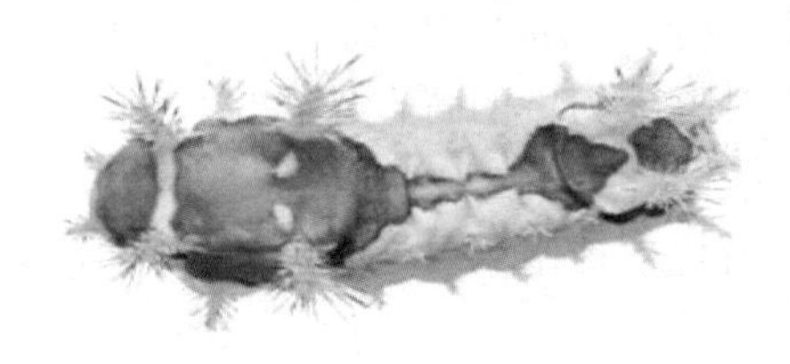

（a）黄刺蛾幼虫

（b）黄刺蛾虫茧

图 6-6　黄刺蛾

3. 发生特点

黄刺蛾幼虫于 10 月在树干和枝柳处结茧过冬。翌年 5 月中旬开始化蛹，下旬始见成虫。5 月下旬至 6 月为第一代卵期，6—7 月为幼虫期，6 月下旬至 8 月中旬为晚期，7 月下旬至 8 月为成虫期；第二代幼虫 8 月上旬发生，10 月份结茧越冬。成虫羽化多在傍晚，以 17—22 时为盛。成虫夜间活动，趋光性不强。雌蛾产卵多在叶背，卵散产或数粒在一起。每雌产卵 49 ~ 67 粒，成虫寿命 4 ~ 7 d。幼虫多在白天孵化。初孵幼虫先食卵壳，然后取食叶下表皮和叶肉，剥下上表皮，形成圆形透明小斑，隔 1 d 后小斑连接成块。4 龄时取食叶片形成孔洞；5、6 龄幼虫能将全叶吃光仅留叶脉。幼虫食性杂。幼虫老熟后在树枝上吐丝作茧。

4. 防治技术

参考扁刺蛾。

三、绿尾大蚕蛾

绿尾大蚕蛾[*Actias selene ningpoana*]是鳞翅目蚕蛾科的一种中大型蛾类。

1. 为害状

食叶害虫。幼虫食叶，幼虫个体大，取食量大，在短时间能把叶片食光。影响蓝莓的生长和产量。

2. 形态特征

成虫：体长 32 ~ 38 mm，翅展 100 ~ 130 mm。体粗大，体被白色絮状鳞毛而呈白色。前翅前缘具白、紫、棕黑三色组成的纵带 1 条，与胸部紫色横带相接。后翅臀角长尾状，长约 40 mm，后翅尾角边缘具浅黄色鳞毛，有些个体略带紫色。前、后翅中部中室端各具椭圆形眼状斑1个,斑中部有1透明横带,从斑内侧向透明带依次由黑、白、红、黄4色构成,黄褐色外缘线不明显。腹面色浅,近褐色。足紫红色。

卵:扁圆形,直径约2 mm,初绿色,近孵化时褐色。

幼虫:一般为5龄,3龄幼虫全体橘黄色,毛瘤黑色,4龄幼虫后体渐呈嫩绿色。老熟幼虫体长80~100 mm,体黄绿色粗壮、被污白细毛。体节近6角形,着生肉突状毛瘤,前胸5个,中、后胸各8个,腹部每节6个,毛瘤上具白色刚毛和褐色短刺;中、后胸及第8腹节背上毛瘤大,顶黄基黑,他处毛瘤端蓝色,基部棕黑色。第1—8腹节气门线上边赤褐色,下边黄色。体腹面黑色,臀板中央及臀足后缘具紫褐色斑。胸足褐色,腹足棕褐色,上部具黑横带。

蛹:长40~45 mm,椭圆形,紫黑色,额区具1浅斑。茧长45~50 mm,椭圆形,丝质粗糙,灰褐至黄褐色(图6-7)。

(a)绿尾大蚕蛾成虫

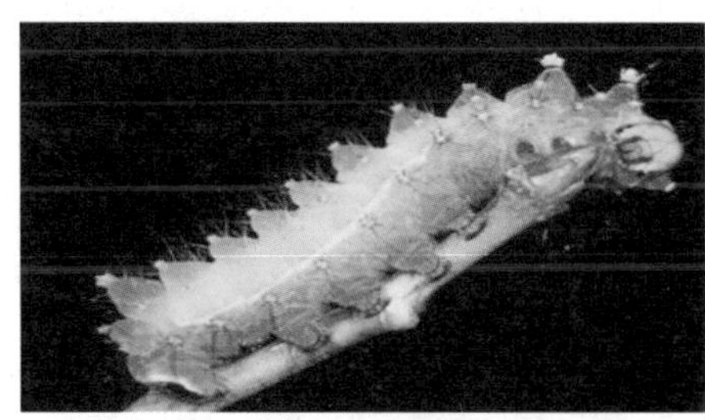

(b)绿尾大蚕蛾幼虫

(c)绿尾大蚕蛾低龄幼虫

(d)绿尾大蚕蛾卵

(e)绿尾大蚕蛾茧

图6-7　绿尾大蚕蛾

3. 发生特点

据资料记载,绿尾大蚕蛾1年发生2代,以茧蛹附在树枝或地被物下越冬。翌年5月中旬羽化、交尾、产卵。卵期10余天。第1代幼虫于5月下旬至6月上旬发生,7月中旬化蛹,蛹期10～15 d。7月下旬至8月为一代成虫发生期。第2代幼虫8月中旬始发,为害至9月中下旬,陆续结茧化蛹越冬。成虫昼伏夜出,有趋光性,日落后开始活动,21—23时最活跃,虫体大而笨拙,但飞行力强。卵喜欢产在叶背或枝干上,有时雌蛾跌落树下,把卵产在土块或草上,常数粒或偶见数十粒产在一起,成堆或排开,每雌蛾可产卵200～300粒。成虫寿命7～12 d。初孵幼虫群集取食,2、3龄后分散,取食时先把1叶吃完再为害邻叶,残留叶柄,幼虫行动迟缓,食量大,每头幼虫可食100多片叶子。幼虫老熟后于枝上贴叶吐、丝结茧化蛹。第2代幼虫老熟后下树,附在树干或其他植物上吐丝、结茧化蛹越冬。

4.防治技术

(1)人工防治:秋后至发芽前清除落叶、杂草,并摘除树上虫茧,集中处理。

(2)灯光诱杀:利用黑光灯诱蛾,并结合管理注意捕杀幼虫。

(3)生物防治:在蓝莓园中喷施苏云金杆菌对鳞翅目食叶幼虫有良好的防治效果。

四、茶斑蛾

茶斑蛾[*Eterusia aedea* Linnaeus],鳞翅目斑蛾科茶斑蛾属的一个物种,别名茶叶斑蛾。

1.为害状

幼虫咬食叶片,幼龄幼虫仅食叶下表皮和叶肉,残留上表皮,形成半透明状枯黄薄膜。老熟幼虫把叶片食成缺刻,严重时全叶食尽,仅留主脉和叶柄。影响蓝莓的生长和产量。

2.形态特征

成虫:中小型,翅型狭长,前翅灰黑褐色或具绿色分布,翅面有4列横斑,第1列在基部,第2列由5枚白色条状斜斑构成,第3列近前缘有一枚白色大圆斑最醒目,第4列在近外缘处。停栖时平贴,翅端部分相叠,遇到骚扰时会散发出腥臭味,具有驱敌的警戒作用。

老熟幼虫:体长23～30 mm,圆形似菠萝状。体黄褐色,肥厚,多瘤状突起,中、后胸背面各具瘤突5对,腹部第1—8节各有瘤突3对,第9节生瘤突2对,瘤突上均簇生短毛(图6-8)。

(a)茶斑蛾成虫

(b)茶斑蛾幼虫

图6-8 茶斑蛾

3.发生特点

茶斑蛾在贵州1年发生2代,以老熟幼虫于11月在蓝莓基部分杈处或枯叶下、土隙内越冬。翌年3月中、下旬气温上升后上树取食。4月中、下旬开始结茧化蛹,5月中旬至6月中旬成虫羽化产卵。第一代幼虫发生期在6月上旬至8月上旬,8月上旬至9月下旬化蛹,9月中旬至10月中旬第一代幼虫羽化产卵,10月上旬第二代幼虫开始发生。卵期7~10 d;幼虫期一代65~75 d,二代长达7个月左右;蛹期24~32 d;成虫寿命7~10 d。成虫活泼,善飞翔,有趋光性。成虫具异臭味,受惊后,触角摆动,口吐泡沫。昼夜均活动,多在傍晚于蓝莓周围行道树上交尾。雌雄交尾后1~2 d产卵,3~5 d产完,卵成堆产在蓝莓或附近其他树木枝干上,每堆数十至百余粒,每雌蛾产卵200~300粒。雌蛾数量较雄蛾多。初孵幼虫多群集于茶树中下部或叶背面取食,2龄后逐渐分散,在茶丛中下部取食叶片,沿叶缘咬食致叶片成缺刻。幼虫行动迟缓,受惊后体背瘤状突起处能分泌出透明黏液。老熟后在老叶正面吐丝,结茧化蛹。

4. 防治技术

(1)栽培管理:结合耕作在蓝莓丛根际培土,稍加镇压,防止成虫羽化出土。

(2)人工防治:人工捕捉幼虫。

(3)生物防治:用青虫菌、杀螟杆菌和苏芸金杆菌每毫升含0.25亿~0.5亿孢子液单喷,效果较好。

(4)药剂防治:抓住低龄幼虫喷药。

五、斑喙丽金龟

斑喙丽金龟[*Adoretus tenuimaculatus*]是鞘翅目丽金龟科的一种昆虫,也称茶色金龟子。

1. 为害状

成虫食叶成缺刻或孔洞,幼虫为害植物地下组织。

2. 形态特征

成虫:体长9.4~10.5 mm,体阔4.7~5.3 mm。体褐色或棕褐色,腹部色泽常较深。全体密被乳白色披针形鳞片,光泽较暗淡。前胸背板甚短阔,前后缘近平行,侧缘弧形扩出,前侧角锐角形,后侧角钝角形。小盾片三角形。鞘翅有3条纵肋纹可辨,在纵肋纹Ⅰ、Ⅱ上常有3~4处鳞片密聚而呈白斑,端凸上鳞片常十分紧挨而成明显白斑,其外侧尚有1较小白斑。臀板短阔,呈三角形,端缘边框扩大成1个三角形裸片(雄)。前胸腹板垂突尖而突出,侧面有一凹槽。后足胫节外缘有1小齿突。

斑喙丽金龟成虫

图6-9　斑喙丽金龟

卵:椭圆形,长1.7~1.9 mm,乳白色。

幼虫:体长19~21 mm,乳白色,头部黄褐色,肛腹片有散生的刺毛21~35根。

蛹:长10 mm左右,前端钝圆,后渐尖削,初乳白色,后变黄色(图6-9)。

3. 发生特点

据记载,斑喙丽金龟在贵州年生1~2代,均以幼虫越冬。翌春一代区5月中旬化蛹,6月初成虫大量出现,直到秋季均可为害;二代区4月中旬至6月上旬化蛹,5月上旬成虫始见,5 月下旬至 7 月中旬进入盛期,7 月下旬为末期。第一代成虫 8 月上旬出现,8 月上旬、9 月上旬进入盛期,9 月下旬为末期。成虫昼伏夜出,取食、交配、产卵,黎明陆续潜土。产卵延续 11 ~ 43 d,平均为 21 d,每雌虫产卵 10 ~ 52 粒,卵产于土中。常以菜园、红薯地落卵较多,幼虫孵化后为害植物地下组织,10 月间开始越冬。

4. 金龟子类害虫综合防治技术

蓝莓金龟子类害虫贵州黔东南主要发生有棉弧丽金龟(台湾琉璃豆金龟)、白星花金龟、斑喙丽金龟等种类。金龟子幼虫主要为害蓝莓根部,咬食、咬断须根,使植株吸收水肥困难,出现缺水症状,重者导致幼树死亡。金龟子成虫喜食蓝莓叶片、花、果实等,造成不同程度的危害。可采取"地下地上、园内园外结合防治"的措施防治金龟子类害虫。

(1)人工捕杀:在金龟子成虫发生期(6—7 月)傍晚,利用金龟子有假死的习性,在树盘下铺块塑料布,摇动树枝,收集振落在塑料布上的金龟子成虫。

(2)诱杀:每 2 hm^2 果园可安装 1 个频振式杀虫灯或黑光灯,在杀虫灯下放置 1 个水盆或缸,使诱来的金龟子类害虫掉落水中而死;也可在蓝莓园内设置糖醋液(红糖 1 份、醋 4 份、水 10 份)诱杀盆进行诱杀;还可以利用金龟子喜欢吃杨树叶的特性,制成杨树把诱杀异地迁入成虫。

(3)喷拒食剂:可于叶面喷施 1 ∶ 2 ∶ 160 倍的波尔多液,使树叶面呈灰白色,可趋避金龟子类害虫取食。

(4)灌根:利用白僵菌制剂或除虫菊制剂灌根,防治蓝莓根际土中的金龟子幼虫蛴螬。

六、黑腹果蝇

黑腹果蝇[*Drosophila melanogaster*]属双翅目果蝇科。其名字源于它喜好腐烂的水果以及发酵的果汁。

1. 为害状

成虫雌蝇通常会将卵产在腐烂的水果上,幼虫的首要食物来源是使水果腐烂的微生物,如酵母和细菌,其次是含糖分的水果等,可造成蓝莓果实腐烂。

2. 形态特征

见杨梅果蝇,具体如图 6-10 所示。

(a)黑腹果蝇成虫

(b)黑腹果蝇幼虫

图 6-10 黑腹果蝇

3. 发生特点

它和人类一样分布于世界各地，并且在人类的居室内过冬。在室温条件下，黑腹果蝇幼虫首要食物来源是使水果腐烂的微生物，如酵母和细菌，其次是含糖分的水果等。（参考杨梅果蝇）

4. 防治技术

对黑腹果蝇，要注重前期预防。在蓝莓成熟期不能喷药。

（1）清洁腐烂杂物。5 月中下旬，清除蓝莓园腐烂杂物、杂草，同时用 1% 苦参碱可溶性液剂 1 000 ~ 1 500 倍液地面喷雾处理，压低虫源基数，可减少发生量。

（2）清理落地果。将蓝莓成熟前的生理落果和成熟采收期间的落地烂果及时捡尽，送出园外一定距离的地方覆盖厚土，可避免雌蝇大量在落地果上产卵、繁殖后返回园内为害。

（3）诱杀成虫。利用果蝇成虫趋化性，当蓝莓果实进入转色即将成熟期，用敌百虫、香蕉、蜂蜜、食醋以 1∶10∶6∶3 配制成混合诱杀浆液，每亩约堆 10 处进行诱杀，防治效果显著，好果率可达 95% 以上。也可用敌百虫、糖、醋、酒、清水按 1∶3∶10∶10∶20 配制成诱饵，用塑料钵装液置于蓝莓园内，每亩 6 ~ 8 钵，诱杀成虫。定期清除诱虫钵内虫子，每周更换一次诱饵，效果也较好。

七、黑翅土白蚁

黑翅土白蚁[*Odontotermes formosanus* Shiraki]是等翅目白蚁科土白蚁属的一种昆虫。分布在中国黄河、长江以南各省市地区。主要危害樱花、梅花，亦可危害桂花、桃花、月季、杨梅树等植物，是一种土栖性害虫。蓝莓、杨梅基地等均有发生。

1. 为害状

当白蚁侵入木质部后，则树干枯萎，极易造成幼苗死亡。蚁群在地下蛀食根部，并在泥道通至地上蛀害枝干，造成蓝莓树木的死亡。当采食为害时做泥被和泥线，造成被害树干外形成大块蚁路，长势衰退。

2. 形态特征

兵蚁：体长 5 ~ 6 mm，头暗黄色，左中颚内侧中点有一齿。

有翅成虫：体长 27 ~ 29 mm，展翅 45 ~ 50 mm，体背黑褐色，全身密被细长，前胸背中有一个淡黄色“十”字纹。

工蚁：体长 5 ~ 6 mm，头黄色，胸腹灰白色，囟呈小圆形凹路。

蚁王、蚁后：与有翅成虫相似，仅体色较深，体壁较厚。蚁后腹部渐膨大，体长 70 ~ 80 mm。

卵：椭圆形，长 0.6 mm，乳白色（图 6-11）。

3. 发生特点

黑翅土白蚁有翅成蚁一般称为繁殖蚁。每年 3 月开始出现在巢内，4—6 月份在靠近蚁巢的地面出现羽化孔，羽化孔突圆锥状，数量很多。在闷热天气或雨前傍晚 7 时左右，爬出羽化孔穴，群飞天空，停下后即脱翅求偶，成对钻入地下建筑新巢，成为新的蚁王、蚁后繁殖后代。兵蚁专门保卫蚁巢，工蚁担负筑巢、采食和抚育幼蚁等工作。蚁巢位于地下 0.3 ~ 2.0

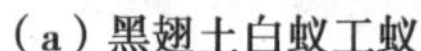
（a）黑翅土白蚁工蚁

（b）黑翅土白蚁成虫

图 6-11　黑翅土白蚁

m 之处，新巢仅是一个小腔，3 个月后出现菌圃——草裥菌体组织，状如面包。在新巢的成长过程中，不断发生结构上和位置上的变化，蚁巢腔室由小到大，由少到多，个体数目达 200 万以上。黑翅土白蚁具有群栖性，无翅蚁有避光性，有翅蚁有趋光性。白蚁活动隐蔽，喜欢阴暗、温暖、潮湿的环境。在干旱季节，白蚁以取食植物来补充其所需的水分，因此，干旱天气白蚁为害严重。

4. 防治技术

（1）人工防治：用松木、甘蔗、芦草等坑埋于地下，保持湿润，并施入适量农药，如施入“灭蚁灵”等，诱杀工蚁。每年从芒种到夏至的季节，如地面发现有草裥菌（鸡枞菌、三踏菌、鸡枞花）时，地下必有生活蚁巢，应进行人工挖除。

（2）灯光诱杀：当繁殖蚁羽化分飞盛期时，可悬挂黑光灯诱杀有翅成蚁。

（3）食饵诱杀：在白蚁发生时，于被害处附近，挖 1 m^2 宽、0.5 ~ 0.75 m 深的土坑，坑内放置树皮、松木片、松枝、稻草等白蚁所喜爱食物作诱饵，上面洒以稀薄的红糖水或米汤，上面再覆一层草。过一段时间检查，如发现有白蚁被诱来，坑内喷洒灭蚁灵，使白蚁带药回巢死亡。

（4）药剂防治：发现蚁路和分群孔，可选用 70% 灭蚁灵粉剂喷施蚁体，导致传播灭蚁。

蓝莓其他害虫

虫害名称	形态识别	发生特点	防治要点
枣弈刺蛾 *Irsgoides conjuncta* (Walker)	初孵幼虫筒状，浅黄色，背部色深。头部及第一、二节各有二对较大的刺突，腹末有 2 对刺突。老熟幼虫头小，褐色，缩于胸前。体为浅黄绿色，腹末 2 对皆为红色长枝刺，体的两侧周边各节上有红色短刺毛丛 1 对	每年发生 1 代，以老熟幼虫在树干基部周围表土层 7 ~ 9 cm的深处结茧越冬。成虫有趋光性。初孵化幼虫短时间内聚集取食，然后分散在叶片背面为害取食叶肉，稍大后取食全叶。老熟幼虫逐渐下树，入土结茧越冬	参考扁刺蛾

续表

虫害名称	形态识别	发生特点	防治要点
双齿绿刺蛾 *Latoia hilarata* Staudinger	幼虫蛞蝓型,胸足退化,腹足小。体黄绿至粉绿色,各体节有4个枝刺丛,以后胸和第1、7腹节背面的一对较大且端部呈黑色,腹末有4个黑色绒球状毛丛	1年发生2代,以蛹在树体上茧内越冬。成虫昼伏夜出,有趋光性。卵多产于叶背中部、主脉附近。10月上旬以老熟幼虫爬到枝干上结茧越冬,常数头至数十头群集在一起	参考扁刺蛾
樗蚕蛾 *Philosamia cynthia* Walker et Felder	成虫体长25~30 mm,翅展110~130 mm。前翅褐色,前翅顶角后缘呈钝钩状,前后翅中央各有一个较大的新月形斑;幼虫老熟青绿色,被有白粉,各体节有枝刺6根;体粗大,头、前中胸及尾部较细	1年发生2代,以蛹在树木上结茧越冬。5月成虫羽化、交尾和产卵,产卵于叶背,卵经12 d孵化幼虫,初龄幼虫群集为害。幼虫在树上缀叶结茧,越冬代多在杂灌木上结茧。成虫有趋光性	用黑光灯进行诱杀。现已发现樗蚕蛾幼虫的天敌有绒茧蜂以及喜马拉雅聚瘤姬蜂、稻包虫黑瘤姬蜂、樗蚕黑点瘤姬蜂等3种姬蜂。幼虫为害初期,可用白僵菌粉剂喷粉防治
盗毒蛾 *Porthesia similis* (Fueszly)	成虫翅展30~40 mm。触角干白色,栉齿棕黄色;前、后翅白色,前翅后缘有两个褐色斑。幼虫头、体黑褐色,前胸背板黄色,腹部第1、2节背面各有1对愈合的黑色瘤,上生白色羽状毛和黑褐色长毛	贵州1年发生4代,主要以3龄或4龄幼虫在枯叶、树杈、树干缝隙及落叶中结茧越冬。成虫傍晚飞出活动,把卵产在叶背。初孵幼虫喜群集在叶背啃食为害,3、4龄后分散为害叶片,有假死性,老熟后多卷叶或在叶背树干缝隙或近地面土缝中结茧化蛹	幼虫3龄期左右喷白僵菌粉剂、Bt等生物制剂进行防治。灯光、性引诱剂诱杀雌雄成虫。同时改善环境,保护天敌,天敌主要有黑卵蜂、大角啮小蜂、矮饰苔寄蝇、桑毛虫、茧蜂等
棉弧丽金龟(台湾琉璃豆金龟) *Popillia* mutans	成虫体长11~14 mm,宽6~8 mm,体深蓝色带紫,有绿色闪光;触角9节,棒状部3节;鞘翅短阔,小盾片后侧具1对深显横沟,背面具6条浅缓刻点沟,第2条短,后端略超过中点;前足胫节外缘2齿	1年发生1代,以末龄幼虫越冬。由南到北成虫于5—9月出现,白天活动,8月下旬成虫发生较多,成虫善于飞翔,在一处为害后,便飞往另处为害,成虫有假死性和趋光性	参考斑喙丽金龟
八点广翅蜡蝉 *Ricaniaspeculum* Walker	成虫体长11.5~13.5 mm,翅展23.5~26 mm;黑褐色;触角刚毛状;翅革质密布纵横脉,呈网状,翅面被稀薄白色蜡粉,翅上有6~7个白色透明斑,后翅半透明,翅脉黑色,中室端有一小白色透明斑,外缘前半部有1列半圆形小的白色透明斑	1年发生1代,以卵于枝条内越冬。若虫常数头在一起排列枝上,爬行迅速,善于跳跃;成虫飞行力较强且迅速,产卵于当年发生枝木质部内,产卵孔排成1纵列,孔外带出部分木丝并覆有白色棉毛状蜡丝,极易发现与识别	注意冬春修剪,剪除有卵块的枝条集中处理,减少虫源。保护天敌。在若虫和成虫盛发期,可用小捕虫网进行捕杀,能收到一定的效果

项目实训六　蓝莓病虫害识别

一、目的要求

了解本地蓝莓常见病害种类,掌握蓝莓主要病害的症状及病原菌形态特征,掌握蓝莓主要害虫形态及为害特点,学会识别蓝莓病虫害的主要方法。

二、材料准备

病害标本:蓝莓灰霉病、蓝莓僵果病、蓝莓缺素症、蓝莓病毒病等病害蜡叶标本、新鲜标本、盒装标本、瓶装浸渍标本、病原菌玻片标本、照片、挂图及多媒体课件等。

虫害标本:扁刺蛾、枣弈刺蛾、双齿绿刺蛾、贝刺蛾、黄刺蛾、黄尾大蚕蛾、绿尾大蚕蛾、樗蚕蛾、茶斑蛾、盗毒蛾、丝棉木金星尺蛾、大袋蛾、三岔绿尺蛾、粉蝶灯蛾、棉弧丽金龟(台湾琉璃豆金龟)、白星花金龟、斑喙丽金龟、稻绿蝽、曲胫侎缘蝽、八点广翅蜡蝉、黑翅土白蚁、木蠹蛾、果蝇等虫害新鲜标本、盒装标本、瓶装浸渍标本、照片、挂图及多媒体课件等。

工具:显微镜、多媒体教学设备、放大镜、挑针、镊子、载玻片、盖玻片、酒精灯、酒精、吸水纸、镜头纸等。

三、实施内容与方法

1. 蓝莓病害识别

(1)观察蓝莓灰霉病病斑形状、大小,霉层颜色、组织是否腐烂,病果、病花序及病叶是否有灰色霉层。自制病原玻片标本,显微镜观察当地蓝莓灰霉病分生孢子梗形状、分生孢子形态及着生方式。

(2)观察蓝莓缺素症叶片颜色变化、发生部位、形态特征。观察本地蓝莓缺素症不同症状的区别。

(3)观察蓝莓病毒病叶片是否出现条纹、坏死环斑、穿孔、脱落,比较当地不同蓝莓病毒类型在叶片上的颜色变化、形态变化。

(4)观察蓝莓僵果病的新叶、芽、茎干、花是否变萎蔫、变褐色。3~4 周以后,是否有粉状物覆盖叶片叶脉、茎尖、花柱,果实是否表现为萎蔫、失水、变干、脱落、呈僵尸状。

(5)观察本地蓝莓其他病害症状及病原菌形态特征。

2. 蓝莓虫害识别

(1)观察本地扁刺蛾、枣弈刺蛾、双齿绿刺蛾、背刺蛾(贝刺蛾、胶刺蛾)、黄刺蛾桃等刺蛾成、幼虫形态特征,比较幼虫腹部背面瘤状刺的形态特征。

(2)观察当地黄尾大蚕蛾、绿尾大蚕蛾、樗蚕蛾成虫和幼虫形态特征区别,比较幼虫头部、形体大小、颜色特点。比较当地蚕蛾类成、幼虫形态区别特征。

(3)观察茶斑蛾、盗毒蛾成虫翅、触角类型,幼虫颜色、体背毛长短是否一致,观察当地斑蛾类、毒蛾类成、幼虫主要区别特征。

(4)观察丝棉木金星尺蛾、三岔绿尺蛾、金星尺蛾幼虫腹足对数和行走时的特征，比较当地尺蛾类成、幼虫的主要区别特征。

(5)观察粉蝶灯蛾幼虫体毛生长特点，腹部背中央的分泌腺，成虫翅颜色、形状。

(6)观察木蠹蛾幼虫体色、色斑，观察当地木蠹蛾类成、幼虫的主要区别特征。

(7)观察棉弧丽金龟(台湾琉璃豆金龟)、白星花金龟、斑喙丽金龟等成虫触角、前足形状，后足着生位置，观察幼虫体形特点，是否弯曲成 C 形，比较当地金龟甲不同种类成、幼虫主要区别特征。

(8)观察稻绿蝽、曲胫侎缘蝽，注意成虫若虫体型、成虫前翅的类型、若虫的口器类型等，观察当地蓝莓蝽象类成、若虫的主要区别特征。

(9)观察八点广翅蜡蝉，注意成虫触角类型及其着生位置、前翅特征和口器类型，观察当地蝉类成、若虫的主要区别特征。

(10)观察果蝇，注意成虫翅、体色，幼虫类型、有无足，观察当地果蝇主要类型成、幼虫的主要区别特征。

(11)观察黑翅土白蚁标本，注意有翅成虫和无翅成虫区别，翅的形状、前后翅大小、颜色，比较工蚁和兵蚁头部、口器区别。观察当地危害蓝莓白蚁种类主要区别特征。

(12)观察本地蓝莓其他害虫的形态特征与为害状。

四、学习评价

评价内容	评价标准	分值	实际得分	评价人
1. 蓝莓病害的症状、病原、发生特点和防治技术 2. 蓝莓虫害的为害状、形态特征、发生特点和防治技术	每个问题回答正确得 10 分	20 分		教师
1. 能正确进行以上蓝莓病害症状的识别 2. 能结合症状和病原对以上蓝莓病害作出正确的诊断 3. 能根据以上不同蓝莓病害的发病规律，制订有效的综合防治方法	操作规范、识别正确、按时完成。每个操作项目得 10 分	30 分		教师
1. 正确识别当地常见蓝莓虫害标本 2. 描述当地常见蓝莓害虫的为害状 3. 能根据蓝莓虫害的发生规律，制订有效的综合防治措施	操作规范、识别正确、按时完成。每个操作项目得 10 分	30 分		教师
团队协作	小组成员间团结协作，根据学生表现评价	10 分		小组互评
团队协作	计划执行能力，过程的熟练程度	10 分		小组互评

思考与练习

1. 黔东南为害蓝莓的刺蛾有哪些种类？如何防治？
2. 黄尾大蚕蛾和绿尾大蚕蛾成虫各有何特征？
3. 黔东南为害蓝莓的金龟有哪些种类？如何防治？
4. 稻绿蝽、曲胫侎缘蝽和八点广翅蜡蝉在蓝莓危害上有何不同？
5. 如何防治果蝇？
6. 蓝莓灰霉病的症状特点有哪些？
7. 如何区别蓝莓缺素症？
8. 有机蓝莓虫害综合防治措施有哪些？

有机蓝莓病虫害综合防治技术

一、蓝莓虫害综合防治技术

有机蓝莓是按照有机农业标准进行生产，不使用化学合成的农药、化肥、生长调节剂等物质，为消费者提供更安全、营养、健康、环保的蓝莓。为了达到有机蓝莓的要求，所述的防治技术措施立足于有机蓝莓的防治手段。

1. 农业防治

通过栽培措施（耕翻、合理种植、修剪、科学施肥、适时浇灌排、覆盖、除草等），切实增强蓝莓树体对有害生物的抗性。如冬季清除病残体枯枝，可以消灭部分越冬的蛴螬类地下害虫；如合理修剪可改善蓝莓园通风透光和树体营养状况条件；对当年生长枝进行摘心可减轻蚜虫、八点广翅蜡蝉等多种病虫的危害；对有病虫枝叶及残枝落叶要及时摘除，能减少病虫源。增施腐熟有机肥和微生物菌肥（土壤微生态修复剂、菌根等）及矿物中微量元素，配方施肥，多施饼肥和钾肥，可养护土壤，使树体健壮。

2. 生物防治

（1）保护利用天敌

①设置寄生蜂保护器，即在蓝莓园中放 1 个水盆，水盆中设一支架，支架上放 1 个具有小孔纱网的容器，其上方能遮光防雨，将人工采集的害虫卵块如蛾类虫苞等放入保护器内，害虫不能爬出或飞出，而寄生蜂体小能飞出。

②对修剪下的枝叶，可先放在蓝莓园附近，以利于天敌重返蓝莓园。

③秋末在蓝莓园中设置草把，供瓢虫等停息并在草把中安全越冬。

④保护鸟类和蛙类等益虫，或悬挂人工巢箱招引益鸟啄食蓝莓园害虫等。在害虫发生前期，通过人工放养赤眼蜂防治夜蛾类害虫，黑小蜂、姬蜂、寄蝇、赤眼蜂、步甲和螳螂等天敌对刺蛾等害虫发生量可起到一定的抑制作用。

（2）生防制剂的利用

①在蓝莓园中喷施浓度为每毫升 0.1 亿～0.2 亿个白僵菌孢子液防治毛虫类、尺蛾类等害虫；喷施苏云金杆菌对鳞翅目食叶幼虫有良好的防治效果。

②灌根：利用白僵菌制剂灌根，防治蓝莓根际土中的金龟子幼虫蛴螬。

3. 物理防治

(1)人工捕杀

①根据刺蛾等害虫结茧的地点,分别可以采用清除枝干、挖、翻等方法消灭越冬茧,从而降低来年的虫口基数。

②对群集性危害的害虫,如盗毒蛾幼虫、茶斑蛾等幼虫,可用人工捕杀的方法直接消灭;如刺蛾的低龄幼虫喜欢群集在叶片背面取食物,被害寄主叶片往往出现白膜状,可直接摘除受害叶片集中消灭,杀死低龄幼虫。

③利用金龟子成虫有假死的习性,傍晚在树盘下铺一块塑料布,再摇动树枝,然后迅速将震落在塑料布上的金龟子收集起来,进行人工捕杀。

(2)利用趋性诱杀,如黑光灯能诱集大多数的鳞翅目幼虫(如刺蛾、粉蝶灯蛾、黄尾大蚕蛾)以及其他种类的害虫(如金龟子等);可在蓝莓园内设置糖醋液(红糖1份、醋4份、水10份)诱杀盆诱杀果蝇、金龟子等多种害虫;利用有翅蚜、叶蝉等害虫具有的趋黄性进行黄板诱杀(图6-12)。

(3)喷拒食剂:可于叶面喷施1∶2 ∶160倍的波尔多液,使树叶面呈灰白色,可趋避金龟子类害虫取食。

(4)利用金龟子喜欢吃杨树叶的特性制作杨树把诱杀异地迁入成虫。

4. 生物制剂防治

在有机蓝莓园中可使用印楝树提取物、除虫菊科和苦木科植物提取液、鱼藤酮类、苦参制剂、植物油、食醋、蘑菇的提取物等植物源药剂。

5. 鸟类的防治

蓝莓园鸟类主要包括山雀、灰喜鹊、麻雀等,可啄食为害成熟蓝莓果实。因此,可在蓝莓成熟前利用尼龙网在全园上方设置好防鸟网,防止鸟类进入。

6. 杂草的防治

杂草与蓝莓竞争养分,且易滋生病虫害。可采用地表覆盖树皮、锯末等有机物,或黑地膜覆盖防止生草。对恶性杂草可采取人工及时除草,对一般杂草可定期防除,不必除净,保留一定数量以维持生态平衡。

(a)黄色诱虫器

(b)黑灯光诱虫灯

图6-12　诱虫设置

二、蓝莓病害综合防治技术

蓝莓病害的种类很多,包括蓝莓灰霉病、蓝莓僵果病、蓝莓炭疽病、蓝莓缺素症等,因此,要针对病原物的种类不同采取不同的防治措施进行防治。

1. 农业技术措施：通过栽培措施（耕翻、合理种植、修剪、科学施肥、适时浇灌排、覆盖、除草等）可以增强树势，增强蓝莓对病害的抵抗能力，以减轻病害的发生。

2. 人工防治：发生病害后，人工采取清除病枝、病叶等病原物残体并进行烧毁，减少病原物以达到防治的目的。

3. 针对不同的病原物采取不同的防治技术：如蓝莓灰霉病的适宜发生温度为 15 ~ 25 ℃。大棚上午温度保持在 28 ~ 30 ℃，下午保持在 18 ~ 22 ℃，夜间保持在 12 ~ 15 ℃，空气相对湿度控制在 85% 以下。浇水要在晴天早晨进行，浇水后及时闭棚升温至 31 ~ 33 ℃，并维持 1 ~ 2 h 后逐步放风排出水蒸气。并消除病源，在蓝莓败花期（单花开放后 5 ~ 7 d，花瓣略现黄萎时）采用振动脱落花瓣和分期分批及时摘除粘连在蓝莓幼果上残留的花瓣和柱头等措施。

如蓝莓贮藏腐烂病可通过增施有机肥和磷钾肥，后期严格控制氮肥的使用，采前半个月内停止灌水。采前喷钙可以增加果实中的钙含量，保持果实的硬度，增强果实的耐贮性，提高果实的抗腐能力。浆果含钙水平是决定耐贮性的一个因素。适期采收，避免碰伤。蓝莓果实属于非呼吸跃变型，采后碳水化合物含量因呼吸作用而降低，并直接影响蓝莓果实的贮藏品质和贮藏期。贮藏前消毒杀菌、贮藏期抑菌处理。SO_2 是贮藏库消毒杀菌的最佳药剂。不同品种对 SO_2 的忍受能力各不相同，必须事先试验确定合适的浓度。贮藏期中，采取低温、气体调节、辐射杀菌和生物药剂杀菌等措施，创造不利于病菌生长的环境，提高蓝莓贮藏性，延长贮藏期，达到保鲜的目的。

学习情境二　蔬菜病虫害防治技术

📖 能力目标

1. 能正确识别和诊断本地区蔬菜植物主要病虫害的种类。
2. 能根据当地蔬菜病虫害的发生、发展规律，调查、分析和确定病虫危害的程度。
3. 具备蔬菜植物病虫害综合防治方案的制订与实施能力。

📖 知识目标

1. 了解当地蔬菜植物病虫的主要种类。
2. 掌握蔬菜植物病害的症状及虫害的形态特征。
3. 了解蔬菜植物病虫害的发生、发展规律。
4. 掌握符合当地实际情况的蔬菜病虫害综合防治技术和生态防治技术。

📖 素质目标

1. 培养学生树立环保意识、安全意识和生态意识。
2. 培养学生自学与更新知识、分析问题和解决问题的能力。
3. 培养学生诚实、守信、敬业、一丝不苟的学习作风。

贵州蔬菜栽培区，常见病害种类有霜霉类、疫病类、白粉类、灰霉类、炭疽类、叶斑类、根腐类、腐烂病类、维管束病类、萎蔫类、病毒类等；常见害虫种类有取食叶片类（菜蛾、菜粉蝶类、夜蛾类、跳甲类、守瓜类）、刺吸汁液类型（蚜虫类、粉虱类、蓟马类、螨类）、潜食叶片类型（斑潜蝇、潜叶蝇）、蛀食花果类型（烟青虫、棉铃虫、豆荚螟、瓜实蝇、豆象甲）、地下害虫（地老虎、根蛆）等；为害十字花科蔬菜、豆科植物、瓜类植物、茄科植物、绿叶类植物、草莓果蔬等。

项目七　地下害虫识别与防治

📖 学习目标

1. 了解本地地下害虫的主要种类。
2. 掌握地下害虫的识别特征。
3. 了解地下害虫的发生、发展规律。
4. 掌握地下害虫的综合防治技术和生态防治技术。

地下害虫种类很多,主要有蝼蛄、蛴螬、金针虫、地老虎、蟋蟀、根蛆、白蚁等,在贵州各地均有分布。尤以蝼蛄、蛴螬、金针虫、地老虎最为重要。作物等受害后轻者萎蔫,生长迟缓,重者干枯而死,造成缺苗断垄,以致减产。有的种类以幼虫为害,有的种类成虫、幼(若)虫均可为害。

任务一　地老虎类识别与防治

地老虎属鳞翅目夜蛾科,又称切根虫、土地蚕、夜盗虫。我国已经发现10余种,其中小地老虎[*Agrotis ypsilon* Rottemberg]、黄地老虎[*A. tokioni* Butler]和大地老虎[*A. Segetum* Schiffermuller]尤为重要。其中小地老虎分布和危害最普遍,属于世界性害虫。下面以小地老虎为例介绍。

1. 为害状

小地老虎幼虫将蔬菜幼苗近地面的茎部咬断,使整株死亡,造成缺苗断垄,严重的甚至毁种。

2. 形态特征

小地老虎成虫体长16~23 mm,翅展42~54 mm;前翅黑褐色,有肾状纹、环状纹和棒状纹各一,肾状纹外有尖端向外的黑色楔状纹与亚缘线内侧2个尖端向内的黑色楔状纹相对。卵半球形,直径0.6 mm,初产时乳白色,孵化前呈棕褐色。老熟幼虫体长37~50 mm,黄褐至黑褐色;体表密布黑色颗粒状小突起,背面有淡色纵带;腹部末节背板上有2条深褐色纵带。蛹体长 18 ~ 24 mm，红褐至黑褐色；腹末端具 1 对臀棘（图 7-1）。

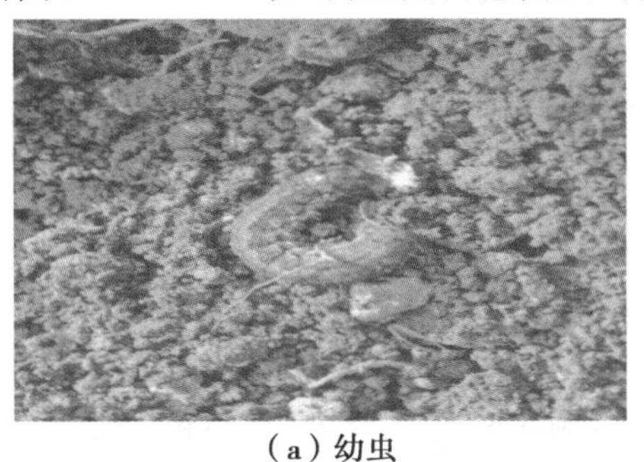

（a）幼虫

（b）成虫

图 7-1　小地老虎

3. 发生特点

小地老虎 1 年发生世代数因地而异，以第 1 代发生量大，为害重。以少量幼虫和蛹在当地土中越冬。成虫的趋光性和趋化性因虫种而不同。小地老虎对黑光灯有趋光性；对糖酒醋液的趋化性以小地老虎最强；卵多产在土表、植物幼嫩茎叶上和枯草根际处，散产或堆产。3 龄前的幼虫多在土表或植株上活动，昼夜取食叶片、心叶、嫩头、幼芽等部位，食量较小。3 龄后分散入土，白天潜伏土中，夜间活动为害，常将作物幼苗齐地面处咬断，造成缺苗断垄。幼虫有自残现象。

4. 防治技术

（1）清洁田园：铲除菜地及地边、田埂和路边的杂草；实行秋耕冬灌、春耕耙地、结合整地人工铲埂等，可杀灭虫卵、幼虫和蛹。

（2）物理机械防治：用糖醋液或黑光灯诱杀越冬代成虫，在春季成虫发生期设置诱蛾器（盆）诱杀成虫；采用新鲜泡桐叶，用水浸泡后，每亩 50 ~ 70 片叶，于 1 代幼虫发生期的傍晚放入菜田内，次日清晨人工捕捉。也可采用鲜草或菜叶每亩 20 ~ 30 kg，在菜田内撒成小堆诱集捕捉。

（3）生物防治：自然天敌如姬蜂、寄生蝇、绒茧蜂等对地老虎的发生有抑制作用。

（4）药剂防治：在幼虫 3 龄前施药防治，可取得较好效果。用喷粉、撒施毒土、顺垄撒施毒土在幼苗根际附近，或用喷雾、毒饵、灌根等方法。可以选择的农药有用 2.5% 溴氰菊酯乳油 2 000 倍液等。

任务二　蝼蛄类识别与防治

蝼蛄，俗名拉拉蛄、土狗，直翅目蝼蛄科，全世界已知约 50 种。为害园艺植物的有两种：华北蝼蛄［*Gryllotalpa unispina* Saussure］和东方蝼蛄［*G. unispina* Saussure］。我国各地均有分布，是蔬菜、果树、花卉等植物的主要地下害虫之一。

1. 为害状

蝼蛄食性很杂，能危害各种蔬菜、烟草和农作物。以成虫或若虫在地表上皮层咬食播下的种子、幼芽或咬断幼苗的根茎，造成缺苗断垄，幼苗枯死。受害部位呈乱麻状，并将表土层穿成许多隧道，使幼苗根和土分离，植株脱水干枯。

2. 形态特征（以东方蝼蛄为例）

体长 30 ~35 mm，灰褐色，全身密被细毛，头圆锥形，触角丝状，前胸背板卵圆形，中间具有一明显的暗红色长心形凹馅斑。前足为开掘足，后足胫节背面内侧具有 3 ~4 个刺。腹末具有 1 对尾须。卵椭圆形，最初为乳白色，孵化前为暗紫色。若虫与成虫相似（图 7-2）。

（a）东方蝼蛄成虫

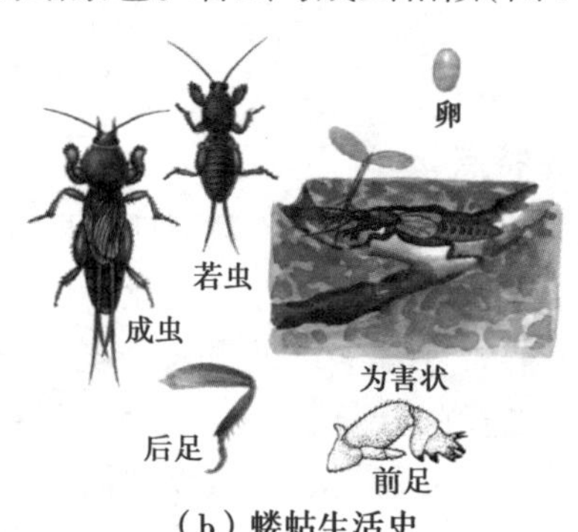

（b）蝼蛄生活史

图 7-2 蝼蛄

3. 发生特点

东方蝼蛄生活史长，1 ~3 年才完成 1 代，以成、若虫越冬。成虫有趋光性；飞翔能力弱，新羽化的成虫当年不交配，为害一段时间后进入越冬状态，次年才开始交配产卵。夏秋两季，当气温在 18 ~22 ℃、风速小于 1.5 m/s 时，夜晚可用灯光诱到大量蝼蛄。蝼蛄的发生与环境有密切关系，常栖息于平原、轻盐碱地以及沿河、临海、近湖等低湿地带，特别是砂壤土和多腐殖质的地区。蝼蛄成虫的趋光性比较强，夜间活动最盛，对香甜物质、马粪、牛粪等未腐熟有机质具有趋化性。

4. 防治技术

（1）科学施肥：施用厩肥、堆肥等有机肥料要充分腐熟，可减少蝼蛄的产卵。

（2）灯光诱杀成虫：特别在闷热天气、雨前的夜晚更有效，可在 19:00—22:00 时点灯诱杀。

（3）鲜马粪或鲜草诱杀：在苗床的步道上每隔 20 m 左右挖一小土坑，将马粪、鲜草放入坑内，次日清晨捕杀，或施药毒杀。

（4）毒饵诱杀：用 40% 乐斯本乳油或 50% 辛硫磷乳油 0.5 kg 拌入 50 kg 煮至半熟或炒香的饵料（麦麸、米糠等）中作毒饵，傍晚均匀撒于苗床上。或每亩用碎豆饼 5 kg 炒香后用 90% 晶体敌百虫 100 倍制成毒饵，傍晚撒入田内诱杀。

（5）灌药毒杀：在受害植株根际或苗床浇灌。在施有机肥时，每亩选用 90% 敌百虫或 50% 辛硫磷乳油 1 000 倍液，加水 50 kg 与有机肥混合均匀防治。

任务三　金针虫类识别与防治

金针虫类为鞘翅目叩头甲科，是叩头甲幼虫的总称，包括沟金针虫[*Pleonomus* canaliculatus]、细胸金针虫[*Agriotes subrittatus* Motschulsky]和褐纹金针虫[*Melanotus caudex* Lewis]等。各地以沟金针虫危害普遍严重，主要为害禾谷类、薯类、豆类、甜菜、棉花及各种蔬菜，也可为害林木幼苗。

1. 为害状

以幼虫长期生活于土壤中，幼虫能咬食刚播下的种子，食害胚乳使其不能发芽，如已出苗可为害须根、主根和茎的地下部分，使幼苗枯死。主根受害部不整齐，还能蛀入块茎和块根。

2. 形态特征(沟金针虫)

成虫：暗褐色。雌虫体长 14 ~ 17 mm，宽约 5 mm；雄虫体长 14 ~ 18 mm，宽约 3.5 mm。体扁平，全体被金灰色细毛。头部扁平，密布刻点。雌虫前胸较发达，背面呈半球状隆起，后绿角突出外方；后翅退化。

卵：近椭圆形，长径 0.7 mm，短径 0.6 mm，乳白色。

幼虫：初孵时乳白色，老熟幼虫体长 25 ~ 30 mm，体形扁平，全体金黄色，有光泽。头部扁平。前胸较中后胸短，腹末圆锥形，近基部两侧各有一个褐色圆斑，并有 4 个褐色纵纹。

蛹：长纺锤形，乳白色(图 7-3)。

(a) 沟金针虫成虫

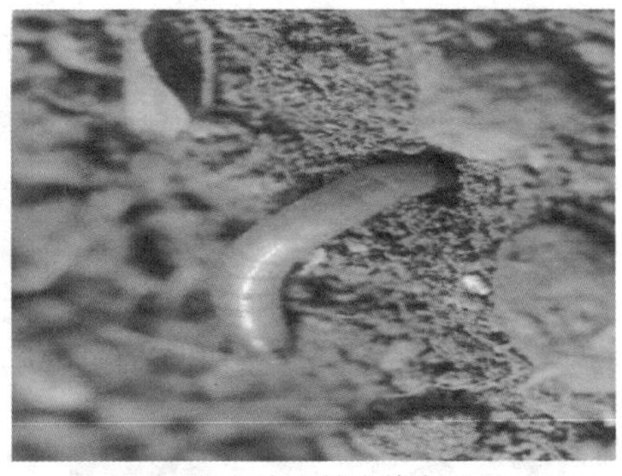
(b) 沟金针虫幼虫

图 7-3　沟金针虫

3. 发生特点

沟金针虫生活史较长，需 3 年完成 1 代，少数 2 年或者 4 ~ 5 年完成 1 代。以幼虫期最长。幼虫老熟后在土内化蛹，羽化成虫有些种类即在原处越冬。次春 3、4 月成虫出土活动，交尾后产卵于土中。幼虫孵化后一直在土内活动取食。以春季为害最烈，秋季较轻。成虫白天躲在植株下、杂草中、土块下，夜晚活动，雄虫飞翔能力比较强，雌虫不能飞翔，有假死性,没有趋光性。

4. **防治技术**

药剂拌种:定植前土壤处理,生长期发生沟金针虫,可在苗间挖小穴,将颗粒剂或毒土点入穴中立即覆盖,土壤干时也可开沟或挖穴点浇。种植前要深耕多耙,收获后及时深翻;夏季翻耕暴晒。

任务四 蛴螬类识别与防治

蛴螬是鞘翅目金龟甲幼虫的总称,别名白土蚕、核桃虫,成虫通称为金龟甲或金龟子。种类有华北大黑金龟[*Holotrichia* oblita]、暗黑鳃金龟[*H. parallela* Motschulsky]和铜绿丽金龟[*Anomala corpulenta* Motschulsky]等,为害多种农作物、经济作物和花卉苗木,是世界性的地下害虫。现以铜绿丽金龟为例进行介绍。

1. **为害状**

成虫咬食叶片,造成不规则缺刻,严重时,食尽叶片,仅剩叶柄。幼虫咬食植物根部,影响植物正常生长,甚至枯萎。此外,因蛴螬造成的伤口还可诱发病害。

2. **形态特征**

成虫体长19~21 mm,触角黄褐色,鳃叶状。前胸背板及鞘翅铜绿色具闪光,上面有细密刻点。卵初产椭圆形,卵壳光滑,乳白色。孵化前呈圆形。3龄幼虫体长30~33 mm,头部黄褐色,胴部乳白色,臀节腹面有2列黄褐色长的刺毛,每列15~18根。蛹长椭圆形,土黄色。体稍弯曲,雄蛹臀节腹面有4个乳状头突起(图7-4)。

(a)成虫

(b)幼虫

图7-4 铜绿丽金龟

3. **发生特点**

铜绿丽金龟1年完成1代,以老熟幼虫越冬。翌年春季越冬幼虫上升活动,5月下旬至6月中下旬为化蛹期,7月上中旬至8月是成虫发育期,7月上中旬是产卵期,7月中旬至9月是幼虫危害期,10月中旬后陆续进入越冬。少数以2龄幼虫、多数以3龄幼虫越冬。幼虫在春、秋两季危害最烈。成虫夜间活动,趋光性强。

4. 防治技术

做好预测、预报工作。调查和掌握成虫发生盛期,采取措施,及时防治。

(1)农业防治:清除田间杂草,秋冬翻地可把越冬幼虫翻到地表使其风干、冻死或被天敌捕食,机械杀伤,防效明显;同时,应防止使用未腐熟有机肥料,以防止招引成虫来产卵。

(2)物理方法:设置黑光灯诱杀成虫,可减少蛴螬的发生数量。

(3)生物防治:利用茶色食虫虻、金龟子黑土蜂天敌控制;利用白僵菌制剂灌根,防治在根际土中的金龟子幼虫蛴螬。

(4)化学防治:毒饵诱杀、药剂处理土壤、药剂拌种。

项目实训七　地下害虫识别

一、目的要求

了解本地园艺植物地下害虫种类,掌握主要地下害虫的形态特征,学会识别地下害虫的主要方法。

二、材料

标本:金龟类、蝼蛄类、金针虫类和地老虎类成虫、幼虫(若虫)、卵和蛹的针插标本、浸渍标本、危害状标本、照片、多媒体课件等。

工具:体视显微镜、投影仪、多媒体教学设备、放大镜、镊子等。

三、实施内容与方法

以小组为单位调查当地园艺植物(蔬菜、苗圃、绿地)等地下害虫主要类群、危害特点、发生程度,填入下表。选择当地主要园艺植物,于收获后或者播种前,每块地采用对角线或者棋盘式取样,选择 3~5 个点,每点 0.5 m×0.5 m,挖土深 30 cm,翻土进行详细调查,记载各类地下害虫的数量,推算每亩虫口密度,根据每亩虫口密度,参照当地该种害虫防治指标,确定防治对象田。

地下害虫田间调查表

调查日期	调查地点	园艺植物	害虫名称	危害情况	受害情况	防治对象田确定	备注

以小组为单位,用实体显微镜或者放大镜观察和识别当地主要地下害虫的形态特征,区别不同种类。

(1)蛴螬(金龟子)类形态观察:成虫形状、大小、鞘翅特点和体色,注意幼虫头部前顶刚毛的数量与排列、臀节腹面肛腹片覆毛区刺毛列排列情况及肛裂特点。观察华北大黑金龟、暗黑鳃金龟、铜绿丽金龟的成幼虫主要特征区别。

(2)蝼蛄类形态观察:成虫体形大小、体色、前胸背板中央长心脏形斑大小和腹部末端形状,注意前足腿节内侧外缘缺刻是否明显和后足胫节背面内侧棘的数量。观察华北蝼蛄、东方蝼蛄等成、若虫的主要特征区别。

(3)金针虫类形态观察:幼虫体形、大小和体色,注意胸腹部背中央的细纵沟、腹末节骨化程度、末端分叉及弯曲情况,观察内侧有无小齿,胸腹部背面近基部两侧有无褐色圆斑,其下方是否有4条褐色纵纹,观察沟金针虫和细胸金针虫成、幼虫的主要特征区别。

(4)地老虎类形态观察:成虫体长、体色、前翅斑纹情况,后翅颜色和雄蛾触角双栉齿状部分长度。观察幼虫体长、体色,注意幼虫体表皮是否密生明显的大小颗粒,是否有皱纹,蛹的大小、颜色,第1—3腹节有无明显横沟,观察小地老虎与其他地老虎成、幼虫主要特征区别。

(5)观察本地其他地下害虫形态特征。

四、学习评价

评价内容	评价标准	分值	实际得分	评价人
1. 能依据1~2个主要特征,指出4种地下害虫与其他当地常见相似种的区别 2. 能依据当地发生的主要地下害虫种类,科学合理地制订全年综合防治方案	每个标本识别正确得4分,共16分 方案制订科学适用得24分	40分		教师
1. 小地老虎幼虫在为害状和发生规律上有哪些特点,如何防治 2. 如何区别蛴螬类的为害状,如何有效防治 3. 如何综合防治金针虫 4. 蝼蛄若虫为害状主要特征是什么?如何防治	每个问题回答正确得10分	40分		教师
能正确运用放大镜、体视显微镜等工具,进行地下害虫形态的观察和识别	操作规范、识别正确	10分		教师
团队协作	小组成员间团结协作,根据学生表现评价	5分		小组互评
团队协作	计划执行能力,过程的熟练程度	5分		小组互评

思考与练习

1. 地老虎、蛴螬、金针虫、蝼蛄怎样为害植物?被害植物有何表现?如何防治?
2. 根据小地老虎幼虫的为害习性,如何制订有效防治措施?

项目八　十字花科蔬菜病虫害识别与防治

学习目标

1. 了解十字花科蔬菜病虫的主要种类。
2. 掌握十字花科蔬菜病害的症状及害虫的形态特征。
3. 了解十字花科蔬菜植物病虫害的发生、发展规律。
4. 掌握符合当地实际情况的病虫害综合防治技术和生态防治技术。

任务一　十字花科蔬菜病害识别与防治

一、十字花科蔬菜霜霉病

十字花科蔬菜中，白菜、油菜、花椰菜、甘蓝、萝卜、芥菜、荠菜、榨菜等皆可发生霜霉病。

1. 症状

十字花科蔬菜整个生育期都可受害。主要危害叶片，也可危害种株、茎秆、花梗和果荚。

叶片：多从下部叶片开始。初在叶背出现水浸状斑，后在叶面可见黄色或灰白色病斑，萝卜、花椰菜、甘蓝病斑多为黑褐色。病斑受叶脉限制而呈多角形，常多个病斑融合呈不规则形。病叶干枯，不堪食用。空气潮湿时，叶背布满白色至灰白色霜霉。

花梗：弯曲肿胀呈“龙头”状，故有“龙头拐”之称。空气潮湿时，表面可产生茂密的白色至灰白色霜霉。茎秆、果荚上病状相似（图 8-1）。

（a）病斑扩展受叶脉限制

（b）病叶变黄、变枯

（c）病叶背面白色霜霉

图 8-1　十字花科蔬菜霜霉病

2. 病原

病原菌霜霉菌[*Peronospora parasitica* (Pers.) Fries] 属鞭毛菌亚门。

3. 发病特点

病菌主要以卵孢子在土壤和病残体中越冬,种子也可带菌。次年卵孢子萌发侵染春菜引发病害。在春菜发病的中后期,植株的病组织内又可形成大量卵孢子,这些卵孢子经1~2月的休眠,又可成为当年秋季大白菜、萝卜、甘蓝等蔬菜的初侵染来源。卵孢子和孢子囊主要靠气流和雨水传播。气温在16~20 ℃,多雨高湿,或田间湿度大、昼暖夜凉、夜露重或多雾,即使无雨量,病害也会发生和流行。连作、早播、基肥不足、追肥不及时、生长过于茂密、通风不良、排灌不畅的田块,也会加重病害的发生。

4. 防治技术

(1)种子消毒:用种子质量0.3%的25%甲霜灵可湿性粉剂拌种。

(2)加强田间管理:深沟高厢,加强肥、水管理,施足基肥,增施磷、钾肥,合理追肥。合理轮作,适期播种与非十字花科作物轮作,最好是水旱轮作,因为淹水不利于病菌卵孢子存活,可减轻前期发病。秋白菜不宜播种过早,常发病区或干旱年份应适当推迟播种。播种不宜过密,注意及时间苗。

(3)药剂防治:加强田间检查,重点检查早播地和低洼地,发现发病中心时要及时喷药。在发病初期可选择25%甲霜灵可湿性粉剂600倍液、72%杜邦克露可湿性粉剂800倍液等农药进行防治,每7~10 d喷1次,连续喷2~3次,药剂轮流施用效果更好。

二、十字花科蔬菜病毒病

十字花科植物病毒病在全国各地普遍发生,危害较重,是生产上的主要问题之一。其他十字花科植物如芥菜、小白菜、萝卜等也普遍发生,称为花叶病。

1. 症状

白菜苗期至成株期皆可发生。苗期发病,心叶花叶皱缩,明脉或叶脉失绿。成株期发病早则症状较重,叶片严重皱缩,质地硬、脆,生有许多褐色斑点,叶背叶脉上也有褐色坏死条斑,病株严重矮化、畸形,生长停滞,不结球或结球松散;发病晚则症状轻,病株轻度畸形、矮化,有时只呈现半边皱缩,能结球,但内叶上有许多灰褐色小点,品质与耐贮性都较差。带病种株不抽薹或抽薹缓慢,花薹扭曲、畸形,新叶明脉或花叶;花蕾发育不良或畸形,不结实或者果荚瘦小,籽粒不饱满,发芽率低;老叶上生坏死斑,植株矮小(图8-2)。

2. 病原

病原为芜菁花叶病毒[Turnip mosaic virus,TuMV],其次是黄瓜花叶病毒[Cucumber mosaic virus,CMV]。

3. 发病特点

病毒主要在贮藏中的采种株、越冬根茬菜、冬季田间栽培的蔬菜及多年生杂草上越冬,为次年春季初侵染源,春季以后主要由蚜虫将病毒传到春种的甘蓝、萝卜、小白菜等十字花科蔬菜上,再从春季的甘蓝、白菜等传到秋白菜、秋萝卜等十字花科蔬菜上。病毒通过蚜虫吸食或摩擦接触造成的微伤侵入后,高温环境下,光照率60%以上,可缩短潜育期,气温

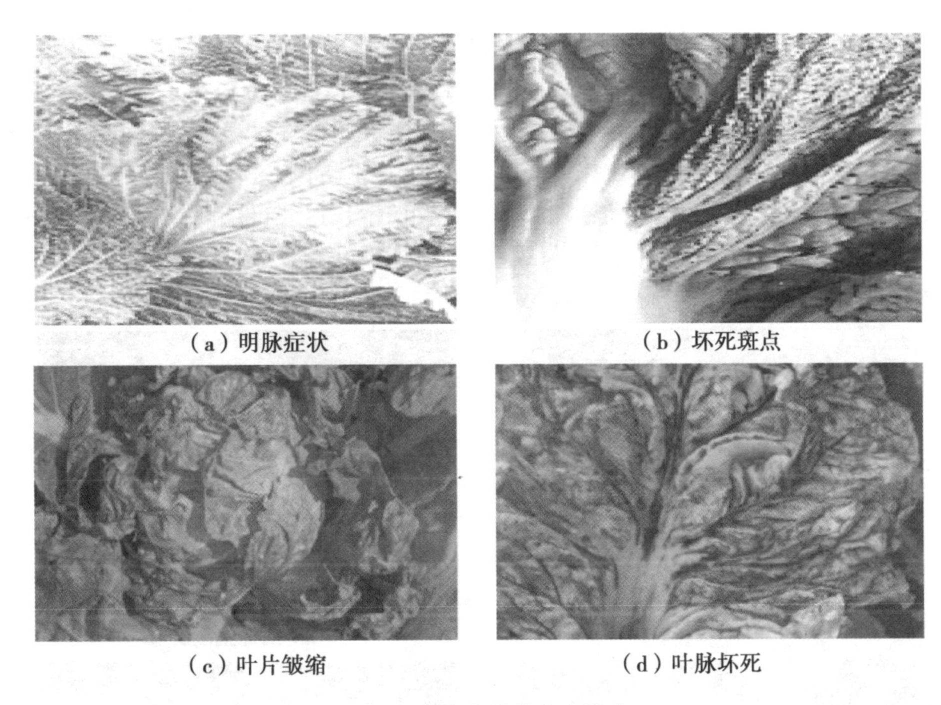

(a) 明脉症状　(b) 坏死斑点

(c) 叶片皱缩　(d) 叶脉坏死

图 8-2 十字花科蔬菜病毒病

28 ℃左右,潜育期最短,一般为 8 ~ 14 d,气温越低,潜育期越长,10 ℃时潜育期在 25 d 以上。此病的发生和流行主要与气候条件,栽培管理以及品种抗性有关。

4. 防治技术

(1)选用丰产抗病良种:白菜选用叶色深绿,花青素含量多,叶片肥厚,生长势强的品种。

(2)加强栽培管理:调整蔬菜布局,合理间、套、轮作;深翻起垄,施足底肥,增施磷、钾肥;适期播种,避过高温及蚜虫高峰;根据天气、土壤和苗情掌握蹲苗时间,干旱年份缩短蹲苗期;发现病弱苗及时拔除;苗期水要勤灌,以降温保根,增强抗性。

(3)治蚜防病:苗床驱蚜,根据蚜虫对银色的忌避性,应用银色反光膜驱蚜效果良好。

①塑料薄膜网眼育苗:播种后搭 50 cm 高的小拱棚,间隔 30 cm 纵横覆薄膜,成 30 cm 见方的网孔,覆盖 18 d 左右。

②铝箔纸避蚜:播种后用 50 cm 宽的铝箔纸覆盖畦埂,18 ~ 20 d 撤去。

(4)药剂防治:从苗期开始注意防治传播介体蚜虫。

三、十字花科蔬菜软腐病

软腐病是十字花科蔬菜上的重要病害,在田间、窖内和运输过程中皆可发生,引起白菜腐烂,损失极大。该病除危害白菜、甘蓝、萝卜、花椰菜等十字花科蔬菜外,还危害马铃薯、番茄、辣椒、大葱、洋葱、胡萝卜、芹菜、莴苣等多种蔬菜。

1. 症状

大白菜软腐病一般在莲座期至包心期发生,出现腐烂,且病烂处有较浓的恶臭味。症状因其表现部位不同,分为 3 种类型,即叶片腐烂、叶柄基部腐烂和整株萎蔫腐烂。在干燥条件下病叶失水变干,呈薄纸状。

叶片腐烂:病菌由叶柄或外部叶片边缘或叶球顶端伤口侵入,被害叶呈软腐状破裂,并露出心叶,最后整个叶球腐烂。

叶柄基部腐烂:病菌由菜帮基部伤口侵入,形成水浸状浸润区,逐渐扩大变软,呈淡灰褐色,最后叶片完全烂掉,当大部分叶片被侵染发病后,整株折倒。

整株萎蔫腐烂:病菌从幼苗的根部直接侵入,整株生长迟缓,外叶呈萎蔫状,莲座期可见菜株于晴天中午萎蔫,但早晚能恢复。持续几天后,病株外叶平贴地面,心部或叶球外露,叶柄处或根茎处髓组织溃烂,轻碰病株即折倒(图 8-3)。

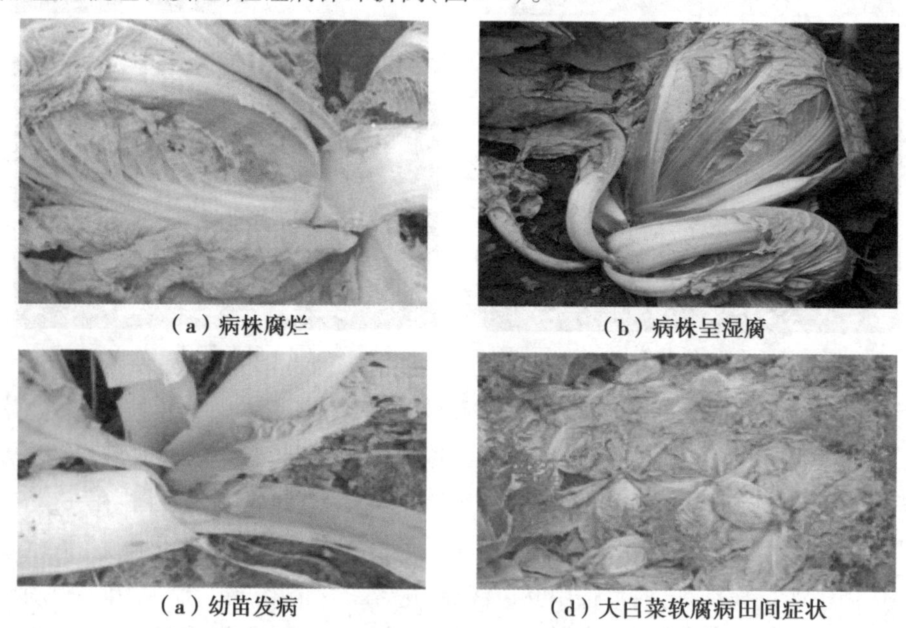

(a)病株腐烂　(b)病株呈湿腐

(a)幼苗发病　(d)大白菜软腐病田间症状

图 8-3　大白菜软腐病

2. 病原

病原为胡萝卜欧氏杆菌胡萝卜致病变种[*Erwinia carotovora* pv. *carotovora* Dye],属薄壁菌门欧文氏菌属。

3. 发生特点

软腐病菌主要在病株和病残组织中越冬,初侵染源主要是菜窖附近的病残体、病残体的土壤和堆肥、带菌越冬的媒介昆虫以及田间的其他寄主植物等;病菌主要通过昆虫、雨水和灌溉水传播,从伤口侵入寄主。

引起软腐病发病率最高的是自然裂口,其次为虫伤。气候条件中以雨水和温度影响最大。栽培管理条件中,通常高垄栽培土壤不易积水,利于寄主愈伤组织形成,减少病菌侵染的机会,故发病轻;而平畦地面易积水,不利于寄主根系或叶柄基部愈伤组织的形成,发病重。白菜与大麦、小麦、豆类等轮作发病轻,前茬为茄科和葫芦科蔬菜等发病重。播种期早,生育期前提,包心早,感病期提早,会加重发病,尤其雨水多而早的年份影响更明显。

4. 防治技术

(1)种植抗病品种:品种间对病毒病和软腐病的抗性较为一致,各地可因地制宜选用。

（2）改善栽培管理：前茬选择麦类、豆类、韭菜或葱类作物可减轻危害；精细翻耕整地，促进病残体腐解；选择高岗地或采用高垄栽培，播前覆盖地膜，可减少病菌侵染；秋白菜适当晚播，使包心期避开传病昆虫的高峰期；施足基肥，肥料充分腐熟，及时追肥，促进菜苗健壮；避免大水漫灌，雨后及时排水；发现病株立即拔出深埋，且病穴应撒石灰消毒，防止病害蔓延。

（3）治虫防病：早期注意防治地下害虫。从幼苗期加强防治黄条跳甲、菜青虫、小菜蛾、甘蓝蝇等害虫。

（4）药剂防治：发病初期及时喷药防治。喷药应注意近地表的叶柄及茎基部。药剂有72%农用链霉素5 000倍液、20%叶枯唑可湿性粉剂300～400倍液等，喷洒。间隔10 d，连续2～3次，还可兼治黑腐病等。

四、十字花科蔬菜黑斑病

十字花科蔬菜黑斑病是十字花科蔬菜常见病害，分布广，危害寄主多。白菜、油菜、甘蓝、花椰菜、萝卜等都可受害，但以白菜、甘蓝及花椰菜受害最重。本病仅发生在十字花科蔬菜上。

1. 症状

病害主要为害叶片，也可为害叶柄、花梗及种荚等部位。叶片发病多从外叶开始，病斑圆形，灰褐色或褐色，多有明显的同心轮纹，病斑上生有黑色霉状物，有时病斑边缘有黄晕，高湿上病斑常穿孔。白菜上病斑较小，直径2～6 mm，甘蓝和花椰菜上病斑大，直径5～30 mm。多个病斑可愈合形成不规则大斑，造成叶片枯死。花梗和种荚上发病的病状与霜霉病相似，但黑斑病形成黑霉可与霜霉病区别（图8-4）。

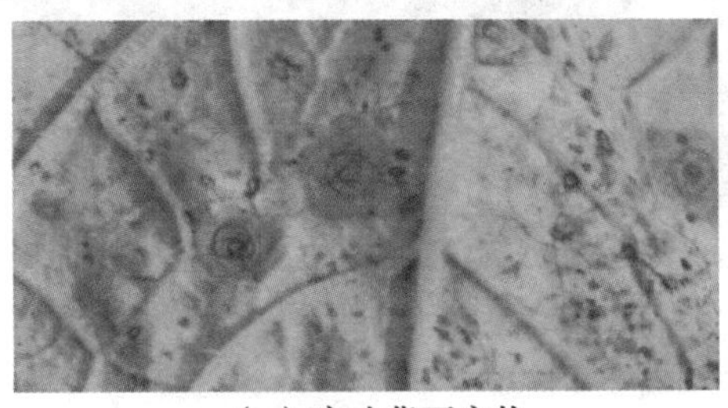
（a）病叶背面症状

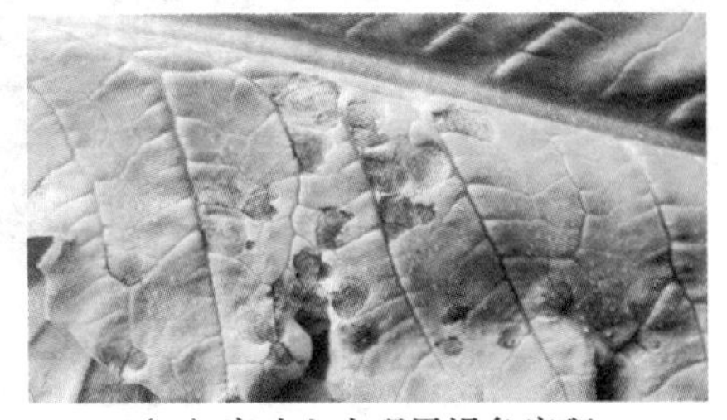
（b）病叶上出现黑褐色病斑

图8-4　十字花科蔬菜黑斑病

2. 病原

病原为半知菌亚门丝孢目链格孢属的芸苔链格孢[*Alternaria brassica*（Berk）Sacc]和甘蓝链格孢[*A. bradssicola*（Seh）Wih]。主要区别：前者主要为害白菜；后者主要为害甘蓝和花椰菜。

3. 发病特点

病菌以菌丝体、分生孢子在田间病株、病残体、种子或冬贮菜上越冬。发病温度为11～24 ℃，最适温度是11.8～19.2 ℃。孢子萌发要有水滴存在，在昼夜温差大、湿度高时，病情发展迅速。因此，雨水多、易结露的条件下，病害发生普遍，危害严重。病情轻重和发生早晚与降雨的迟早、雨量的多少成正相关。

4. 防治技术

(1)加强栽培管理:种子消毒可用50 ℃温水浸种25 min,或用种子质量的0.4%的50%福美双,或用种子质量的0.2%的50%扑海因拌种;与非十字花科植物隔年轮作;施足基肥,增施磷钾肥,提高植株抗病力。

(2)药剂防治:发病初期可用50%异菌脲可湿性粉剂1 000倍液、10%苯醚甲环唑水分散粒剂800~1 200倍液、75%百菌清可湿性粉剂500~800倍液等农药进行防治。

五、十字花科蔬菜黑腐病

十字花科蔬菜黑腐病各地都有发生,可危害多种十字花科蔬菜,但以甘蓝、花椰菜和萝卜受害较重。

1. 症状

黑腐病是细菌性的维管束病害,苗期至成株皆可发病。幼苗被害,子叶水浸状,真叶叶脉上出现小黑斑或细黑条,根髓部变黑,幼苗枯死。成株发病,多从叶缘和虫伤处开始,出现"V"形的黄褐斑,病斑外围有黄色晕圈;局部叶脉变为黑色或紫黑色,病菌能沿叶脉蔓延到根茎部,使基部维管束变黑,植株叶片枯死;萝卜肉根被害,外观正常,但切开后可见维管束环变黑,严重时,内部组织干腐、中空。与软腐病不同之处是,黑腐病病组织不软化,也无恶臭味(图8-5)。

(a)病斑从叶缘向内扩展形成"V"形

(b)病斑从叶缘向内扩展形成"V"形

图8-5 十字花科蔬菜黑腐病

2. 病原

十字花科蔬菜黑腐病为甘蓝黑腐黄单胞杆菌甘蓝黑腐病致病变种[*Xanthomonas campestris* pv. *campestris*(Pammel)Dowson],属薄壁菌门。

3. 发病特点

病菌在种子、病残体和土壤中越冬,干燥条件下,病菌在土壤中可存活一年;病菌多从叶缘水孔或虫伤侵入,经繁殖后,迅速进入维管束,上下扩展,造成系统性侵染,并可进入种子而使种子带菌,病菌在种子上可存活28个月;带菌的种子是该病远距离传播的主要途径。在田间,病菌主要借雨水、昆虫、肥料等传播。

高湿多雨或高湿条件下,叶面结露,叶缘吐水,利于病菌侵入而发病;十字花科蔬菜连作地往往发病重;此外,植株早衰、虫害严重、暴风雨频繁发病重。

4. **防治技术**

采用无病种或种子消毒,加强栽培管理;与非十字花科蔬菜进行 2 年以上的轮作;适时早播,合理浇水;收获后及时清除病残体并销毁。

药剂防治:参考十字花科蔬菜软腐病。

六、大白菜炭疽病

炭疽病是大白菜的一种重要病害,分布广,贵州栽培地均有分布。

1. **症状**

叶片染病,初生苍白色或褪绿色水浸状小斑点。扩大后为圆形或近圆形灰褐色斑,中央略下陷,呈薄纸状,边缘褐色,微隆起,叶脉染病,形成长短不一略向下凹陷的条状褐斑。叶柄、花梗及种荚染病,形成长圆或纺锤形至菱形凹陷褐色至灰褐色斑,湿度大时,病斑上常有红色黏质物(图 8-6)。

(a)病斑扩大后中央变薄、易穿孔

(b)叶脉发病

(c)叶脉出现褐色凹陷斑

图 8-6　大白菜炭疽病

2. **病原**

病原菌为希金斯刺盘孢菌[*Col-letotrichum higginsianum* Sacc.],属半知菌亚门。

3. **发生特点**

大白菜炭疽病主要以菌丝体在病残体内或以分生孢子沾附种子表面越冬。越冬菌源借风雨传播,可多次再侵染。该病属高温、高湿病害,高温多雨、湿度大、早播有利于病害发生。白帮品种较青帮品种发病重。

4. **防治技术**

(1)种子消毒:使用无病种子,一般种子要消毒,可用 50 ℃温水浸种 10 min,或用种子质量 0.4% 的 50% 多菌灵可湿性粉剂拌种。

(2)农业措施:注意肥水管理,增施磷肥、钾肥,雨后及时排水。重病地与非十字花科蔬菜进行两年轮作。收获后清除田间病残体,并深翻土壤。

(3)药剂防治:发病初期及时进行药剂防治,可用 80% 炭疽福美可湿性粉剂 800 倍液、68% 倍得利可湿性粉剂 800 倍液、30% 绿叶丹可湿性粉剂 800 倍液或者 50% 利得可湿性粉剂 1 000 倍液喷雾防治,每 7 d 喷药 1 次,连续防治 1 ~2 次。

任务二　十字花科蔬菜虫害识别与防治

一、小菜蛾

小菜蛾[*Plutella xylostella*（Linnaeus）]属鳞翅目菜蛾科，别名吊丝虫或两头尖。我国各地均有分布。主要为害甘蓝、花椰菜、芥蓝、菜心、白菜、萝卜等十字花科蔬菜。

1. 为害状

初龄幼虫仅取食叶肉，留下表皮，在菜叶上形成一个个透明的斑——“开天窗”，3～4龄幼虫可将菜叶食成孔洞和缺刻，严重时全叶被吃成网状。在苗期常集中心叶为害，影响包心。在留种株上，危害嫩茎、幼荚和籽粒。

2. 形态特征

成虫：体长6～7 mm，翅展12～16 mm，前后翅细长，缘毛很长，前后翅缘呈黄白色三度曲折的波浪纹，两翅合拢时呈3个接连的菱形斑，前翅缘毛长并翘起如鸡尾，触角丝状，褐色有白纹，静止时向前伸。雌虫较雄虫肥大，腹部末端圆筒状，雄虫腹末圆锥形，抱握器微张开。

卵：椭圆形，稍扁平，长约0.5 mm，宽约0.3 mm，初产时淡黄色，有光泽，卵壳表面光滑。

幼虫：共4龄，初孵幼虫深褐色，后变为绿色。末龄幼虫体长10～12 mm，纺锤形，体节明显，腹部第4—5节膨大。雄虫体上生稀疏长而黑的刚毛。头部黄褐色，前胸背板上有淡褐色无毛的小点组成两个“U”形纹。臀足向后伸超过腹部末端，腹足趾钩单序缺环。幼虫较活泼，触之，则激烈扭动并后退。

蛹：长5～8 mm，黄绿至灰褐色，外被丝茧极薄如网，两端通透（图8-7）。

3. 发生特点

小菜蛾各地普遍发生，1年4～19世代不等。在南方终年可见各虫态，无越冬现象，4—6月和9—11月是发生盛期，而且秋季重于春季。小菜蛾发育最适温度为20～30 ℃。此虫喜干旱条件，潮湿多雨对其发育不利。此外若十字花科蔬菜栽培面积大、连续种植，或管理粗放都有利于此虫发生。在适宜条件下，卵期3～11 d，幼虫期12～27 d，蛹期8～14 d。小菜蛾体小，只要有少量食物就能存活，易于躲避敌害。生活周期短，取食甘蓝的完成一代最快只要10 d。繁殖能力强，世代重叠，防治困难。生态适应性强，抗药性强。

4. 防治技术

（1）农业防治：合理布局，尽量避免大范围内十字花科蔬菜周年连作；对苗田加强管理，及时防治。收获后，及时处理残株败叶可消灭大量虫源。

（2）物理防治：小菜蛾有趋光性，在成虫发生期，可放置黑光灯诱杀小菜蛾，以减少虫源。

（3）生物防治：采用生物杀虫剂，如苏云金芽孢杆菌乳剂（1亿孢子）兑水500～1 000倍喷施，可使小菜蛾大量感病死亡。喷洒BT乳剂600倍液、甘蓝夜蛾核型多角体病毒600倍

(a) 成虫侧面观　(b) 幼虫及为害状

(c) 小菜蛾生活史

图 8-7　小菜蛾

液,可使小菜蛾幼虫感病致死。

(4)化学防治:卵孵化盛期至 2 龄前喷药防治,药剂可选用 20% 氯虫苯甲酰胺 90 ~ 195 g/hm^{2}或者 100 g/L 顺式氯氰菊酯乳油 4 000 ~8 000 倍液、5% 印楝素乳油 500 倍液等。

二、菜蚜

菜蚜[*Lipaphis* erysimi] 属同翅目蚜科,别名菜缢管蚜、萝卜蚜。寄生在白菜、油菜、萝卜、芥菜、青菜、甘蓝、花椰菜等十字花科蔬菜,偏嗜白菜及芥菜型油菜。各栽培地均有分布。

1. 为害状

主要在蔬菜叶背或留种株的嫩梢、嫩叶上为害,造成节间变短、弯曲,幼叶向下畸形卷缩,使植株矮小,影响包心或结球,造成减产;留种菜受害不能正常抽薹、开花和结籽。同时传播病毒病。

2. 形态特征

有翅胎生雌蚜：头、胸黑色；腹部绿色。第1—6腹节各有独立缘斑，腹管前后斑愈合，第1节有背中窄横带，第5节有小型中斑，第6—8节各有横带，第6节横带不规则。触角第3—5节依次有圆形次生感觉圈21～29个、7～14个、0～4个。

无翅胎生雌蚜：体长2.3 mm，宽1.3 mm，绿色至黑绿色，被薄粉。表皮粗糙，有菱形网纹。腹管长筒形，顶端收缩，长度为尾片的1.7倍。尾片有长毛4～6根(图8-8)。

(a)若虫

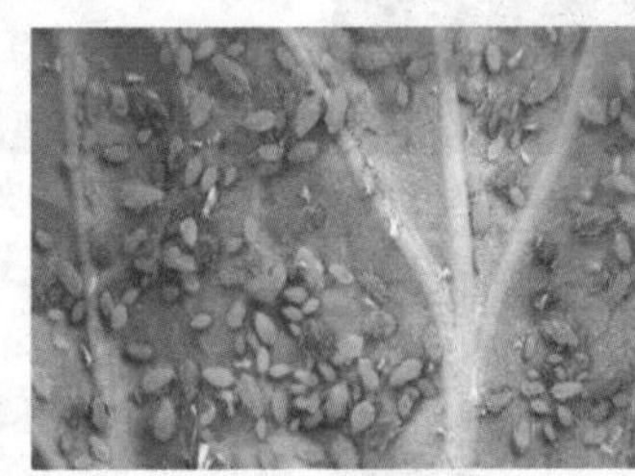
(b)无翅成虫及若虫

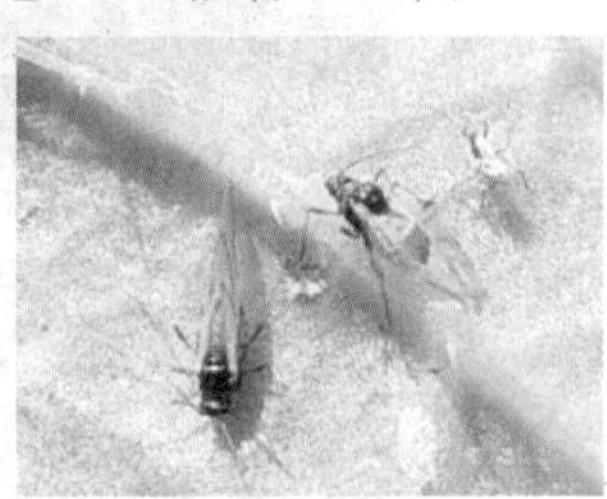
(c)成虫

图8-8 菜蚜

3. 发生特点

南方地区1年发生数十代，温暖地区或在温室内以无翅胎生雌蚜繁殖，终年为害。在蔬菜土产卵越冬，翌春3—4月孵化为干母，在越冬寄主上繁殖几代后产生有翅蚜，向其他蔬菜上转移，扩大为害。到晚秋交配产卵越冬。萝卜蚜的发育适温较桃蚜稍广，在较低温情况下发育快，9.3 ℃时发育历期17.5 d，而桃蚜在9.9 ℃时，需24.5 d。此外对有毛的十字花科蔬菜有选择性。

4. 防治技术

(1)物理防治：田间挂黄板涂粘虫胶诱集有翅蚜虫，或距地面20 cm架黄色盆，内装0.1%肥皂水或洗衣粉水诱杀有翅蚜虫。在菜地内间隔铺设银灰色膜或挂拉银灰色膜条驱避蚜虫。

(2)化学防治：由于菜蚜世代周期短，繁殖快、蔓延迅速，多聚集在蔬菜心叶或叶背皱缩隐蔽处，喷药要求细致周到，尽可能选择兼具触杀、内吸、熏蒸三重作用的药剂，保护地内宜选用烟雾剂或常温烟雾施药技术。

三、斜纹夜蛾

斜纹夜蛾[*Spodoptera litura* (Fabricius)]属鳞翅目夜蛾科，俗名黑头虫。危害多种蔬菜和农作物，是一种食性很强的暴食性害虫。

1. 为害状

幼虫咬食叶片、花、花蕾及果实，食叶成孔洞或缺刻、严重时将全田蔬菜吃光，容易暴发成灾。

2. 形态特征

成虫体长14～20 mm，深褐色蛾子，前翅灰褐色，有一条白色宽斜纹带；卵馒头状，块产；蛹长15～20 mm；幼虫有6个龄期，体长35～47 mm，体色多变，多有黑色斑纹，从中胸到第9

腹节上有近似三角的黑斑各一对。幼虫体色变化很大,主要有3种:淡绿色、黑褐色、土黄色(图8-9)。

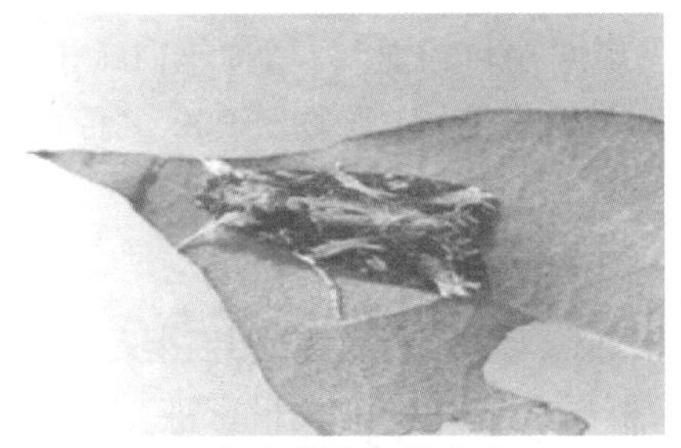
(a)斜纹夜蛾成虫

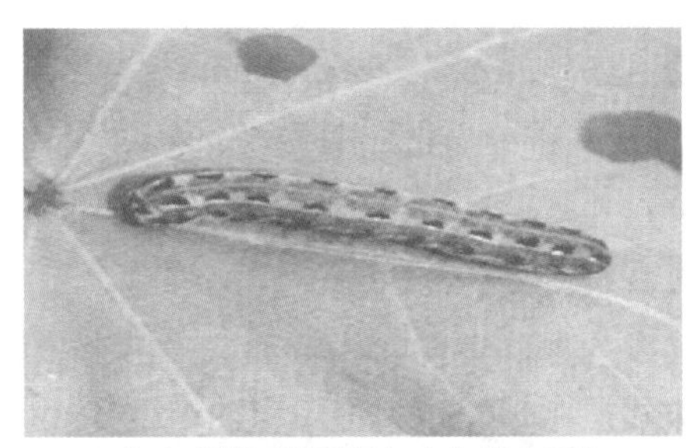
(b)斜纹夜蛾幼虫(土黄色型)

(c)斜纹夜蛾幼虫(黑褐色型)

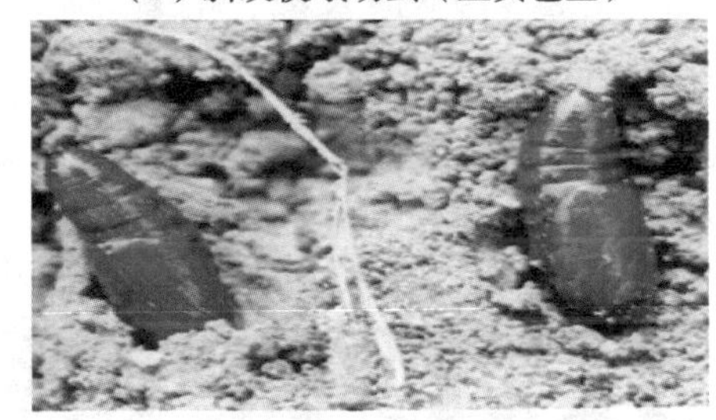
(d)斜纹夜蛾蛹

图8-9　斜纹夜蛾

3. 发生特点

据记载该虫年发生4代,一般以老熟幼虫或蛹在田基边杂草中越冬。成虫夜间活动,有趋光性和趋化性。主要以幼虫为害作物,多在傍晚,3龄前仅食叶肉,4龄后进入暴食期,有假死性和自相残杀现象,生活习性改为昼伏夜出。幼虫食叶、花蕾、花及果实,严重时可将全田作物吃光,在甘蓝、白菜上可蛀入叶球、心叶,并排出粪便污染使其失去商品价值。斜纹夜蛾是一种喜温性害虫,抗寒力弱,其生长发育最适宜温湿度条件为28~30 ℃,相对湿度75%~85%,水肥田间好,作物生长茂盛的田块,虫口密度往往较大。

4. 防治技术

(1)农业防治:清除杂草,收获后翻耕晒土或灌水,以破坏或恶化其化蛹场所,有助于减少虫源。结合管理随手摘除卵块和群集危害的初孵幼虫,以减少虫源。

(2)生物防治:利用雌蛾性信息素的化合物进行诱杀雄蛾。在幼虫进入3龄暴食期前,使用斜纹夜蛾核型多角体病毒200亿PIB/g水分散粒剂12 000~15 000倍液喷施,45%辛硫磷乳油800倍液灌浇根部。

(3)物理防治:点灯诱蛾。利用成虫趋光性,于盛发期点黑光灯诱杀或用糖醋诱杀。利用成虫趋化性配糖醋(糖∶醋∶酒∶水=3∶4∶1∶2)加少量敌百虫诱蛾或用柳枝蘸洒500倍敌百虫诱杀蛾子。

(4)药剂防治:该虫具有趋光性且喜欢食甜性物质,常夜间出来为害豆叶及花蕾,因此,最佳防治时期应为早晨鲜花盛开期或傍晚和夜间害虫活动期喷药效果最好。另外,在施药时加入一些白糖可以提高防治效果。斜纹夜蛾由于生活习性特殊,属较难防治的害虫,一般药剂很难起到好的防治效果,以甲维盐、锐劲特等新药效果较好。最佳防治适期是作物的始花至盛花期。

四、白粉虱

白粉虱[*Trialeurodes vaporariorum*(Westwood)]属同翅目粉虱科,俗称小白蛾子。主要为害黄瓜、茄子、番茄、青椒、甘蓝、芹菜、草莓等各种果蔬、花卉、农作物等200多种作物(多发生在温室)。

1. 为害状

成虫或若虫群集在叶片背面,口器刺入叶肉,吸食植物汁液,被害叶片褪绿、变黄、萎蔫,甚至全株枯死。其繁殖力强、速度快、种群数量大,群居危害并分泌大量蜜液,严重污染叶面和果实,往往引起煤污病的大发生,使蔬菜失去商品价值。

2. 形态特征

成虫体长0.8~1.5 mm,淡黄色,翅面覆盖白色蜡粉;卵长椭圆形,长0.22~0.26 mm,初产时淡绿色,孵化前变黑;若虫共4龄,长椭圆形,扁平,老熟时体长0.8 mm左右,淡黄色或黄绿色,半透明,体表有蜡丝,体侧有刺(图8-10)。

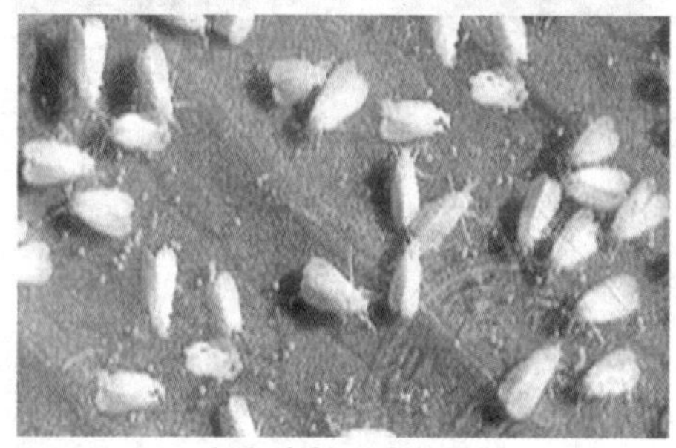

(a)白粉虱成虫及卵

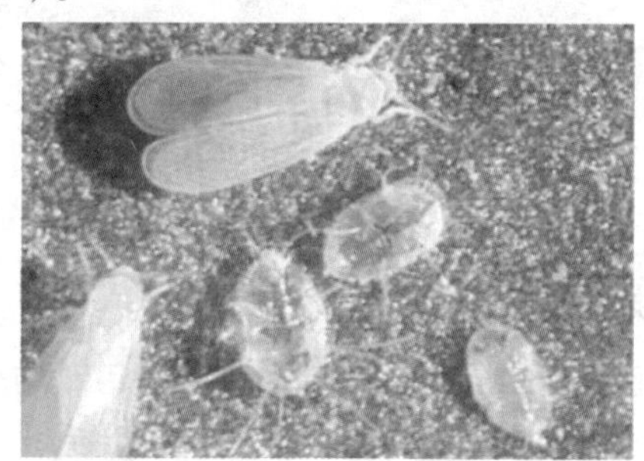

(b)白粉虱成虫、若虫

图8-10 白粉虱

3. 发生特点

据记载,白粉虱在华中以南以卵在露地越冬。成虫羽化后1~3 d可交配产卵,平均每个产142.5粒。也可孤雌生殖,其后代雄性。成虫有趋嫩性,在植株顶部嫩叶产卵。卵以卵柄从气孔插入叶片组织中,与寄主植物保持水分平衡,极不易脱落。若虫孵化后3 d内在叶背做短距离行走,当口器插入叶组织后开始营固着生活,失去了爬行的能力。白粉虱繁殖适温为18~21 ℃。冬季在室外不能存活,冬季温室作物上的白粉虱是露地春季蔬菜上的虫源,通过温室开窗通风或菜苗向露地移植而使粉虱迁入露地。白粉虱的种群数量,由春至秋持续发展,到秋季数量达到高峰,集中为害瓜类、豆类和瓜果类蔬菜。9月中旬,气温开始下降,白粉虱又向温室内转移。

4. 防治技术

(1)农业防治:合理间作,避免果蔬混栽。培育无虫苗。结合整枝打杈,摘除带虫老叶并携出田外处理。随时清除田间杂草,避免虫卵寄生。设置防虫网。在大棚通风口设置50~60目防虫网,防止成虫迁入。

(2)物理防治

①洗衣粉触杀:洗衣粉溶液可以溶解白粉虱体表的蜡质层,并渗入体内,堵塞体表气孔,使其窒息死亡,用量为600~800倍液。

②利用黄板诱杀:白粉虱具有强烈的趋黄性,将黄板涂上机油置于棚内通风口和行间,使之高出植株5~10 cm,让飞舞的成虫自行粘在板上,起到良好的诱杀作用。

③利用银灰色膜驱避:用银灰色塑料膜作地膜覆盖,可驱避白粉虱,有效减少棚内白粉虱数量。

④控制温度:温度对白粉虱种群的生长发育有很大的影响。研究表明,18~21 ℃最适合白粉虱生长和繁殖,39 ℃为白粉虱成虫致死高温期,0 ℃以下低温可冻死白粉虱成虫和幼虫,所以在棚菜生产中,可以利用高温消毒和延秋寒冬倒茬时的低温对白粉虱成虫和幼虫进行灭杀。

(3)生物防治

①选择抗虫品种,可以有效控制白粉虱的发生。

②保护和利用白粉虱天敌。如瓢虫、草蛉和黄色蚜小蜂等寄生蜂,可有效控制白粉虱的危害。当白粉虱成虫在0.5头/株以下时,人工释放丽蚜小蜂、中华草蛉,可有效控制白粉虱的危害。

五、菜粉蝶

菜粉蝶[*Pieris rapae* Linne]属鳞翅目粉蝶科,别名菜白蝶,幼虫又称菜青虫。主要为害十字花科蔬菜,以芥蓝、甘蓝、花椰菜等受害比较严重。

1. 为害状

幼虫咬食寄主叶片,2龄前仅啃食叶肉,留下一层透明表皮,3龄后蚕食叶片孔洞或缺刻,严重时叶片全部被吃光,只残留粗叶脉和叶柄,造成绝产,易引起白菜软腐病的流行。菜青虫取食时,边取食边排出粪便污染。幼虫共5龄,3龄前多在叶背为害,3龄后转至叶面蚕食,4、5龄幼虫的取食量占整个幼虫期取食量的97%。

2. 形态特征

成虫体长12~20 mm,翅展45~55 mm,体黑色,胸部密被白色及灰黑色长毛,翅白色。雌虫前翅前缘和基部大部分为黑色,顶角有1个大三角形黑斑,中室外侧有2个黑色圆斑,前后并列。后翅基部灰黑色,前缘有1个黑斑,翅展开时与前翅后方的黑斑相连接(图8-11)。

3. 发生特点

菜粉蝶每年发生代数因地而异,在贵州为4~5代,以蛹在秋季寄主植物附近的篱笆、风障、树干上及杂草或残枝落叶间越冬。越冬代成虫3月出现,以5月下旬至6月为害最重,7—8月因高温多雨,天敌增多,寄主缺乏,而导致虫口数量显著减少,到9月虫口数量回升,形成第二次为害高峰。成虫白天活动,寿命2~5周。产卵对十字花科蔬菜有很强趋性,尤以厚叶类的甘蓝和花椰菜着卵量大,夏季多产于叶片背面,冬季多产在叶片正面。卵散产,幼虫行动迟缓,不活泼,老熟后多爬至高燥不易浸水处化蛹,非越冬代则常在植株底部叶片背面或叶柄化蛹,并吐丝将蛹体缠结于附着物上。幼虫共5龄,3龄前多在叶背为害,3龄后转

(a) 成虫　(b) 卵　(c) 幼虫　(d) 蛹

图 8-11　菜粉蝶

至叶面蚕食,4 ~5 龄幼虫的取食量占整个幼虫期取食量的 97%。菜青虫发育的最适宜温度为 20 ~25 ℃,相对湿度为 76% 左右,一年有春秋 2 个高峰期。

4. 防治技术

(1)清洁田园:十字花科蔬菜收获后,及时清除田间残株老叶和杂草,减少菜青虫繁殖场所和消灭部分蛹。深耕细耙,减少越冬虫源。

(2)物理防治:套种甘蓝或花椰菜等十字花科植物,引诱成虫产卵,再集中杀灭幼虫;秋季收获后及时翻耕。

(3)生物防治:注意天敌的自然控制作用,保护广赤眼蜂、微红绒茧蜂、凤蝶金小蜂等天敌。低龄幼虫发生初期,喷洒苏芸金杆菌 800 ~1 000 倍液或菜青虫颗粒体病毒。对菜青虫有良好的防治效果,喷药时间最好在傍晚。

(4)化学防治:由于菜青虫世代重叠现象,3 龄以后的幼虫食量加大,耐药性增强,因此施药应在 2 龄之前。

六、黄曲条跳甲

黄曲条跳甲[*Phyllotreta striolata* (Fabricius)]属鞘翅目叶甲科害虫,俗称狗虱虫、跳虱,简称跳甲。常为害叶菜类蔬菜,以甘蓝、白菜、油菜等十字花科蔬菜为主,也为害茄果类、瓜类、豆类蔬菜,各省均有发生。

1. 为害状

以成虫和幼虫两个虫态对植株直接造成危害,成虫食叶成无数细密孔眼,呈百孔千疮,严重的叶片萎缩干枯,影响蔬菜生长;幼虫只食菜根,蛀食根皮,咬断须根,使叶片萎蔫枯死。萝卜被害呈许多黑斑,最后整个变黑腐烂;白菜受害叶片变黑死亡,并传播软腐病。

2. **形态特征**

成虫体长 1.8 ~2.4 mm,为黑色小甲虫,鞘翅上各有一条黄色纵斑,中不狭而弯曲。后足腿节膨大,因此善跳;颈节、跗节黄褐色。卵椭圆形,淡黄色,半透明。老熟幼虫体长 4 mm,长圆筒形,黄白色,各节具不显著肉瘤,生有细毛。蛹椭圆形,乳白色(图 8-12)。

(a)黄曲条跳甲成虫

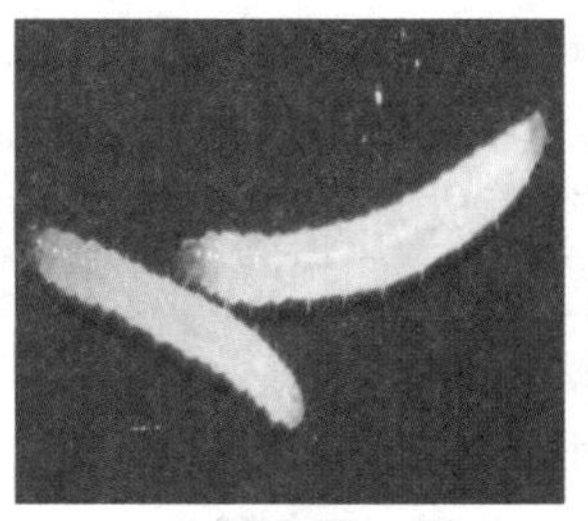
(b)黄曲条跳甲幼虫

(c)黄曲条跳甲为害状

图 8-12　黄曲条跳甲

3. **发生特点**

根据记载南方 1 年发生 7 ~8 代,以成虫在田间、沟边的落叶、杂草及土缝中越冬。越冬成虫于 3 月中下旬开始出蛰活动,在越冬蔬菜与春菜上取食活动,随着气温升高活动加强。4 月上旬开始产卵,以后每月发生 1 代,因成虫寿命长,致使世代重叠。

黄曲条跳甲的发生数量与温湿度关系密切,特别是产卵期和卵期。成虫产卵喜潮湿土壤,含水量低的极少产卵。相对湿度低于 90% 时,卵孵化极少。春秋季雨水偏多,有利于发生。夏季高温季节,食量剧减,繁殖率下降,有蛰伏现象,因而发生较轻。黄曲条跳甲属寡足食性害虫,偏嗜十字花科蔬菜。一般十字花科蔬菜连作地区,终年食料不断,有利于大量繁殖,受害就重;若与其他蔬菜轮作,则发生危害就轻。

4. **防治技术**

(1)农业防治:清除菜地或植株落叶,铲除杂草,消灭其越冬场所和食料基地。播前深耕晒土,造成不利于幼虫生活的环境并消灭部分蛹。

(2)拌种处理:播前用 5% 锐劲特种衣剂拌菜籽,按比例(锐劲特种衣剂与十字花科蔬菜种子的比例为 1∶10)搅拌均匀,凉干后即可播种。用锐劲特种衣剂拌种,杀虫保苗效果非常显著,可减少 3 次常规喷药防治跳甲。这种治虫新技术简易可行,既省钱省工又安全有效。跳甲难治,主因是地下的幼虫没有防治好,即使喷药杀灭了地上的成虫,但地下的幼虫还在危害菜根,而且会源源不断地发育成成虫冒出来啃食叶片。因此,治跳甲关键是防治地下幼虫。

(3)药剂防治:播种 12 d 后即开始喷药防治,成虫期选用高效低毒残留杀虫剂。

七、菜蝽

菜蝽[*Eurydema dominulus* (Scopoli)]属半翅目蝽科,又称斑菜蝽、花菜蝽等。以成虫和若虫为害甘蓝、花椰菜、白菜、萝卜、油菜、芥菜等十字花科蔬菜。

1. **为害状**

成虫和若虫刺吸蔬菜汁液,尤喜刺吸嫩芽、嫩茎、嫩叶、花蕾和幼荚。它们的唾液对植物组织有破坏作用,并阻碍糖类的代谢和同化作用的正常进行,被刺处留下黄白色至微黑色斑点。幼苗子叶期受害会引起萎蔫，甚至枯死；花期受害则能引起不能结荚或子粒不饱满。菜蝽还传播软腐病。

2. 形态特征

成虫：椭圆形，体长 6 ~ 9 mm，体色橙红或橙黄，有黑色斑纹。头部黑色，侧缘上卷，橙色或橙红。前胸背板上有 6 个大黑斑，略成两排，前排 2 个，后排 4 个。小盾片基部有 1 个三角形大黑斑，近端部两侧各有 1 个较小黑斑，小盾片橙红色部分成“Y”字形，交会处缢缩。翅革片具橙黄或橙红色曲纹，在翅外缘形成 2 个黑斑；膜片黑色，具白边。足黄、黑相间。腹部腹面黄白色，具 4 纵列黑斑。

卵：鼓形，初为白色，后变灰色，孵化前灰黑色。

若虫：无翅，外形与成虫相似，虫体与翅芽均有黑色与橙红色斑纹（图 8-13）。

（a）菜蝽成虫

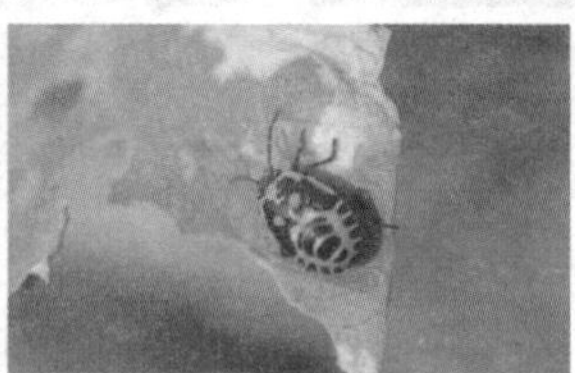
（b）菜蝽若虫

（c）刚孵化的若虫

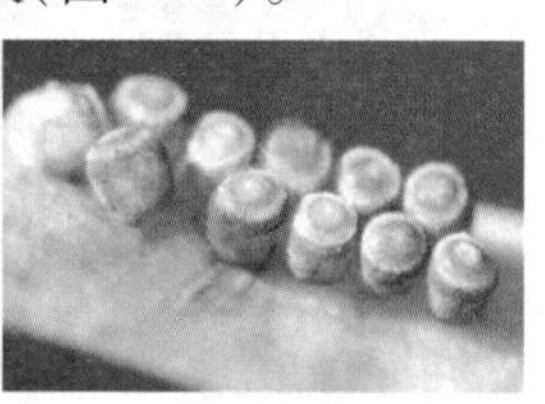
（d）菜蝽卵

图 8-13 菜蝽

3. 发生特点

贵州 1 年发生 2 ~ 3 代，以成虫在石块下、土缝、落叶、枯草中越冬。世代重叠。成虫喜光，趋嫩，多栖息在植株顶端嫩叶或顶尖上，多集中在植株上部交配。成虫有假死性，受惊后缩足坠地，有时也振翅飞离。越冬代成虫寿命近 300 d。成虫多次交配，多次产卵。雌虫产卵于叶背，卵单层成块，排列整齐。每雌虫一生可产卵数十粒至 100 粒。若虫共 5 龄，初孵若虫群集，随着龄期增大逐渐分散，大龄若虫适应性和耐饥饿力强。

4. 防治技术

消灭杂草，减少越冬虫源。人工摘除卵块。掌握在若虫 3 龄前进行农药防治。

项目实训八 十字花科蔬菜病虫害识别

一、目的要求

了解本地十字花科蔬菜常见病虫害种类，掌握十字花科蔬菜病害症状及病原菌形态特点，掌握十字花科蔬菜常见害虫形态特征及为害特点，学会识别十字花科蔬菜病虫害的主要方法。

二、材料准备

病害标本：病毒病、霜霉病、软腐病、黑斑病、黑腐病、白锈病等病害新鲜标本、盒装标本、瓶装浸渍标本、病原菌玻片标本及多媒体课件等。

虫害标本：菜蚜、菜粉蝶、小菜蛾、斜纹夜蛾、菜蝽、菜螟、黄条跳甲等害虫浸渍标本、针插标本、生活史标本、危害状标本、多媒体课件等。

工具：显微镜、放大镜、多媒体教学设备、挑针、载玻片、盖玻、酒精灯、酒精、镜头纸等。

三、实施内容与方法

1. 十字花科蔬菜病害识别

(1) 观察十字花科蔬菜病毒病病株，注意叶片是否出现花叶皱缩，或者叶脉失绿，是否出现褐色斑点或者褐色坏死条斑，病株是否有矮化、畸形，生长停滞，带病种株是否抽薹，花薹是否扭曲、畸形，花蕾是否发育不良或者畸形。

(2) 观察白菜霜霉病叶片正面病斑颜色，注意病斑是否受叶脉限制而呈多角形或不规则形；叶背是否有白色霜状霉层，严重时叶片是否变黄干枯，甘蓝和花椰菜的叶片正面是否有稍凹陷的不规则形紫黑色病斑，叶背是否有白色霉层，用挑针挑取少量白色霉状物制片，在显微镜下观察孢囊梗及孢子囊的形态特征。

(3) 观察十字花科蔬菜软腐病标本，注意受害部位是否腐烂，是否有臭味，腐烂的病叶失水后是否呈薄纸状，是否有菌胶。用显微镜观察蔬菜软腐示范标本，注意菌落形状、颜色，病原鞭毛着生情况。

(4) 观察十字花科蔬菜黑斑病标本，注意叶片上是否有圆形的黑褐色病斑，病斑周围是否有黄色晕环，是否有同心轮纹，白菜、甘蓝和花椰菜上病斑的大小是否相同；叶柄和茎上的病斑是否为梭形，病斑上是否有黑色霉状物。用挑针挑取少量黑色霉状物制片，在显微镜下观察分生孢子梗及分生孢子的形状、颜色等特征。

(5) 观察大白菜炭疽病病叶，注意病叶病斑的大小、形状和颜色，用放大镜观察病斑上小黑点的排列情况。叶片病斑颜色、形状、边缘是否清楚。观察病原菌示范标本，在显微镜下观察分生孢子盘的形状、分生孢子的大小、形状等特征。

(6) 观察十字花科黑腐病病叶或者病株，注意幼苗是否有小黑斑，切开维管束是否变黑坏死，成株病斑是否成"V"形、颜色，叶脉颜色、维管束颜色，是否干枯死亡。用手挤压是否有菌胶出现。用显微镜观察十字花科黑腐病病原示范标本，注意菌落形状、颜色、是否隆起，有无莹光反应，病原鞭毛着生情况。

(7) 观察当地其他十字花科蔬菜病害的症状和病原菌形态。

2. 十字花科蔬菜虫害识别

(1) 观察菜蚜类标本，注意有翅成蚜、若蚜及无翅成蚜、若蚜的体形大小、形态、体色、腹管、尾片、额瘤的特征，注意桃蚜、萝卜蚜、甘蓝蚜的区别。

(2) 观察菜粉蝶标本，注意成虫的大小、翅的形状及颜色、雌雄虫色斑的区别，卵的形状、颜色，幼虫的体形、体色、体线、腹足趾钩的特征，蛹的类型、形状、颜色等。

(3) 观察小菜蛾标本，注意成虫的大小和翅的颜色、斑纹，卵的形状、颜色、大小，幼虫的体形、体色、前胸背板上的"U"形斑纹、腹足趾钩的特征。比较小菜蛾与菜粉蝶幼虫形态特征。

(4) 观察斜纹夜蛾标本，注意成虫的大小、翅的颜色、前翅上的线及斑纹，卵的形状、颜色、大小及排列情况；幼虫的体形、体色、体线、体背斑纹、腹足趾钩的特征，观察当地甘蓝夜蛾、银纹夜蛾、斜纹夜蛾和甜菜夜蛾等种类的成、幼虫的区别。

(5)观察黄条跳甲标本,注意成虫体形大小、体色、鞘翅上刻点及排列情况、前翅上黄斑的形状、后足腿节是否膨大等,幼虫体形大小、形态、颜色等特征,区别4种跳甲鞘翅黄斑的宽窄、形状。

(6)观察菜蝽类标本成、若虫标本,注意体形、成虫前翅的类型、成虫和若虫口器类型等等。观察当地蝽类成、若虫的主要区别特征。

(7)观察菜螟标本,注意幼虫体毛、色斑、趾钩排列等特征,了解田间危害状况。观察当地菜螟成、幼虫的主要区别特征。

(8)观察十字花科蔬菜其他常见害虫形态特征及为害状。

四、学习评价

评价内容	评价标准	分值	实际得分	评价人
1. 十字花科蔬菜病害的症状、病原、发生特点和防治技术 2. 十字花科蔬菜虫害的为害状、形态特征、发生特点和防治技术	每个问题回答正确得10分	20分		教师
1. 能正确进行以上十字花科蔬菜病害症状的识别 2. 能结合症状和病原对以上十字花科蔬菜病害作出正确的诊断 3. 能根据以上不同十字花科蔬菜病害的发病规律,制订有效的综合防治方法	操作规范、识别正确、按时完成。每个操作项目得10分	30分		教师
1. 正确识别当地常见十字花科蔬菜虫害标本 2. 描述当地常见十字花科蔬菜害虫的为害状 3. 能根据十字花科蔬菜害虫的发生规律,制订有效的综合防治措施	操作规范、识别正确、按时完成。每个操作项目得10分	30分		教师
团队协作	小组成员间团结协作,根据学生表现评价	10分		小组互评
团队协作	计划执行能力,过程的熟练程度	10分		小组互评

思考与练习

1. 十字花科蔬菜霜霉病、黑斑病、黑腐病症状特征有哪些?
2. 十字花科蔬菜病毒病的发生特点是什么?防治技术有哪些?
3. 十字花科蔬菜软腐病的症状特点是什么?防治措施有哪些?
4. 菜粉蝶、小菜蛾、斜纹夜蛾的为害状有何不同?
5. 如何防治菜蚜?
6. 十字花科蔬菜常见害虫为害特点与防治有何关系?

项目九　绿叶类蔬菜病虫害识别与防治

📖 学习目标

1. 了解绿叶类蔬菜病虫害的主要种类。
2. 掌握绿叶类蔬菜病害的症状及虫害的形态特征。
3. 了解绿叶类蔬菜植物病虫害的发生、发展规律。
4. 掌握符合当地实际情况的病虫害综合防治技术和生态防治技术。

绿叶类蔬菜是以叶片、叶柄和嫩茎为产品，如芹菜、茼蒿、莴苣、苋菜、落葵和冬寒菜等。

任务一　绿叶类蔬菜病害识别与防治

一、芹菜斑枯病

芹菜斑枯病又名芹菜晚疫病、叶枯病，是芹菜的一种主要病害。发生普遍而又严重，对产量和质量影响较大。此病在贮运期还能继续危害。

1. 症状

主要危害叶片，其次是叶柄和茎。根据病斑大小分为小斑病型和大斑病型。贵州主要为大斑病型。发病先从老叶开始，再向新叶扩展。叶片上初始出现淡褐色油浸状斑点，后变为褐色或者淡褐色，边缘明显，病斑上有许多黑色小点，即为分生孢子器。危害严重时，全株叶片变为褐色干枯。叶柄和茎上的病斑为椭圆形，稍凹陷（图 9-1）。

2. 病原

病原为芹菜小壳针孢[*Septoria apii* Chest]，属半知菌亚门。

3. 发病特点

贵州主要是大斑病型，以菌丝体在种皮内或病残体上越冬，且存活 1 年以上。播种带菌种子，出苗后即染病，产出分生孢子，在育苗畦内传播蔓延。在病残体上越冬的病原菌，遇适宜温、湿度条件，产出分生孢子器和分生孢子，借风或雨水飞溅将孢子传到芹菜上。遇有水滴存在，孢子萌发产出芽管，经气孔或直接穿透表皮侵入植株，经 8 d 潜育，病部又产出分生孢子进行再侵染。年度间早春多雨、日夜温差大的年份发病重，秋季多雨、多雾的年份发病

（a）病叶正面症状　（b）病叶背面症状
（c）叶片病斑密布　（d）茎秆发病

图 9-1　芹菜斑枯病

重，高温干旱而夜间结露多、时间长的天气条件下发病重，田间管理粗放，缺肥、缺水和植株生长不良等情况下发病也重。

4. 防治技术

（1）农业防治：在生产上要注意平衡施肥，底肥要施用充分腐熟的有机肥，追肥要增施磷肥、钾肥，控制氮肥的用量，注意补充叶面肥和微肥，增强植株的抗性。及时清除病株残体。日常管理要注意降温排湿，白天温度控制在 15 ~ 20 ℃，超过 20 ℃时要及时放风，夜间温度控制在 10 ~ 15 ℃。浇水时切勿大水漫灌。

（2）药剂防治：可用 45% 的百菌清烟剂或扑海因烟剂熏蒸大棚，每亩 150 g 分 5 ~ 6 处点燃，熏蒸 1 夜，每隔 10 d 左右熏蒸 1 次。发病初期用霜疫清 600 ~ 700 倍液喷施，5 ~ 7 d 喷 1 次，连喷 2 ~ 3 次。发病期喷用百菌清、琥胶肥酸铜杀菌剂、多菌灵、1 : 0.5 : 200 的波尔多液等药剂 7 ~ 10 d 喷 1 次，连喷 2 ~ 3 次。

二、芹菜叶斑病

芹菜叶斑点病又名芹菜早疫病、斑点病，是芹菜的重要病害。

1. 症状

主要危害叶片，其次是叶柄和茎。叶片初病时产生黄色水浸状圆斑，扩大后病斑呈不规则状，褐色或灰褐色，边缘黄色或深褐色，不受叶脉限制。空气湿度大时病斑上产生灰白色霉层，即病原分生孢子梗和分生孢子。严重时病斑扩大成斑块，最终导致叶片变黄枯死。叶柄及茎上病斑初为水浸状圆斑或条斑，后变暗褐色，稍凹陷。高温低湿时病斑有白霉，易被水冲掉，遇阳光也消失（图 9-2）。

(a) 叶片发病症状　(b) 叶片背面症状　(c) 茎部发病

图 9-2　芹菜叶斑病

2. **病原**

病原菌为芹菜尾孢菌[*Cercospora apii* Fres],属半知菌亚门。

3. **发生特点**

病菌以菌丝体附着在种子表面或者病残体上及病株上越冬,在环境条件适宜时,菌丝体产生分生孢子,通过气流传播至寄主植物上,在水滴存在的条件下从寄主表皮直接侵入,引起初次侵染。播种带病种子,出苗后即可染病,并在受害的部位产生新一代分生孢子,借气流风雨传播,进行多次再侵染。

梅雨期间多雨的年份发病重,高温多雨、低洼地带易发病,在高温干旱而夜间结露的情况下也易发病。此外缺肥、排水不良、灌水过多或植株较弱发病严重。

4. **防治技术**

参考芹菜斑枯病。

三、菠菜霜霉病

菠菜霜霉病是菠菜的一种主要病害,各地均有发生。

1. **症状**

主要危害叶片,病斑初呈淡绿色小点,边缘不明显,扩大后呈不规则形,大小不一,直径 3 ~ 17 mm,叶背病斑上产生白色霉层,后变为紫灰色,病斑从植株下部向上扩展,干旱时病叶橘黄,湿度大时多腐烂,严重的整株叶片变黄、枯死(图 9-3)。

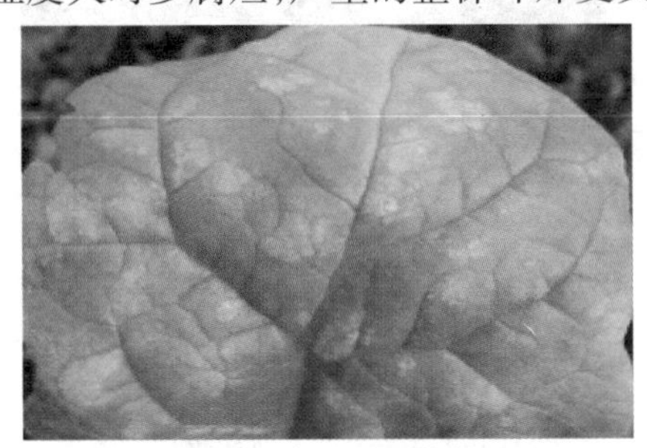
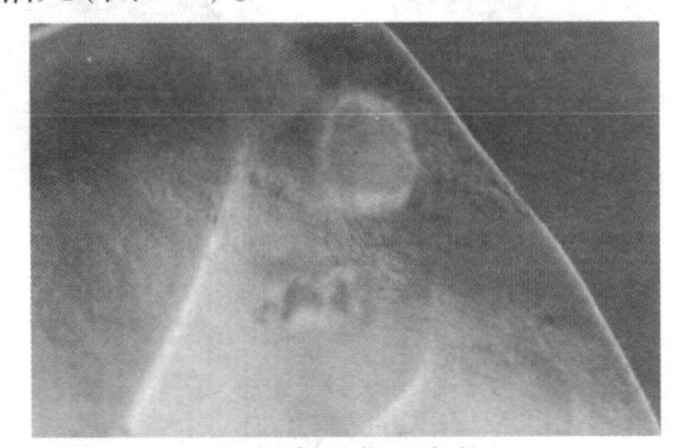

(a) 病叶正面症状　(b) 病叶背面症状

图 9-3　菠菜霜霉病

2. 病原

病原为菠菜霜霉菌[*Peronospora spinaciac* (Greb.) Lavb],属鞭毛菌亚门。

3. 发病特点

病菌以菌丝在越冬菜株上和种子上或以卵孢子在病残体内越冬。翌春在适宜环境条件菠菜霜霉菌下产出孢子囊,借气流、雨水、农具、昆虫及农事操作传播蔓延。在温度为7 ℃、相对湿度85%的条件下,或种植密度过大、菜田积水及早播发病重。冷凉多雨气候下常暴发成灾。

4. 防治技术

(1)农业防治:实行2~3年轮作,合理密植,科学灌水,清洁田园,及时清除病残体。有机菠菜喜肥沃湿润、冷凉,忌干旱、积水,为速生型蔬菜。故生长期间需及时供给充足的肥水。从播种到齐苗需保持土壤湿润,确保齐苗。3叶期中耕锄草,透气促根;封行前6~7叶期要以水带肥,肥水结合,促进菠菜旺盛生长,每亩可施尿素10~15 kg,施肥方法,干施后浇水或在下雨时巧用天时施肥;封行后,若要追肥,则可随水冲施碳酸氢铵水。

(2)及时采收:菠菜植株生长到35~40 cm时,可及时进行采收,采收时要去掉黄叶、枯叶、病叶。

(3)化学防治:参考十字花科蔬菜霜霉病。

四、菠菜炭疽病

菠菜炭疽病是菠菜的一种主要病害,各地均有分布。露地发生较重。

1. 症状

主要危害叶片及茎。叶片染病,初生淡黄色污点,逐渐扩大成具轮纹的灰褐色,圆形或椭圆形病斑,中央有小黑点。采种株发病,主要发生于茎部,病斑菱形或纺锤形,其上生黑色轮纹状排列的小粒点(图9-4)。

(a)菠菜炭疽病病叶

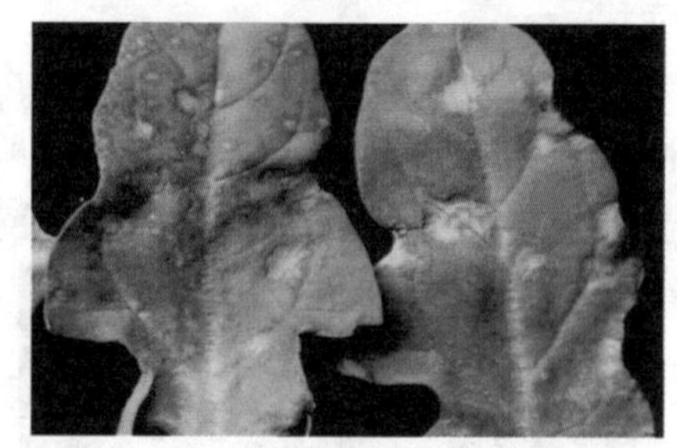

(b)菠菜炭疽病病叶

图9-4 菠菜炭疽病

2. 病原

病原为菠菜刺盘孢[*Colletotrichum spinaciae* Ell. et Halst],属半知菌亚门。

3. 发生特点

病菌以菌丝体在病残体组织内或附在种子上越冬,成为第二年初侵染源。春天条件合适时,产生的分生孢子通过风雨、昆虫等传播,由伤口或直接穿透表皮侵入,发病后又产生分生孢子进行再侵染。雨水多、地势低洼、排水不良、密度过大、植株生长差、通风不良、湿度大、浇水多、发病重。

4. 防治技术

(1)种子处理:种植早熟品种,从无病株上选种。播种前用 52 ℃温水浸种 20 min,后移入冷水中冷却晾干播种。

(2)农业防治:与其他蔬菜进行 3 年以上轮作。加强田间管理,合理密植,避免大水浸灌,适时追肥;清洁田园,及时清除病残体;携出田外或深埋。

(3)药剂防治:开始发病时,棚室菠菜每亩可选用 6.5% 甲霜灵粉尘剂 0.1 kg 喷粉。露地于发病初期,将 50% 多菌灵可湿性粉剂 700 倍液或 50% 甲基硫菌灵可湿性粉剂 500 倍液交替使用,隔 7 ~ 10 d 用药 1 次,连续防治 3 ~ 4 次。

五、生菜菌核病

生菜菌核病是生菜十分重要的病害,也是冬春季生菜损失最为严重的病害,全生育期均可发生,以包心后发病最重。一般发病率为 0 ~ 30%,严重棚室发病率可达 80% 以上,直接引起植株腐烂或坏死,对产量影响极大。

1. 症状

最初发病部位为黄褐色水浸状,逐渐扩展至整个茎部发病,使其腐烂或沿叶帮向上发展引起烂帮和烂叶,最后植株萎蔫死亡。保护地内湿度偏高时,病部产生浓密絮状菌丝团,后期转变成白色颗粒,逐渐变成不规则的黑色鼠粪状菌核(图 9-5)。

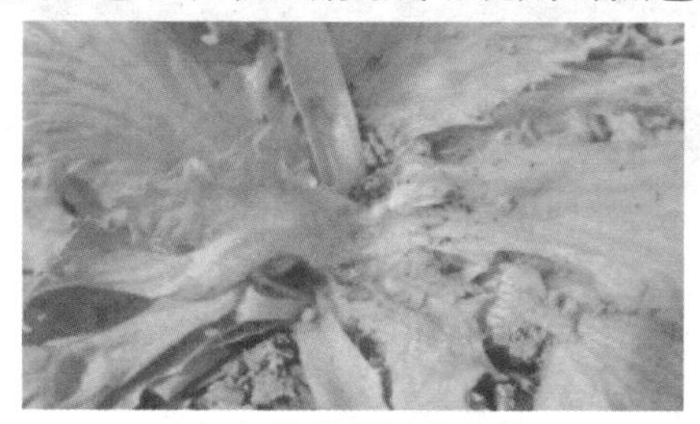

(a) 茎基部呈湿腐状

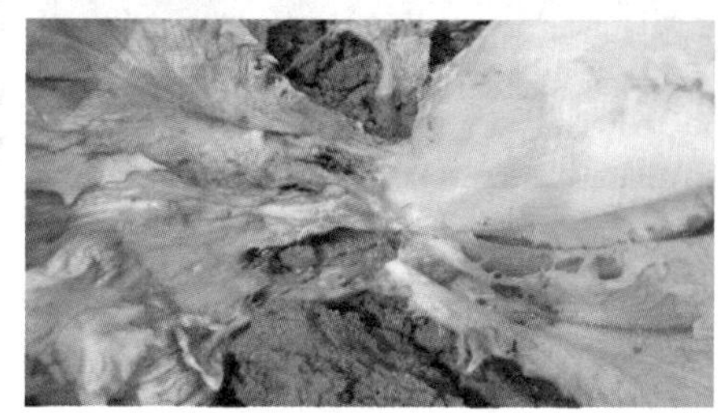

(b) 病部长出白色菌丝

图 9-5　生菜菌核病

2. 病原

病原菌为核盘菌[*Sclerotinia sclerotiorum* (Lib.) de Bary],属子囊菌亚门。

3. 发生特点

病菌以菌核或病残体遗留在土壤中越冬。3—4 月气温回升菌核就萌发产生子囊盘和子囊孢子。子囊盘开放后,子囊孢子成熟即喷出,形成初次侵染。子囊孢子萌发先侵害植株根茎部或基部叶片。受害病叶与邻近健株接触即可传病。发病中期,病部长出白色絮状菌丝,形成的新菌核萌发后,进行再次侵染。发病后期产生的菌核则随病残体落入土中越冬。新建保护地或轮作棚室土中残存菌核少,发病轻,反之发病重。

4. 防治技术

(1)农业防治:收获后彻底清除病残体及落叶,并进行 50 ~ 60 cm 深翻,将病菌埋入土壤深层,使其不能萌发或子囊盘不能出土。还可覆盖阻隔紫外线透过的地膜,使菌核不能萌发,或阻隔子囊孢子飘逸飞散,减少初次侵染来源。

(2)土壤处理:即春茬结束将病残落叶清理干净,每公顷菌源撒施生石灰 6 000 ~ 7 500 kg和碎稻草或小麦秸秆 6 000 ~ 7 500 kg,然后翻地、做埂、浇水,最后盖严地膜,关闭棚室闷 7 ~ 15 d,使土壤温度长时间达 60 ℃以上,杀死有害病菌。

(3)药剂防治:定植前在苗床可喷洒 40% 新星乳剂 8 000 倍液,或 25% 粉锈宁可湿性粉剂 4 000 倍液。发病初期,先清除病株、病叶,再选用农药重点喷洒茎基和基部叶片。有条件的地区最好选用粉尘剂进行防治。

六、生菜褐斑病

生菜褐斑病多在秋季露地发生,病地发病率为 10%,严重时发病率为 30% 以上。

1. 症状

叶片发病初期呈水渍状小点,浅黄色,后逐渐扩大为圆形至不规则形,出现褐色至暗灰色病斑,直径 2 ~ 10 mm;早期发病中心常变成 1 ~ 2 mm 的灰白色小斑。环境湿度大时,病斑上生暗灰色霉状物,严重时病斑相互融合,致叶片变褐干枯(图 9-6)。

(a)生菜褐斑病叶面症状

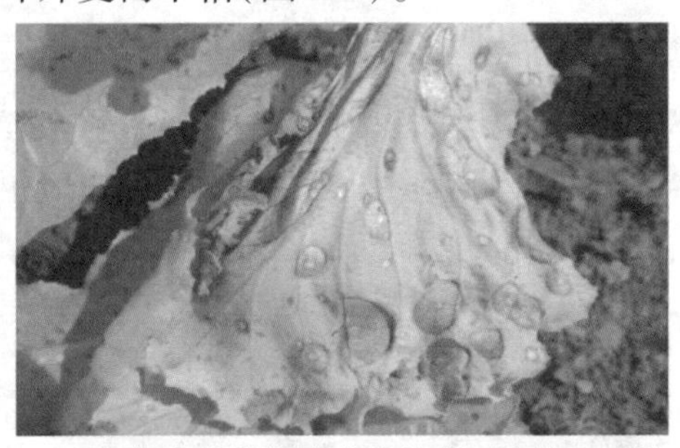

(b)生菜褐斑病叶片背面症状

图 9-6 生菜褐斑病

2. 病原

病原菌为莴苣褐斑尾孢霉菌[*Cercospora Longiffima* Sacc],属半知菌亚门。

3. 发病特点

以菌丝体和分生孢子丛在病残体上越冬,以分生孢子进行初侵染和再侵染,借气流和雨水溅射传播蔓延。在连续阴雨天气、植株生长不良,或偏施氮肥致长势过旺时,会导致病情的发生加重。

4. 防治技术

(1)清洁田园:及时把病残体携出园外烧毁。

(2)合理施肥:采用配方施肥技术,增施有机肥及磷肥、钾肥,避免偏施氮肥,使植株健壮生长,增强抗病力。

(3)药剂防治:发病初期可选择 75% 百菌清可湿性粉剂 1 000 倍液,或 50% 异菌脲可湿性粉剂 1 500 倍液;每 10 d 左右喷洒 1 次,连续防治 2 ~ 3 次。采收前 5 ~ 7 d 停止用药。

七、生菜软腐病

1. 症状

此病常在生菜生长中后期或结球期开始发生。多从植株基部伤口处开始侵染。初呈浸润半透明状,以后病部扩大成不规则形,水渍状,充满浅灰褐色黏稠物,发病植株白天萎焉,傍晚恢复正常,严重时不能恢复。病原侵染很快,最后茎部腐烂死亡,并释放出恶臭气味。随病情发展,病害沿基部向上快速扩展,使菜球腐烂。有时,病菌也从外叶叶缘和叶球的顶部开始腐烂(图 9-7)。

(a)病株呈水渍状变软

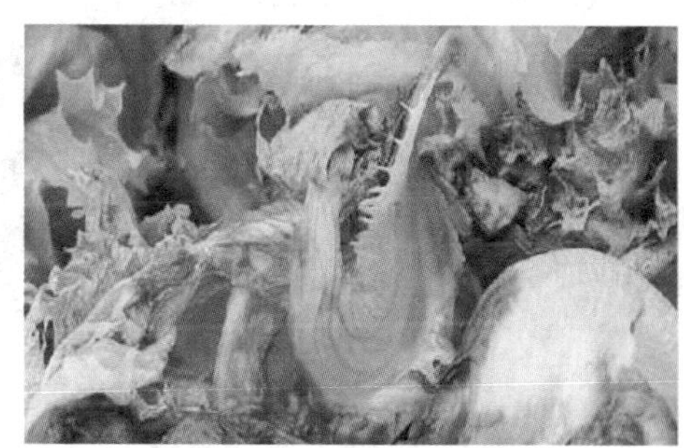
(b)病株变软腐烂

图 9-7　生菜软腐病

2. 病原

病原菌为欧氏杆菌胡萝卜软腐致病亚种[*Erwinia carotovora* subsp. Carotovora(Jones) Bergeyet al]。

3. 发病特点

病原细菌与白菜类软腐病相同。病菌主要随病残组织遗落在土中营腐生生活,借助雨水溅射、带菌农家肥、农具及小昆虫活动而传播,从伤口侵入致病。通常菜地连作、地势低洼、排水不良,或施用未充分腐熟的土杂肥而易发病。漫灌或串灌会加速病害扩大蔓延。品种间抗性有差异。

4. 防治技术

参见白菜软腐病。

八、生菜灰霉病

生菜灰霉病是生菜的一种主要病害,贵州各栽培地都有发生。

1. 症状

生菜灰霉病多近地表的叶片或者茎开始发病,逐渐向上发展,可以引起全株萎焉死亡,最后呈腐烂状。在苗期染病,叶柄基部开始呈水浸状,红褐色,后基部腐烂,引起上部叶片萎蔫;根颈部发病开始呈水浸状,并且向四周扩展,引起茎部腐烂;叶片发病初呈水浸状,黄褐色,病斑上生出灰褐色或灰绿色霉层,有时有轮纹(图 9-8)。

2. 病原

病原菌为灰葡萄孢[*Botrytis cinerea* Pers],属半知菌亚门。

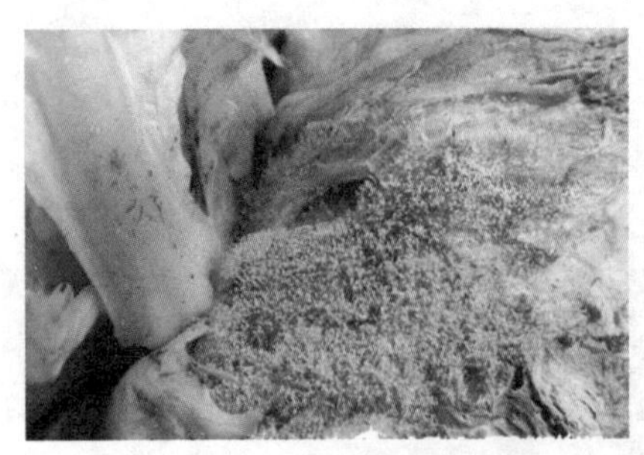
（a）病斑上密生灰色的霉状物

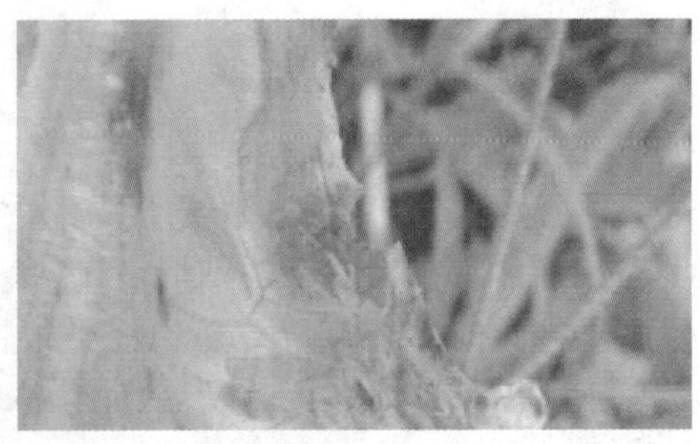
（b）叶片出现水渍状病斑

（c）发病后期

图 9-8 生菜灰霉病

3. 发生特点

病菌以菌核或分生孢子在病残体或土壤内越冬。主要通过气流传播，也可通过不腐熟的沤肥或浇水扩散。植株叶面有水滴，植株有伤口、衰弱易染病，特别是春末夏初，受较高温度影响或早春受低温侵袭后，植株生长衰弱，相对湿度达 94% 以上，保护地栽培放风不及时，通风换气不良，种植密度过大，缺肥缺水，经常大水漫灌发病重。

4. 防治技术

（1）清除病残落叶：收获后清除病残落叶，及时深埋或烧毁，在种植或定苗前用 65% 甲霉灵可湿性粉剂 500 倍液，或 50% 多霉灵可湿性粉剂 600 倍液等，对棚室土壤、墙壁、棚膜等喷雾，进行表面灭菌。

（2）农业防治：采用小高畦、地膜覆盖和滴灌技术，发病期增加通风，尽量降低空气湿度，提高管理水平。发现病株、病叶，小心地清除，放入塑料袋内带出棚室外妥善处理。

（3）化学防治：发病初期进行药剂防治，可选用 65% 甲霉灵可湿性粉剂 600 倍液，或 50% 乙烯菌核利可湿性粉剂 1 000 ~ 1 300 倍液等。植株茂密时选用防治灰霉病粉尘剂喷粉防治，效果较好。喷药后注意放风降湿并适当控制浇水。

任务二 绿叶类蔬菜虫害识别与防治

一、菠菜潜叶蝇

菠菜潜叶蝇［*Pegomya exilis*（Meigen）］属双翅目花蝇科泉蝇属。寄主有菠菜、甜菜等藜科植物和茄科、石竹科等植物。多发生在春、秋茬菠菜上。

1. 为害状

以幼虫为害,幼虫孵出后即钻入叶片的上、下表皮之间取食叶肉,形成弯曲的虫道,一般在叶端内部有 1 ~2 头蛆及虫粪,严重降低菠菜品质。

2. 形态特征

潜叶蝇成虫体长 4 ~6 mm,灰褐色。雄蝇前缘下面有毛,腿、胫节呈灰黄色,跗节呈黑色,后足胫节后鬃 3 根。卵呈白色,椭圆形,大小为 0.9 mm×0.3 mm,成熟幼虫长约 7.5 mm,有皱纹,呈乌黄色。蛹,长约 5 mm,呈椭圆形,开始为浅黄褐色,后变为红褐色,羽化前变为暗褐色(图 9-9)。

3. 发生特点

据记载,贵州 1 年发生 3 ~4 代,以蛹在土中越冬。第二年春天羽化为成虫,在寄主叶片背面产卵,幼虫孵化后立即潜入叶肉,老熟后一部分在叶内化蛹,一部分从叶中脱出入土化蛹,越冬代则全部入土化蛹。幼虫在没有适宜寄主时,可食腐殖质或粪肥而生长发育,以春季发生量大,夏季高温干旱不利于幼虫发生。

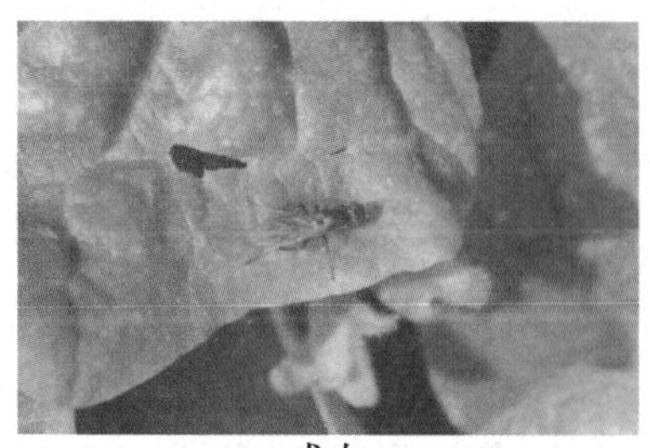

成虫

图 9-9　菠菜潜叶蝇

4. 防治技术

(1)农业防治:收获后及时深翻土地,既利于植株生长,又能破坏入土的蛹,减少田间虫源;施肥要求施充分腐熟的有机肥,特别是厩肥,以免将虫源带进田里。

(2)药剂防治:要在幼虫孵化初期、未钻入叶片内的关键时期用药,否则效果较差。

二、胡萝卜微管蚜

胡萝卜微管蚜[*Semiaphis heraclei* (Takahashi)]属同翅目蚜科。第一寄主是金银花、黄花忍冬、金银木、莺树等;第二寄主是芹菜、茴香、香菜、胡萝卜、白芷、当归、香根芹、水芹等多种伞形花科植物。贵州栽培地均有分布。

1. 为害状

成、若蚜刺吸茎、叶、花的汁液,致叶片卷缩,造成植株生长不良或枯萎死亡。

2. 形态特征

有翅蚜:体长 1.5 ~1.8 mm,宽 0.6 ~0.8 mm。活体黄绿色,有薄粉。头、胸黑色,腹部淡色。第 2—6 腹节均有黑色缘斑。触角黑色。

无翅蚜:体长 2.1 mm,宽 1.1 mm。活时黄绿至土黄色,有薄粉。头部灰黑色,胸、腹部淡色。触角、足近灰黑色。其他特征与有翅蚜相似(图 9-10)。

3. 发生特点

1 年发生 10 ~20 代,以卵在忍冬属植物金银花等枝条上越冬。翌年 3 月中旬至 4 月上旬越冬卵孵化,4—5 月严重为害芹菜和忍冬属植物,5—7 月迁移至伞形花科蔬菜和中草药如当归、防风、白芷等植物上严重为害。10 月产生有翅性蚜和雄蚜由伞形花科植物向忍冬

（a）无翅成虫及若虫

（b）为害茎秆

图 9-10 胡萝卜微管蚜

属植物上迁飞。10—11 月雌、雄蚜交配，产卵越冬。

4. 防治技术

(1)生物防治：4、5 月菜田各种肉食瓢虫、食蚜蝇和草蛉很多，可用网捕的方法移植到蚜虫较多的药材田。也可在蚜虫越冬寄主附近种植覆盖作物，增加天敌活动场所，栽培一定量的开花植物，为天敌提供转移寄主。

(2)黄板诱杀：利用胡萝卜微管蚜趋黄性进行防治。

(3)药剂防治：早春可在越冬蚜虫较多的越冬芹菜或附近其他蔬菜上施药，防止有翅蚜迁飞扩散。芹菜上蚜虫较多，可喷洒 50% 抗蚜威可湿性粉剂 2 000 倍液或 10% 吡虫啉可湿性粉剂 1 500 倍液、20% 杀灭菊酯 2 000 ~ 3 000 倍液。采收前 7 d 停止用药。

三、甜菜夜蛾

甜菜夜蛾［*Spodoptera exigua* Hiibner］俗称白菜褐夜蛾，属鳞翅目夜蛾科，是一种世界性分布、间歇性大发生的以危害蔬菜为主的杂食性害虫。对甘蓝、大白菜、芹菜、菜花、胡萝卜、苋菜、辣椒、豇豆、茄子、芥兰、番茄、青花菜、菠菜、萝卜等 170 多种蔬菜都有危害。

1. 为害状

1、2 龄幼虫吐丝结网，群集叶部为害，食量小，抗药性弱，3 龄后食量大增，并分散为害。可将叶片吃成孔洞、缺刻，严重时全部叶片被吃完，整个植株死亡。4 龄后幼虫开始大量取食，蚕食叶片，啃食花瓣，蛀食茎杆及果荚。

2. 形态特征

成虫：体长 10 ~ 14 mm，翅展 25 ~ 34 mm。体灰褐色。前翅中央近前缘外方有肾形斑 1 个，内方有圆形斑 1 个。后翅银白色。

卵：圆馒头形，白色，表面有放射状的隆起线。

幼虫：体长约 22 mm。体色变化很大，有绿色、暗绿色至黑褐色。腹部体侧气门下线为明显的黄白色纵带，有的带粉红色，带的末端直达腹部末端，不弯到臀足上去。

蛹：体长 10 mm 左右，黄褐色（图 9-11）。

3. 发生特点

据资料记载，甜菜夜蛾 1 年发生 6 ~ 8 代。甜菜夜蛾成虫昼伏夜出，白天潜伏在土缝、葱、叶菜类、草丛间等隐蔽处，夜间活动旺盛，有两个活动高峰期，即晚 7—10 时和早上 5—7

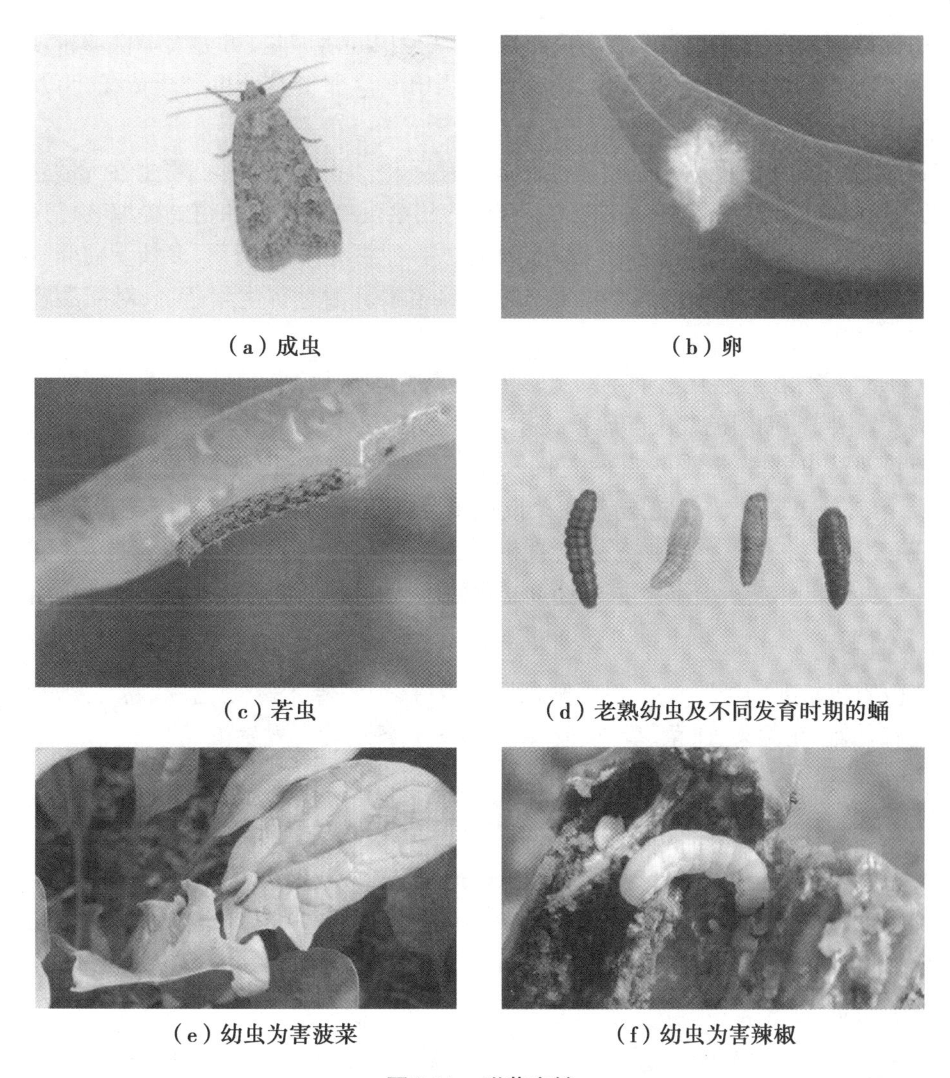

(a) 成虫　(b) 卵　(c) 若虫　(d) 老熟幼虫及不同发育时期的蛹　(e) 幼虫为害菠菜　(f) 幼虫为害辣椒

图 9-11　甜菜夜蛾

时进行取食、交配、产卵，成虫有较强的趋光趋化性，受惊吓时作短距离飞行。卵粒半球形，成块产在葱叶上，上盖有一层灰色鳞毛，卵期平均为 3 ~ 5 d。其孵出幼虫有 5 个龄期，其中 1 ~ 3 龄龄期为 4.5 ~ 7.5 d。幼虫有假死性，幼虫受惊后卷成团严重时，可吃光叶肉，仅留叶脉，甚至剥食茎秆皮层。幼虫可成群迁移，稍受震扰吐丝落地，有假死性。3 ~ 4 龄后，白天潜于植株下部或土缝，傍晚移出取食为害。1 年发生 6 ~ 8 代，7—8 月发生多，高温、干旱年份更多，常和斜纹夜蛾混发，对叶菜类威胁甚大。

4. 防治技术

(1) 农业防治：减少早期虫源，秋耕冬灌，秋收后及时翻耕土地，消灭在浅层土壤中的幼虫和蛹，冻死越冬蛹；对于严重的田块，灌水灭蛹使其不利于化蛹。消除杂草，杂草是甜菜夜蛾的桥梁寄主，春季消除路边、地头和田内的杂草，能恶化其取食、产卵条件，切断其转移的桥梁。

(2) 物理防治：在成虫始盛期，在大田设置黑光灯、高压汞灯及频振式杀虫灯诱杀成虫，同时利用性诱剂或设置糖醋酒毒液诱杀成虫,以减少田间落卵量,可大大降低卵密度和幼虫数量,并可根据诱杀成虫的数量变化,准确地预测田间落卵量及幼虫孵化情况,为及时喷药防治提供依据。

(3)生物防治:甜菜夜蛾常见的捕食性天敌有草岭、步甲、瓢虫等。寄生性天敌包括镶颚姬蜂、侧沟茧蜂和阿格姬蜂等。另外,人工合成的甜菜夜蛾性诱剂和植物提取物已广泛应用于监测甜菜夜蛾的种群动态和防治。目前的生物制剂主要有 Bt 制剂、多核蛋白壳核多角体病毒、颗粒体病毒、抑太保等昆虫生长调节剂和绿宝素乳油等抗生素药剂,对甜菜夜蛾效果较好。

(4)药剂防治:在卵孵化盛期至幼虫二龄盛期,立即选用高效、低毒、无公害的化学农药防治,并注意不同药剂间的复配与轮换使用。于上午 8 时前或下午 6 时后进行喷药效果好,喷药时应针对幼虫危害的部位、叶片正面及反面要喷洒均匀,四面打透。预测发生重的世代,隔 5 d 再补施 1 ~2 次。目前防治甜菜夜蛾主要使用灭幼脲、抑太保、米满、多杀菌素、除尽、埃玛菌素及茚虫碱等具有特殊杀虫毒理机制的新型药剂。另外,甜菜夜蛾是一种极易产生抗药性的害虫,因此易选用不同类别的药剂交替使用,才可降低抗药性,达到理想的防治效果。

四、菜螟

菜螟[*Hellula undalis* Fabricius]属鳞翅目螟蛾科,别名萝卜螟、甘蓝螟、卷心菜螟、白菜螟等。寄主有甘蓝、花椰菜、白菜、萝卜、菠菜、榨菜等。各地均有发生。

1. 为害状

幼虫是钻蛀性害虫,为害蔬菜幼苗期心叶及叶片,受害苗因生长点被破坏而停止生长或萎蔫死亡,初孵幼虫潜叶危害,隧道宽短,2 龄后穿过叶面,3 龄吐丝缀合心叶,在内取食,使心叶枯死不能再抽出心叶,4 ~5 龄可由心叶或叶柄蛀入茎髓或者根部,蛀孔显著,孔外缀有细丝,并有排出的潮湿虫粪。并能诱发软腐病,导致减产。

2. 形态特征

成虫为灰褐色至黄褐色的近小型蛾子。体长约 7 mm,翅展 16 ~20 mm;前翅有 3 条波浪状灰白色横纹和 1 个黑色肾形斑,斑外围有灰白色晕圈。老熟幼虫体长约 12 mm,黄白色至黄绿色,背上有 5 条灰褐色纵纹(背线、亚背线和气门上线),体节上还有毛瘤,中后胸背上毛瘤单行横排各 12 个,腹末节毛瘤双行横排,前排 8 个,后排 2 个。卵椭圆形,扁平,体淡黄绿色。蛹黄褐色,长 8 mm(图 9-12)。

(a)成虫

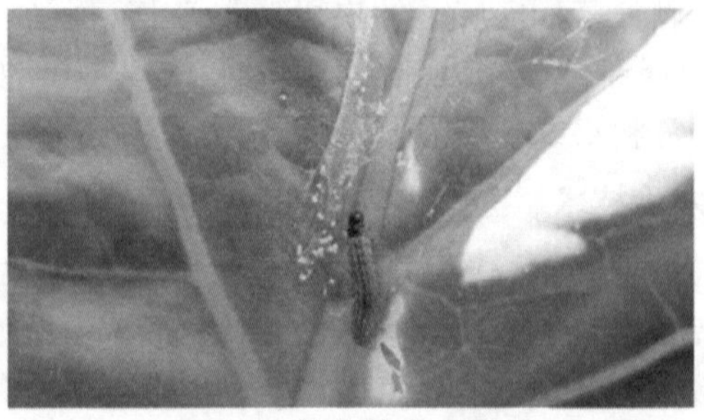

(b)幼虫

图 9-12 菜螟

3. **发生特点**

根据资料记载从北到南,1 年发生 3 ~9 代,以老熟幼虫在地面吐丝缀合土粒、枯叶做成丝囊越冬(少数以蛹越冬)。凡秋季天气高温干燥,有利于菜螟发生,如菜苗处于 2 ~4 叶期,则受害更重。成虫昼伏夜出,稍具趋光性,产卵于叶茎上散产,尤以心叶着卵量最多。初孵幼虫潜叶危害,3 龄吐丝缀合心叶,藏身其中取食危害,4 ~5 龄可由心叶、叶柄蛀入茎髓危害。幼虫有吐丝下垂及转叶危害习性。老熟幼虫多在菜根附近土面或土内作茧化蛹。

4. **防治技术**

(1)农业防治:一是耕翻土地,减少虫源;二是调整播种期;三是适当灌水,可抑制害虫。

(2)化学防治:此虫是钻蛀性害虫,所以喷药防治必须抓住成虫盛发期和幼虫孵化期进行,可采用 2.5% 鱼藤酮乳油 1 000 倍液或其他药剂防治。

项目实训九　绿叶类蔬菜病虫害识别

一、目的要求

了解本地绿叶蔬菜常见病虫害种类,掌握绿叶蔬菜常见病害症状和病原菌形态特征,掌握绿叶蔬菜常见害虫形态和为害特点,学会识别绿叶蔬菜病虫害的主要方法。

二、材料准备

病害标本:芹菜斑枯病、芹菜斑点病、菠菜炭疽病、生菜菌核病、生菜褐斑病、生菜软腐病、生菜灰霉病等病害蜡叶标本、新鲜标本、盒装标本、浸渍标本、病原菌玻片标本、多媒体课件等。

虫害标本:胡萝卜微管蚜、菠菜潜叶蝇、甜菜夜蛾、菜螟等虫害的针插标本、生活史标本、危害状标本、多媒体课件等。

工具:显微镜、体视显微镜、多媒体教学设备、放大镜、挑针、解剖刀、载玻片、盖玻片、吸水纸、镜头纸、纱布、蒸馏水。

三、实施过程设计

1. 绿叶类蔬菜病害识别

(1)观察芹菜斑枯病标本,注意叶片有无近圆形或不规则形病斑,中央是否散生小黑点;茎和叶柄上是否有长圆形褐色病斑;病斑是否凹陷,中央是否散生小黑点;用显微镜观察芹菜斑枯病病原示范玻片,注意分生孢子器及分生孢子的形状特征。

(2)观察生菜灰霉病叶片,注意病斑形状、大小,霉层颜色、组织是否腐烂,病果、病花序及病叶子是否有灰色霉层。用挑针挑取少量白色霉状物制片,在显微镜下观察孢囊梗及孢子囊的形状特征。

(3)观察生菜软腐病标本标本受害部位是否腐烂,是否有臭味,腐烂的病叶失水后是否呈薄纸状,是否有菌胶。用显微镜观察蔬菜软腐示范标本,注意菌落形状、颜色,病菌鞭毛着生情况。

(4)观察生菜褐斑病标本,注意病斑形状、大小、颜色,有无轮纹、有无霉层,病斑边缘是否清晰。观察示范玻片标本,注意观察分生孢子器及分生孢子形状。

(5)观察芹菜斑点病标本,注意病斑形状、大小、颜色,有无轮纹、有无霉层,病斑边缘是否清晰。观察示范玻片标本,注意观察分生孢子器及分生孢子形状。

(6)观察菠菜炭疽病标本,注意病叶病斑的大小、形状和颜色,用放大镜观察病斑上小黑点的排列情况。观察叶片病斑颜色、形状、边缘是否清楚,病斑是否凹陷,有无轮纹颗粒物。观察病原菌示范标本。

(7)观察生菜褐斑病标本,注意病斑形状、大小、颜色,有无轮纹、有无霉层,病斑边缘是否清晰。观察示范玻片标本,注意观察分生孢子器及分生孢子形状。

2. 绿叶类蔬菜虫害识别

(1)观察胡萝卜微管蚜有翅成蚜、若蚜及无翅成蚜、若蚜的体形大小、形态、体色、腹管、尾片、额瘤的特征,注意当地主要蚜虫类形态特征的区别。

(2)观察菠菜潜叶蝇幼虫、腹部形态特征、有无腹足、在叶片上危害状和被害植物的分类地位等,观察当地菠菜潜叶蝇成、幼虫的主要区别特征。

(3)观察甜菜夜蛾,注意成虫的大小、翅的颜色、前翅上的线及斑纹,卵的形状、颜色、大小及排列情况;幼虫的体形、体色、体线、体背斑纹、腹足趾钩的特征,观察当地甘蓝夜蛾、银纹夜蛾、斜纹夜蛾等种类的成、幼虫的区别。

(4)观察菜螟标本,注意幼虫体毛、色斑、趾钩排列等特征,了解田间危害状况。观察当地菜螟成、幼虫的主要区别特征。

(5)观察当地绿叶蔬菜常发生其他害虫的形态特征。

四、学习评价

评价内容	评价标准	分值	实际得分	评价人
1. 绿叶蔬菜病害的症状、病原、发生特点和防治技术 2. 绿叶蔬菜虫害的为害状、形态特征、发生特点和防治技术	每个问题回答正确得10分	20分		教师
1. 能正确进行绿叶蔬菜病害症状的识别 2. 能结合症状和病原对绿叶蔬菜病害作出正确的诊断 3. 能根据不同绿叶蔬菜病害的发病规律,制订有效的综合防治方法	操作规范、识别正确、按时完成。每个操作项目得10分	30分		教师
1. 正确识别当地常见绿叶蔬菜虫害标本 2. 描述当地常见绿叶蔬菜害虫的为害状 3. 能根据绿叶蔬菜虫害的发生规律,制订有效的综合防治措施	操作规范、识别正确、按时完成。每个操作项目得10分	30分		教师
团队协作	小组成员间团结协作,根据学生表现评价	10分		小组互评
团队协作	计划执行能力,过程的熟练程度	10分		小组互评

思考与练习

1. 芹菜斑枯病、芹菜斑点病、菠菜炭疽病的病害症状特征是什么？
2. 菠菜霜霉病、生菜霜霉病发病特点有何不同？
3. 绿叶蔬菜软腐病症状特点是什么？防治措施有哪些？
4. 如何防治菠菜潜叶蝇？

项目十　茄科蔬菜病虫害识别与防治

学习目标

1. 了解本地茄科蔬菜病虫害的主要种类。
2. 掌握茄科蔬菜病害的症状及害虫的形态特征。
3. 了解茄科蔬菜植物病虫害的发生、发展规律。
4. 掌握符合当地实际情况的病虫害综合防治技术和生态防治技术。

任务一　番茄病害识别与防治

一、番茄病毒病

番茄病毒病全国各地都有发生，常见的有花叶病、条斑病和蕨叶病 3 种，以花叶病发生最为普遍。但近几年条斑病的危害日趋严重，植株发病后几乎没有产量。蕨叶病的发病率和危害介于两者之间。

1. 症状

（1）花叶病。田间常见的症状有两种，一种是轻花叶，植株不矮化，叶片不变小、不变形，对产量影响不大；另一种为花叶，新叶变小，叶脉变紫，叶细长狭窄，扭曲畸形，顶叶生长停滞，植株矮小，下部多卷叶，大量落花落蕾，果小质劣，呈花脸状，对产量影响较大。

（2）条斑病。植株茎秆上中部初生暗绿色下陷的短条纹，后油浸状深褐色坏死，严重时导致病株萎黄枯死；果面散布不规则形褐色下陷的油浸状坏死斑，病果品质恶劣，不堪食用。叶背叶脉上有时也可见与茎上相似的坏死条斑。

（3）蕨叶病。多发生在植株细嫩部分。叶片十分狭小，叶肉组织退化甚至不长叶肉，仅存主脉，似蕨类植物叶片，故称蕨叶病；叶背、叶脉呈淡紫色，叶肉薄而色淡，有轻微花叶；节间短缩，呈丛枝状。植株下部叶片上卷，病株有不同程度矮缩（图 10-1）。

2. 病原

引致番茄病毒病的病原有 20 多种，主要有烟草花叶病毒[Tobacco mosaic virus，TMV]、马铃薯 X 病毒[Potato virus X，PVX]、黄瓜花叶病毒[Cucumber mosaic Virus，CMV]。

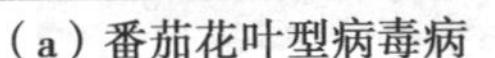

（a）番茄花叶型病毒病　（b）番茄条斑型病毒病　（c）番茄蕨叶型病毒病

图 10-1　番茄病毒病

3. **发病特点**

烟草花叶病毒可在多种植物上越冬，也可附着在番茄种子上、土壤中的病残体上越冬，田间越冬寄主残体可成为该病的初侵染源。主要通过蚜虫传染、汁液摩擦接触传染，只要寄主有伤口，即可侵入。施用过量的氮肥，植株组织生长柔嫩或土壤瘠薄、板结、黏重以及排水不良发病重。田间操作如定植、整枝、打杈、绑蔓等通过磨擦将病株毒源传给健株；蚜虫的迁飞和危害也是重要传毒途径。一般低温时，病毒病不表现症状或症状很轻，随气温升高，一般在 20 ℃左右即表现出花叶和蕨叶症状。

4. **防治技术**

（1）栽培管理：选用抗病品种、种子处理；收获后彻底清除残根落叶，适当施石灰使烟草花叶病毒钝化；实行 2 年轮作；适时播种，适度蹲苗，促进根系发育，提高幼苗抗病力；移苗、整枝等农事操作时皆应遵循先处理健株后处理病株的原则。操作前和接触病株后都要用 10% 磷酸三钠溶液消毒刀剪等工具，以防接触传染。

（2）施用钝化剂及诱导剂：用 10% 混合脂肪酸（83 增抗剂）50 ~ 100 倍液在苗期、移栽前 2 ~ 3 d 和定植后两周共 3 次施用，可诱导植株产生对烟草花叶病毒的抗性。1 ∶ 10 至 1 ∶ 20 的黄豆粉或皂角粉水溶液，在番茄分苗、定植、绑蔓、整枝、打杈时喷洒，可防止操作时接触传染。

（3）施用弱毒疫苗：番茄花叶病毒的弱毒疫苗 N14 在烟草及番茄上均不表现可见症状，还可刺激生长、促进早熟。

（4）诱杀蚜虫：黄板诱杀蚜虫，控制黄瓜花叶病毒传播。

（5）药剂防治：在发病初期（5 ~ 6 叶期）开始喷药保护，药剂为 3.85% 病毒必克可湿性粉剂 500 倍液进行叶面喷雾，药后隔 7 d 喷 1 次，连续喷 3 次，对番茄病毒病的防治效果可达 75% ~80% 。

二、番茄晚疫病

番茄晚疫病又称番茄疫病，是番茄的主要病害之一。该病流行性很强，破坏性很大。除危害番茄外，还可危害马铃薯。

1. **症状**

叶和青果受害最重。

苗期：茎、叶上病斑黑褐色，常导致植株萎蔫、倒伏，潮湿时病部产生白霉。

成株期:叶片、叶尖、叶缘发病较为多见,病斑水渍状不规则形,暗绿色或褐色,叶背病健交界处长出白霉,后整叶腐烂。

茎秆:病斑条形暗褐色。

果实:青果发病居多,病果一般不变软;果实上病斑不规则形,边缘清晰,油浸状暗绿色或暗褐色至棕褐色,稍凹陷,空气潮湿时其上长少量白霉,后果实迅速腐烂(图10-2)。

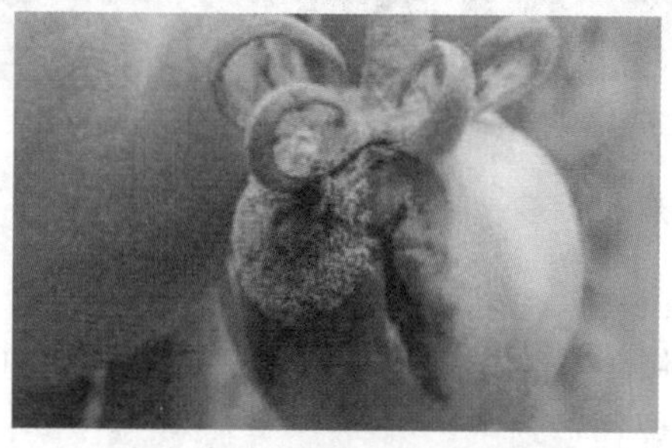

(a)病果表面产生白色霉状物

(b)叶片出现水渍状病斑

(c)病斑干燥后呈青绿色干枯

(d)病健交界处无明显界限

(e)果实发病

图10-2 番茄晚疫病

2. 病原

病原菌为疫霉菌[*Phytophthora infestans*(Mont.)De Bary],属鞭毛菌亚门。

3. 发病特点

病原菌主要在保护地的番茄病株上越冬,通过风雨或气流传播,从茎的伤口、皮孔侵入,条件适宜时 3～4 d 便发病，产生大量新的孢子囊，传播后可进行再侵染。白天 24 ℃，夜间 10 ℃，空气湿度达 90% 以上，昼夜温差大，这种条件适合病菌孢子囊的萌发、侵染。地势低洼、土壤黏重、排水不良、过度密植、土壤瘦瘠或偏施氮肥、温室保温效果差的地块易发生此病。

4. 防治技术

（1）农业防治：采用高畦深沟覆盖地膜种植，整平畦面以利排水，及时中耕除草及整枝绑架，薄膜覆盖保护栽培应特别注意通风降湿；合理密植，增加透光，浇水时严禁大水浇灌，采用小水勤浇，温室要勤通风，降低棚内湿度，防止高湿引发病害。增施优质有机肥及磷钾肥，增强植株抗性。

（2）药剂防治：从苗期开始注意喷药防病。及时发现和拔除中心病株，然后用 25% 嘧菌酯悬浮液 1 000～2 000 倍液每 7 d 喷 1 次，连喷 2 次；另外采用杀毒矾混小米粥（1∶20 至 1∶30）均匀涂抹病秆部位，防治效果非常好。

三、番茄早疫病

番茄早疫病又称为轮纹病，各地普遍发生，是危害番茄的重要病害之一。

1. 症状

番茄早疫病可危害番茄的叶、茎、花和果实。叶片受害，多从下部叶片开始，出现近圆形褐色病斑，有明显的同心轮纹和黄绿色晕圈，潮湿时病斑上生有黑色霉层。严重时病斑相连呈不规则形，病叶干枯脱落；茎部病斑多在分枝处产生，黑褐色、椭圆形、稍凹陷，也有同心轮纹；果实发病多在果蒂或裂缝处，病斑黑褐色、近圆形、凹陷，也有同心轮纹，上有黑色霉层，病果易腐烂（图 10-3）。

（a）番茄早疫病病叶

（b）番茄早疫病病茎和病果

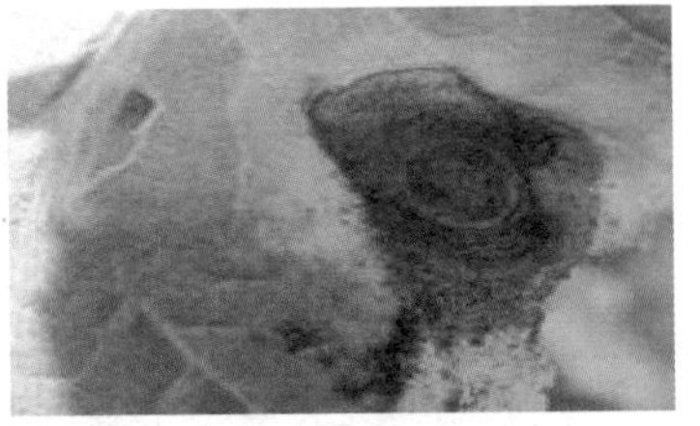
（c）病斑具同心轮纹

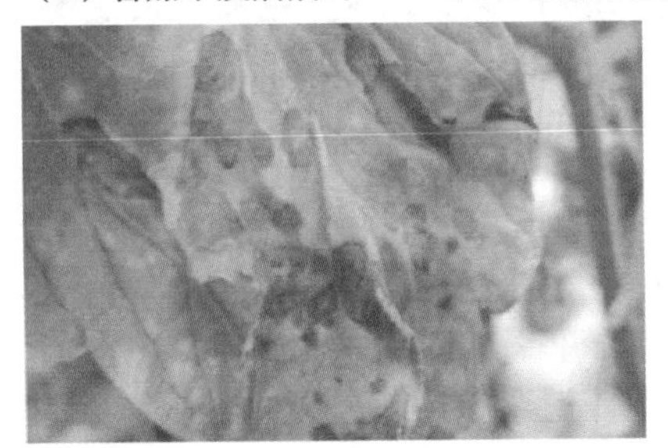
（d）严重时，多个病斑连成不规则大斑

（e）茎部出现椭圆形深褐色病斑

图 10-3　番茄早疫病

2. 病原

病原为茄链格孢属[*Alternaria solani*（Ellis et Martin）Jones et Grout]，属半知菌亚门。

3. 发病特点

病菌主要以菌丝体和分生孢子随病残组织遗留在土壤中或者种子上越冬。通过风雨、气流或昆虫传播，从气孔、皮孔或者表皮直接侵入。湿度是早疫病发生和流行的主导因素，空气湿度达80%以上，温度20～25 ℃，适合病菌孢子囊的萌发、侵染。在栽培中地势低洼、土壤黏重、排水不良、温室通风不良的地块易发生此病。

4. 防治技术

（1）农业防治：选择抗病品种，实行轮作，与非茄科蔬菜轮作3年以上；选用无病种子；加强栽培管理，及时中耕除草及整枝绑架，薄膜覆盖保护栽培应特别注意通风降湿；增施优质有机肥及磷钾肥，增强植株抗性。

（2）药剂防治：发病初用80%代森锰锌可湿性粉剂500倍液，或50%恶霉灵可湿性粉剂加50%灭菌丹可湿性粉剂1 000倍液交替使用，5～7 d喷1次，连喷3～4次。也可以用45%百菌清或10%腐霉利等烟雾剂，每亩用200～250 g，在傍晚熏蒸，注意，要先开棚排湿20 min再进行闷棚熏蒸。

四、番茄灰霉病

番茄灰霉病是番茄上一种主要病害，特别是冬春季节保护地内低温、高湿，内外气候条件变化比较大，往往发病重，造成番茄减产20%～40%。

1. 症状

番茄灰霉病主要危害花和果实，叶片和茎也受害。幼苗受害后，叶片和叶柄上产生水渍状腐烂后干枯，表面生灰霉。严重时，扩展到幼茎上，产生灰黑色病斑腐烂、长霉、折断，造成大量死苗。成株受害，叶片上患部呈现水渍状大型灰褐色病斑，病斑呈“V”形，并逐渐向内发展，潮湿时病部长灰霉。干燥时病斑灰白色，稍见轮纹。茎部发病，病斑初为水渍状小点，后扩展成为长条形病斑，高湿时长出灰色霉层，病部以上逐渐干枯。花和果实受害时，病部呈现灰白色水渍状，发软，最后腐烂，表面长满灰白色浓密霉层（图10-4）。

2. 病原

病原为灰葡萄胞菌[*Botrytis cinerea* Pers]，属半知菌亚门。

3. 发生特点

病菌主要以菌核或菌丝体及分生孢子梗随病残体遗落在土中越夏或越冬。分生孢子依靠气流、雨水或露珠及农事操作进行传播，从寄主伤口或衰老器官侵入致病。温暖湿润是灰霉病流行的主要条件，发育适温为20～23 ℃，相对湿度在95%以上时有利于发病。连续阴天、寒流天、浇水后湿度增大易发病。粗放耕作、过于密植、灌水后放风排湿不及时、施用未腐熟的农家肥、病果及病叶不及时清理等，均易发病。

(a) 叶片出现水渍状病斑

(b) 病叶密生灰色霉层

(c) 茎部密生灰色霉层

(d) 嫩梢发病

(e) 果实发病

图 10-4　番茄灰霉病

4. 防治技术

(1)农业防治:注意选育抗耐病高产良种。棚室栽培定植前,宜进行环境消毒(速克灵或扑海因烟雾剂 7.5 kg/hm^2,密闭熏蒸一夜);定植后应加强通风透光降湿,发病初期应用烟雾剂(同上)控病。清洁田园,摘除病老叶,妥善处理,切勿随意丢弃。

防止番茄蘸花传病:在蘸花时,在番茄灵中加入浓度为 0.1% 的 50% 速克灵,使花器蘸药,以后在坐果时用浓度为 0.1% 的 59% 欧开乐溶液喷果 2 次,隔 7 d 喷 1 次,可预防病害发生。

(2)药剂防治:发病初期抓紧连续喷洒 50% 异菌脲可湿性粉剂 1 500 倍液,或 65% 硫菌霉威土可湿性粉剂1 000 ~1 500 倍液,轮换交替或混合喷施 2 ~3 次,隔 7 ~10 d 喷 1 次,前密后疏,以防止或延缓灰霉病菌产生抗药性。

任务二　辣椒病害识别与防治

一、辣椒猝倒病

辣椒猝倒病又称绵腐病，是辣椒苗期的一种重要病害。除使幼苗受害外，还能引起果实腐烂。

1. 症状

发芽前易形成烂籽、烂芽，发芽后幼苗茎基部病部呈水渍状，随即变黄褐色，缢缩凹陷成线状，引起幼苗猝倒或者枯死。苗床开始时只见个别幼苗发病，以后迅速向四周扩展，引起幼苗成片猝倒死亡。潮湿时病部可密生白色棉絮状菌丝(图10-5)。

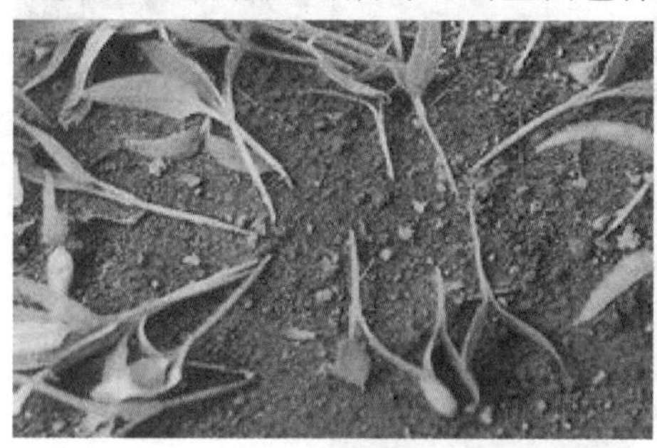
(a) 病苗倒伏

(b) 病苗茎基部缢缩倒伏

图10-5　辣椒猝倒病

2. 病原

病原菌为瓜果腐霉菌[*Pyhium aphanidematum* (Eds) Fitzp]，属鞭毛菌亚门。

3. 发病特点

病菌以卵孢子在土壤或病残体上越冬。在适宜的环境条件下，卵孢子萌发，产生孢子囊或游动孢子，借气流、灌溉水和雨水传播，也可由带菌的播种土和种子传播，引起幼苗发病和蔓延。育苗土湿度大、播种过密，有利于猝倒病的发生。连作或者重复使用病土，发病严重。

4. 防治技术

(1)种子处理：用55 ℃热水浸种10~15 min，注意要不停搅拌，当水温降到30 ℃时停止搅拌，再浸种4 h；用50%多菌灵500倍液浸种2 h，也可用种子质量的0.4%的50%多菌灵可湿性粉剂或50%福美双可湿性粉剂拌种，能杀死病菌孢子，预防真菌性病害。

(2)配制药土：播种时在苗床上撒药，每平方米用25%甲霜灵可湿性粉剂8 g，拌营养土15 kg，下铺上盖，覆土后盖地膜，以保湿、保温，促种萌发。也可采用肥沃园土7~8份，腐熟厩肥2~3份，再加适量复合肥，每平方米拌25%甲霜灵可湿性粉剂10 g、10%辛硫磷粒剂20 g，充分拌匀后撒施床面。

(3)喷药防治：发病后用1∶5.5∶400的铜铵制剂喷洒植株根部、床面。

二、辣椒立枯病

1. 症状

多发生在育苗中后期,发病初期,在幼苗茎基部产生椭圆形的暗褐色病斑,白天萎蔫,夜间恢复正常,病斑逐渐扩大绕茎一周,病部开始凹陷、干缩。植株死亡。苗子稍大后,茎已木质化,发病后不倒伏。在湿度大时,病部产生淡褐色稀疏丝状物(图 10-6)。

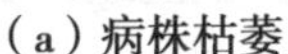

(a)病株枯萎

(b)病部缢缩

图 10-6　辣椒立枯病

2. 病原

病原为立枯丝核菌[*Rizoctonia solani* Kuhn],属半知菌亚门。

3. 发病特点

以菌丝体或菌核在土壤中或寄主病残体上越冬,在土壤中能存活 2 ~ 3 年。侵染通过伤口或表皮直接侵入幼茎、根部。可通过流水、滴水、农具、带菌堆肥等传播引起再侵染。温暖多雨、播种过密、浇水过多,有利于发病,气温在 15 ~ 21 ℃,尤其是在 18 ℃以上时发病最多。

4. 防治技术

(1)农业防治:尽量避免使用带菌土壤,苗床进行消毒(参看猝倒病防治)。不使用未腐熟肥料。作好苗床的通风透气工作。发病后,撒草木灰或干细土并清除病菌。本病可结合猝倒病一并防治。

(2)药剂防治:苗床每平方米可以用50% 多菌灵可湿性粉剂 8 g,加营养土 10 kg,拌匀成药土,进行育苗。播前浇透底水,待水渗下后,取 1/3 药土撒在畦面上,把催好芽的种子播上,再把余下的 2/3 药土覆盖在上面,即下垫上覆使种子夹在药土中间。定植后发病,及时灌药防治,可选择 5% 井冈霉素水剂 1 500 倍液体或者 50% 异菌脲可湿性粉剂 1 000 ~ 1 500 倍液交替使用,5 ~ 7 d 用药 1 次,共 3 ~ 4 次。

三、辣椒疫病

辣椒疫病是辣椒生产上一种重要的土传病害,该病发生周期短,流行速度迅速,可导致辣椒严重减产,甚至绝收。辣椒疫病在温室、大棚及露地均有发生。病菌的寄主范围广,还可侵染瓜类、茄果类、豆类蔬菜等。

1. **症状**

辣椒疫病在辣椒的整个生育期均可发生，茎、叶、果实、根皆可发病。

苗期：茎基部暗绿色水渍状软腐，导致幼苗猝倒；或产生褐色至黑褐色大斑，导致幼苗枯萎。

成株期：叶片，出现暗绿色圆形或近圆形的大斑，直径 2 ~ 3 cm，后边缘黄绿色，中央暗褐色；果实，先于蒂部发病，病果变褐软腐，潮湿时表面长出白色稀疏霉层，干燥时形成僵果挂于枝上；茎秆，病部变为褐色或黑色，茎基部最先发病，分枝处症状最为多见；如被害茎在木质化前发病，则茎秆明显缢缩，植株迅速凋萎死亡（图 10-7）。

（a）叶片出现水渍状病斑

（b）病茎出现环绕表皮扩展的条斑

（c）辣椒疫病发病枝条凋萎死亡

（d）病果上长出白色霉层

图 10-7 辣椒疫病

2. **病原**

病原为辣椒疫霉[*Phytophthora capsici* Leonian]，属鞭毛菌亚门。

3. **发病特点**

病菌以卵孢子或厚垣孢子在病残体、土壤或种子中越冬，其中土壤中的卵孢子可存活 2 ~ 3 年，是次年病害的主要初侵染源。翌年病菌经雨水飞溅、灌溉水传播至茎基部或近地面果实上，引发病害，出现中心病株。之后，病部产生的孢子囊借雨水、灌水进行多次再侵染。病原菌还可通过风雨吹溅和农事操作而传染，引起叶、枝、果发病。田间最初仅有少数植株发病，但也形成传病中心，很快向周围扩散。如在适宜条件下，由开始发病到全田发病只需7 d左右。

高温高湿有利于发病。病菌生育温度为 10 ~ 37 ℃，最适宜温度为 20 ~ 30 ℃。空气相对湿度达 90% 以上时发病迅速；重茬、低洼地、排水不良，氮肥使用偏多、密度过大、植株衰弱均有利于该病的发生和蔓延。

4. 防治技术

应采取以农业防治为主，药剂防治为辅的综合防治措施。

(1)选用早熟抗耐病品种。

(2)农业防治：与茄科、葫芦科以外的作物实行2～3年的轮作；种子消毒可用52 ℃热水浸种30 min，或清水预浸10～12 h后，用1%硫酸铜浸种5 min，拌少量草木灰；72.2%普力克水剂1 000倍浸种12 h，洗净催芽。进入雨季，气温高于32 ℃，注意暴雨后及时排水，棚内应控制浇水，严防湿度过高；及时发现中心病株并拔除销毁，减少初侵染源。

(3)药剂防治：发病前，喷洒植株茎基和地表，防止初侵染；生长中后期以田间喷雾为主，防止再侵染。田间出现中心病株和雨后高温多湿时应喷雾与浇灌并重。可选用的药剂有15%氟吗啉可湿性粉剂、50%烯酰吗啉可湿性粉剂等农药。7～10 d用药1次，共3～4次。

四、辣椒病毒病

辣椒病毒病是辣椒的重要病害，严重时常引起落花、落叶、落果，俗称"三落"，对产量和品质影响很大。

1. 症状

辣椒病毒病症状有花叶型、坏死型、黄化型和畸形型4种类型。

(1)花叶型：分为轻花叶和重花叶两种类型。轻花叶多在叶片上出现明脉、轻微花叶和斑驳，病株不畸形和矮化，不造成落叶；重花叶除表现花叶斑驳外，叶片皱缩畸形，或形成线叶，枝叶丛生，植株严重矮化，果实变小。

(2)坏死型：病株部分组织变褐坏死，可发生在叶片、茎上，引起顶枯、条斑、环斑、坏死斑等。以上症状有时可同时出现在一株植物上，引起落叶、落花、落果。

(3)黄化型：病叶变黄，严重时植株上部叶片全变黄色，形成上黄下绿，植株矮化并伴有明显的落叶。

(4)畸形型：叶片畸形或丛簇型开始时植株心叶叶脉退绿，逐渐形成深浅不均的斑驳、叶面皱缩、以后病叶增厚，产生黄绿相间的斑驳或大型黄褐色坏死斑，叶缘向上卷曲。幼叶狭窄、严重时呈线状，后期植株上部节间短缩呈丛簇状。重病果果面有绿色不均的花斑和疣状突起(图10-8)。

2. 病原

辣椒病毒病的毒源有10多种，我国发现7种，其主要的毒源是黄瓜花叶病毒(CMV)、烟草花叶病毒(TMV)、马铃薯Y病毒(PVY)、马铃薯X病毒(PVX)等。

3. 发病特点

辣椒病毒病的发生与环境条件关系密切。特别遇高温干旱天气，不仅可促进蚜虫传毒，还会降低辣椒的抗病能力，黄瓜花叶病毒危害重。田间农事操作粗放，病株、健株混合管理，烟草花叶病毒危害就重。阳光强烈，病毒病发生随之严重。大棚内光照比露地弱，蚜虫少于露地，病毒病较露地发生轻。但中后期撤除棚膜以后，病毒病迅速发展。此外，春季露地辣椒定植晚，与茄科作物连作，地势低洼及辣椒缺水、缺肥，植株生长不良时，病害容易流行。

（a）辣椒黄化型病毒病　（b）病株出现丛枝

（c）病株叶片狭长卷曲　（d）丛枝、叶片畸形

图10-8　辣椒病毒病

4. 防治技术

（1）栽培防病：在辣椒定植后，开花结果初期，采取每隔4行种植1行玉米的间作方式。因为玉米植株高大，可起到诱蚜的作用，另外在辣椒盛果期正值炎热夏季，高大的玉米植株还可使辣椒免受烈日的暴晒。

（2）选用抗病品种：一般早熟、有辣味的品种较晚熟、无辣味的品种抗病。

（3）种子消毒：用0.1%高锰酸钾浸泡30 min，再用水冲洗，或干热处理，80 ℃处理24 h，70 ℃处理72 h。

（4）加强田间管理：适期早播，不要连作，多施磷肥、钾肥，勿偏施氮肥。清洁田园，减少菌源，将前茬作物带出田间，集中处理，挖坑深埋。

（5）防治蚜虫：病毒病多由蚜虫传播，可采用黄板诱杀蚜虫法防治。

（6）培育壮苗：辣椒与番茄同属茄科，苗期生理大同小异，关键是要有健壮的苗相。

（7）网纱覆盖育苗：早春育苗播种后，先在拱架上覆盖一层40～45筛目的白色纱网，再用塑料膜覆盖增温可起到很好的防病毒侵染效果。白色纱网可以防止蚜虫接触幼苗，白色本身又可驱避蚜虫。同时有纱网阻隔，也可减少其他接触幼苗传染病毒的可能性。

五、辣椒炭疽病

辣椒炭疽病是辣椒的主要病害之一。贵州各辣椒产区几乎都有发生。茄科蔬菜中除辣椒外，茄子和番茄也受害。

1. 症状

（1）黑色炭疽病：受害果实上出现圆形或不规则的凹陷、水渍状病斑，有同心轮纹。后期病斑上密生小黑点,病斑周围有褪色晕圈。

(2)黑点炭疽病:病症大体与黑色炭疽病相同,只是病斑上着生的黑点大且呈丛毛状,空气湿度大时有黏液从黑点内溢出。

(3)红色炭疽病:受害果实上病斑为圆形或椭圆形,水渍状,黄褐色,凹陷,病斑上密生小黑点,排成轮纹状,潮湿时有红色黏液溢出(图 10-9)。

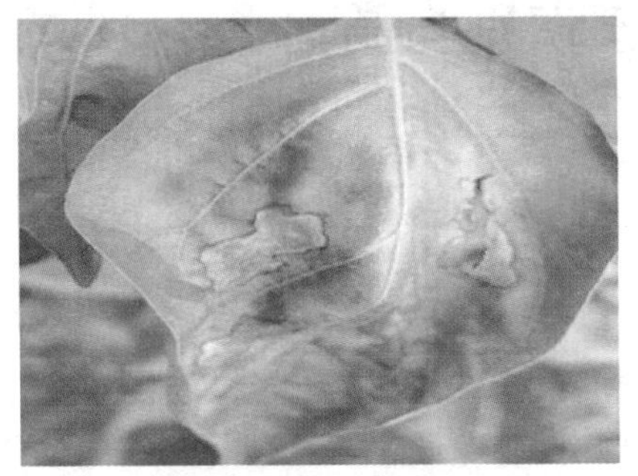

(a)病叶干燥时,病斑容易破裂

(b)果实发病

(c)病斑上有黑色小点

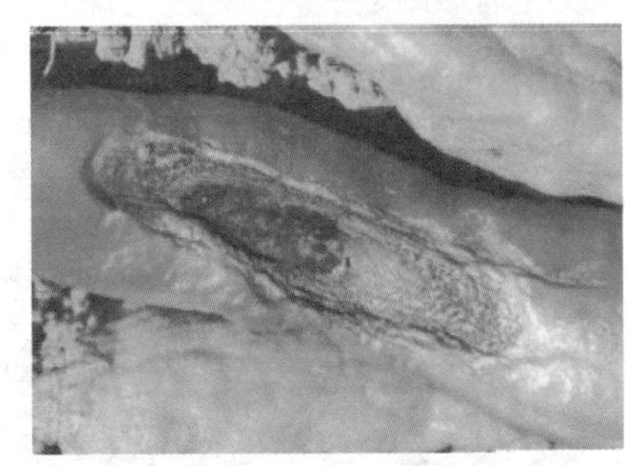

(d)果实发病

图 10-9 辣椒炭疽病

2. 病原

病原是红色炭疽病原[*Colletotrichum gloeosporiodes* Penzl]、黑色炭疽病原[*C. coccodes* (wallr) Hughes]和黑点炭疽病原[*C. capsici* (Syd.) Buller et Bisby],属半知菌亚门。

3. 发病特点

病菌以分生孢子或菌丝体在种表或种内越冬,也可以分生孢子盘随病残体在土壤中越冬。分生孢子通过风雨、昆虫、农事操作等传播,且再侵染频繁。炭疽病的发生温湿度关系密切。病菌发育温度为 12 ~ 33 ℃,最适为 27 ℃;适宜相对湿度为 95% 左右,相对湿度低于 70%,不利于病菌发育;高温多雨利于病害的发生发展;此外,排水不良、种植过密、偏施氮肥、通风透光差、果实受日灼伤等,均易导致病害发生;成熟果和过成熟果容易受害,幼果很少发病。

4. 防治技术

(1)农业防治:种子消毒先用凉水预浸 12 h,用 55 ℃热水浸种 10 ~ 15 min 后,用凉水冷却后催芽。采用营养钵育苗,少伤根系。与十字花科、豆科蔬菜轮作 2 年。加强管理,注意放风排湿降温,在空气湿度为70%时,植株基本不发病。

(2)药剂防治:发病初期可喷洒50%福美双可湿性粉剂500～800倍液,或50%醚菌酯水分散粒剂3 000～5 000倍液或1∶1∶200倍的波尔多液,每5～7 d喷1次,连喷2～3次。

任务三　茄子病害识别与防治

一、茄子褐纹病

茄子褐纹病又称干腐病,是茄子三大病害之一,主要危害茄子的叶、茎及果实。

1. 症状

叶片初生白色小点,扩大后呈近圆形至多角形斑,有轮纹,上生大量黑点;果实染病,表面生圆形或椭圆形凹陷斑,淡褐色至深褐色,上生许多黑色小粒点,成轮纹状,病斑不断扩大,可达整个果实。后期呈干腐状僵果(图10-10)。

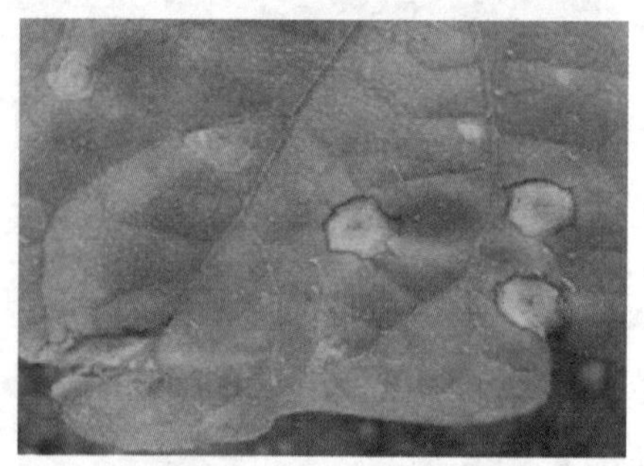

(a)叶片病斑边缘为褐色,中间灰白色,有轮纹,散生小黑色

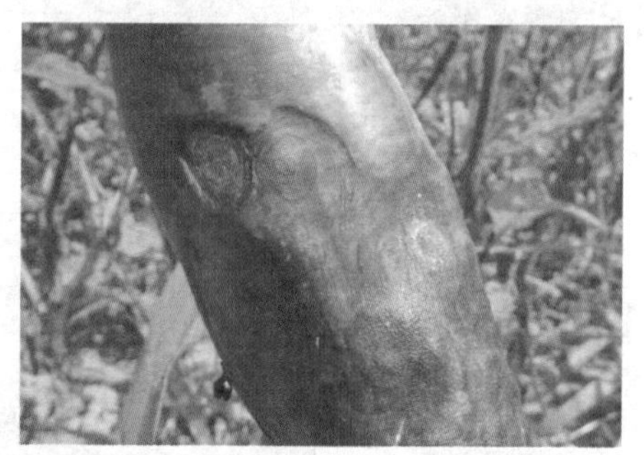

(b)病斑上密生小黑点

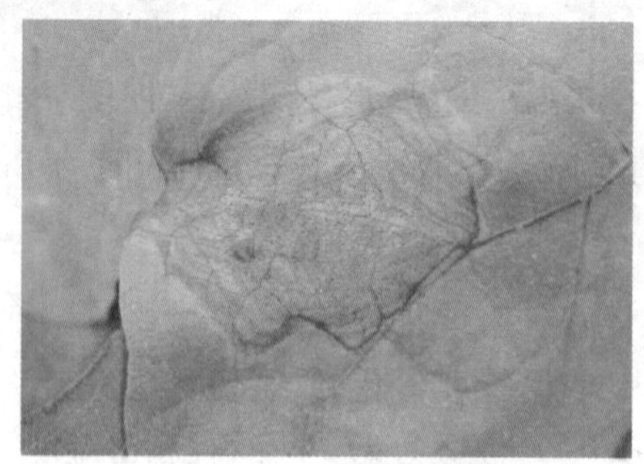

(c)病斑上密生小黑点

图10-10　茄子褐纹病

2. 病原

病原为茄褐纹拟茎点霉[*Phomopsis vexans* (Sacc. Et Syd.) Harter],属半知菌亚门,有性世代为茄间座壳菌[*Diaporlhe vexans*(Sacc. et Syd.)],属子囊菌亚门。

3. 发病特点

病原主要以菌丝体或分生孢子器在土表的病残体上越冬，同时也可以菌丝体潜伏在种皮内部或以分生孢子黏附在种子表面越冬。病菌的成熟分生孢子器在潮湿条件下可产生大量分生孢子，病苗及茎基溃疡上产生的分生孢子为当年再侵染的主要菌源，然后经反复多次的再侵染，造成叶片、茎秆的上部以及果实大量发病。分生孢子在田间主要通过风雨、昆虫以及农事操作传播。该病是高温、高湿性病害。田间气温 28 ~30 ℃，相对湿度高于 80% 时，持续时间比较长，连续阴雨，易发病。降雨期、降雨量和高湿条件是茄褐纹病能否流行的决定因素。

4. 防治技术

(1)农业防治：实行 2 ~3 年以上轮作，同时选用抗病品种。加强栽培管理，培育壮苗。施足基肥，促进早长早发，把茄子的采收盛期提前在病害流行季节之前，均可有效地防治此病。

(2)药剂防治：结果后开始喷洒 75% 百菌清可湿性粉剂 600 倍液、50% 多菌灵可湿性粉剂 800 倍液，或 1 ∶ 1 ∶ 200 倍波尔多液，视天气和病情隔 10 d 左右喷 1 次，连续防治 2 ~3 次。

二、茄子菌核病

1. 症状

整个生育期均可发病。苗期发病始于茎基，病部初呈浅褐色水渍状，湿度大时，长出白色棉絮状菌丝。成株期各部位均可发病，先从主茎基部或侧枝 5 ~20 cm 处开始，初呈淡褐色水渍状病斑，稍凹陷，渐变灰白色，湿度大时也长出白色絮状菌丝，皮层霉烂，在病茎表面及髓部形成黑色菌核，干燥后髓空，病部表面易破裂，纤维呈麻状外露，致植株枯死；果实受害端部或向阳面初现水渍状斑，后变褐腐，稍凹陷，斑面长出白色菌丝体，后形成菌核(图 10-11)。

2. 病原

病原为核盘菌属[*Sclerotinia sclerotiorum* (Lib.) De Bary.]，属子囊菌亚门。

3. 发生特点

病菌主要以菌核在土壤中及混杂在种子中越冬或越夏，在环境条件适宜时，菌核萌发产生子囊盘，子囊盘散放出的子囊孢子借气流传播蔓延，穿过寄主表皮角质层直接侵入，引起初次侵染。病菌通过病、健株间的接触，进行多次再侵染，加重危害。

地势地洼、排水不良、种植过密、棚内通风透光差及多年连作等的田块发病重。年度间早春多雨或梅雨期间多雨的年份发病重。

4. 防治技术

(1)农业防治：轮作倒茬，有条件的地区实行 1 ~2 年的轮作。

(2)药剂防治：发病初期，可选用 40% 菌核净可湿性粉剂 800 ~1 500 倍液，或 50% 海因可湿性粉剂 800 倍液，隔 5 ~7 d 喷 1 次，连续防治 3 ~4 次。

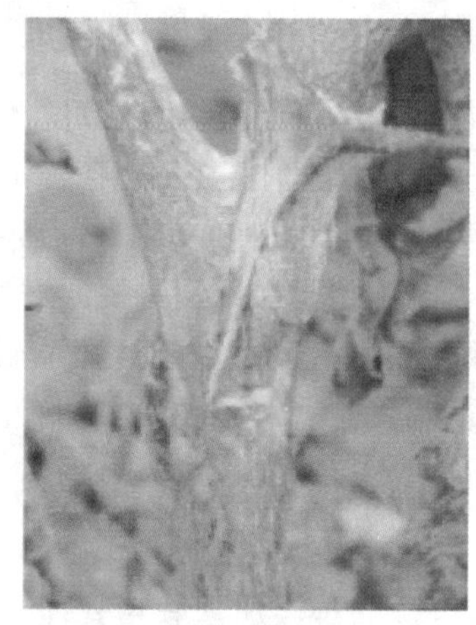

（a）茎秆发病

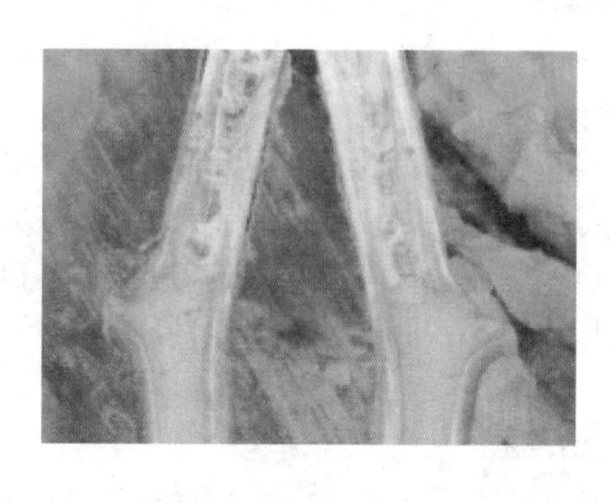

（b）病茎髓部症状

（c）病果长出白色菌丝

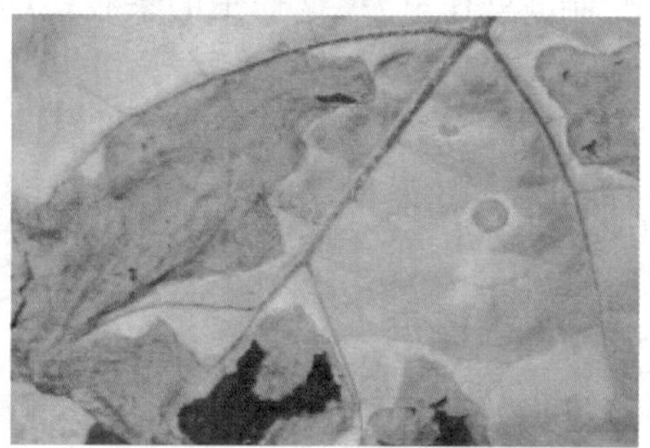

（d）叶子发病

图 10-11 茄子菌核病

三、茄子灰霉病

茄子灰霉病是茄子的一种重要病害,保护地普遍发生。

1. 症状

幼苗染病,子叶先端枯死,茎秆缢缩变细,严重时可导致幼苗死亡。成株染病,叶缘处先形成水浸状大斑,后变褐,向叶内扩展,形成"V"形病斑。果实染病,幼果果蒂周围局部先产生水浸状褐色病斑,扩大后呈暗褐色,凹陷腐烂,病健分界明显,湿度大时,病叶、病果、花器均可产生灰色霉状物,失去食用价值(图 10-12)。

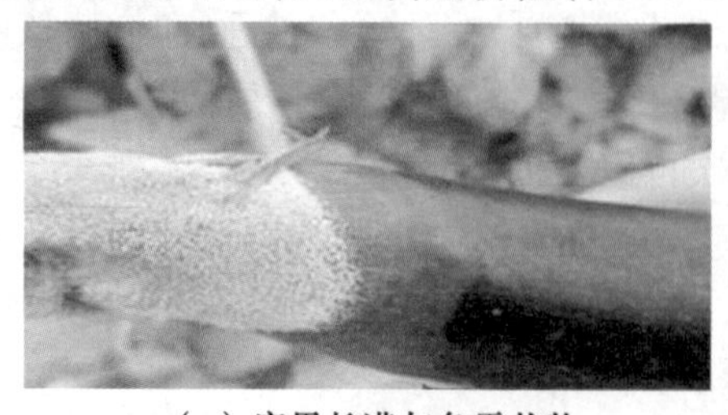

（a）病果长满灰色霉状物

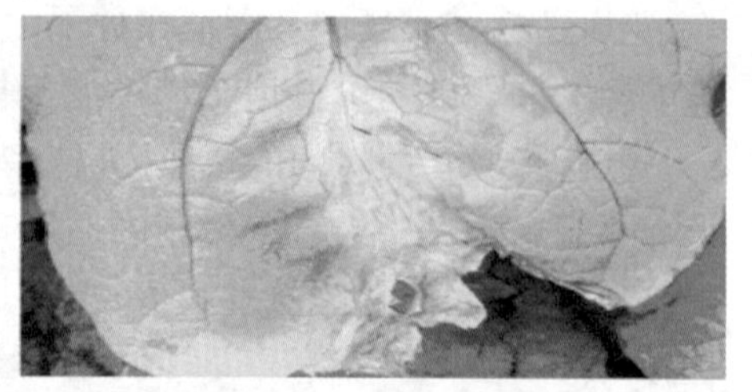

（b）病斑从叶缘向内扩展呈"V"形

图 10-12 茄子灰霉病

2. 病原

病原为灰葡萄孢[*Botrytis cinerea* Pers.]，属半知菌亚门。

3. 发病特点

病菌以菌丝体或分生孢子随病残体在土壤中越冬，也可以菌核的形式在土壤中越冬，成为次年的初侵染源。发病组织上产生分生孢子，随气流、浇水、农事操作等传播蔓延，形成再侵染。茄子灰霉病菌喜低温高湿。持续较高的湿度是造成灰霉发生和蔓延的主要因素。光照不足，气温较低(16～20 ℃)，湿度大，结露持续时间长，非常适合灰霉病的发生。因此，春季如遇连续阴雨天气，气温偏低，温室大棚放风不及时，湿度大，灰霉病便容易流行。植株长势衰弱时病情加重。

4. 防治技术

重点抓住移栽前、开花期和果实膨大期 3 个关键期，栽培管理与生物防治相结合。

(1)农业防治：做好棚、室内温湿度调控，即上午尽量保持较高温度使棚顶露水雾化，下午适当延长放风时间，加大放风量降低棚内湿度，夜间适当提高温度，减少或避免叶面结露。及时摘除病果、病叶并携出棚外深埋。

(2)化学防治：预防用药分别在苗期、初花期、果实膨大期，使用 40% 嘧霉胺悬浮剂 1 000～2 000 倍液喷雾，每 7～10 d 喷 1 次。灰霉病发生严重时，可采用先熏棚次日再喷雾的方法。

四、茄子青枯病

茄子青枯病又称细菌性萎蔫病害，是茄子的一种主要病害。

1. 症状

茄子被害，初期个别枝条的叶片或一张叶片的局部出现萎垂，后逐渐扩展到整株枝条上。初呈淡绿色，变褐焦枯，病叶脱落或残留在枝条上。将茎部皮层剥开，木质部呈褐色。这种变色从根颈部起一直可以延伸到上面枝条的木质部。枝条里面的髓部大多腐烂空心。用手挤压病茎的横切面，有乳白色的黏液渗出(图 10-13)。

(a) 病株青枯萎蔫状

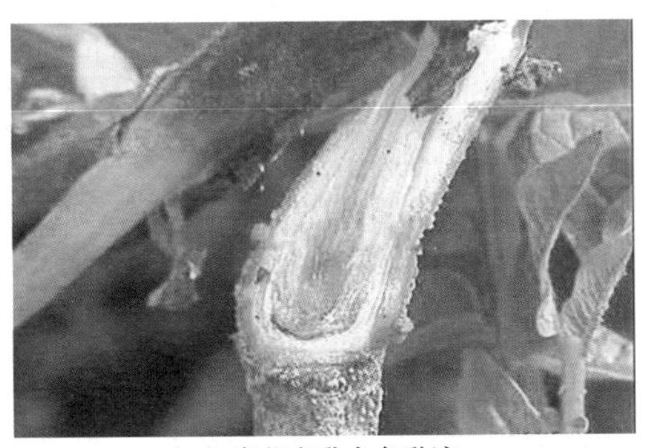

(b) 病茎有乳白色黏液

图 10-13　茄子青枯病

2. 病原

病原菌为青枯假单胞菌[*Pseudomonas solanacearu* (Smith)],属细菌病害。

3. 发病特点

种子带菌,土壤中的病残体或施用带病原菌的肥料,是主要的侵染来源。病原菌随雨水和灌溉水或随农事操作传播,从根部、茎基部伤口侵入,或直接从幼根侵入,在植株维管束里繁殖危害,使之变褐腐烂,造成茎叶由于得不到水分供应而引起植株青枯。

高温高湿是茄子青枯病发病主要条件,当棚室内温度稳定在 30 ~ 36 ℃时,出现发病高峰。连作、定植时伤根、施用未腐熟的有机肥、灌水不当,大水漫灌,加快了病害的传播速度;偏施氮肥的发病重,土壤有机质含量高,氮、磷、钾等平衡施肥的,发病相对较轻。

4. 防治技术

(1)农业防治:选用不带病菌的种子或耐病品种,有条件的可以采用嫁接栽培,以减少病害的发生。嫁接可采用根系发达,抗逆性强的野生茄作砧木。合理轮作避免与番茄、辣椒等茄科蔬菜连作,与非茄科作物如葱、蒜等蔬菜轮作达到 3 年以上。棚室定植土壤要在农闲时深翻晾晒。以往发病的棚室,可用碳酸氢铵进行土壤消毒。

(2)药剂防治:发病初期用 72% 农用链霉素可溶性粉剂 400 倍罐根,每株灌药液 250 ~ 500 mL,隔 7 d 灌 1 次,连灌 3 ~ 4 次。

(3)生物防治:使用防治青枯病、枯萎病等土传病害的新型微生物农药克多粘类芽孢杆菌细粒剂(康地蕾得)进行生物防治。定植时用康地蕾得 500 ~ 600 倍液灌根,发病初期用康地蕾得 600 ~ 700 倍液灌根。此法具有高效、无毒、无公害、无污染等特点,对茄子青枯病具有显著的防治效果。

任务四　茄科蔬菜虫害识别与防治

一、棉铃虫

棉铃虫[*Helicoverpa armigera* (Hübner)]俗称番茄蛀虫,属鳞翅目夜蛾科,食性极杂,主要危害番茄、辣椒、茄子等蔬菜。

1. 为害状

初龄幼虫取食嫩叶,其后为害蕾、花、铃,多从基部蛀入蕾、铃,在内取食,并能转移为害。受害幼蕾苞叶张开、脱落,被蛀辣椒易受污染而腐烂。

2. 形态特征

成虫:体长 15 ~ 17 mm,翅展 30 ~ 38 mm。前翅青灰色、灰褐色或赤褐色,线、纹均黑褐色,不甚清晰;肾纹前方有黑褐纹;后翅灰白色,端区有一黑褐色宽带,其外缘有二相连的白斑。幼虫:体色变化较多,有绿、黄、淡红等,体表有褐色和灰色的尖刺;腹面有黑色或黑褐色小刺;蛹:自绿变褐。卵:呈半球形,顶部稍隆起,纵棱间或有分支(图 10-14)。

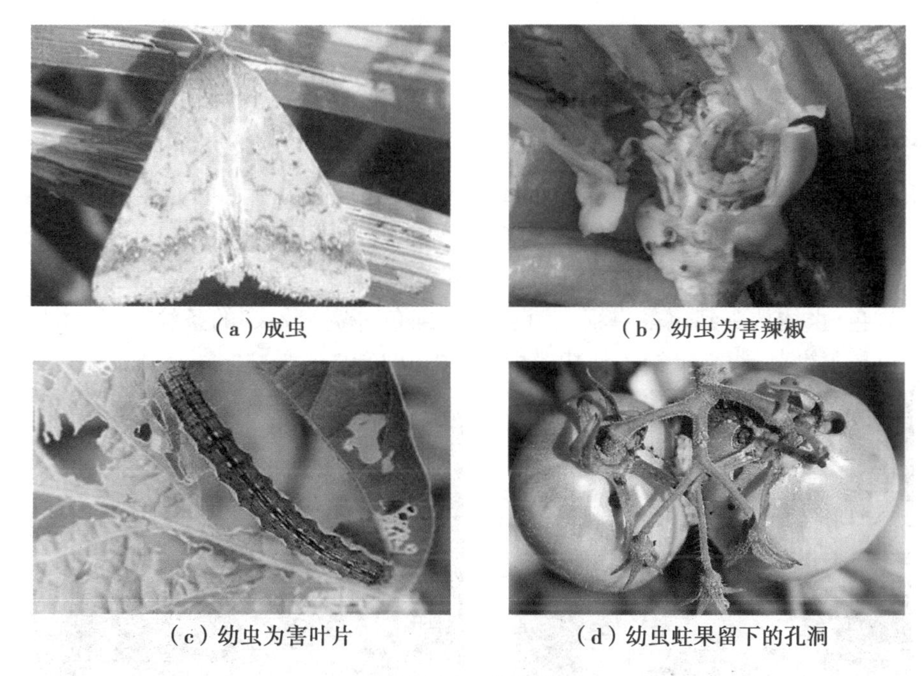

(a) 成虫　(b) 幼虫为害辣椒

(c) 幼虫为害叶片　(d) 幼虫蛀果留下的孔洞

图 10-14　棉铃虫

3. **发生特点**

据记载,贵州 1 年发生 4 ~5 代。以蛹在寄主根附近土壤中越冬,4 月下旬越冬蛹开始羽化,成虫产卵一般选择长势旺盛、现蕾开花早的菜田植株,卵期一般与番茄开花期吻合。卵多散产在植株上部的嫩叶及果柄花器附近。初孵幼虫先取食卵壳,后食附近嫩茎、嫩叶。1 ~2 龄时吐丝下垂转株危害,3 龄开始蛀果,4 ~5 龄幼虫有转果危害和自相残杀习性。棉铃虫一生可危害 3 ~5 个果实。幼虫历期在 25 ~30 ℃时为 17 ~22 d。老熟幼虫在 3 ~9 cm 土层筑土化蛹。属喜温湿性害虫,高温多雨有利其发生,干旱少雨不利其发生。

4. **防治技术**

(1)农业防治:用深耕冬灌办法杀灭虫蛹;结合整枝打杈摘除部分虫卵;结合采收,摘除虫果集中处理,可减少田间卵量和幼虫量;在番茄田种植玉米诱集带引诱成虫产卵,一般每亩 100 ~200 株即可,此法可使棉铃虫蛀果率减少 30%。

(2)诱杀成虫:6 月初开始,剪取 0.6 m 长带叶的杨树枝条,10 根扎成 1 把,绑在小木棍上,插于田间略高于蔬菜顶部,每亩 8 ~10 把,每 10 天换 1 次,每天清晨露水未干时,用塑料袋套住枝把,捕捉成虫,并以此预测成虫发生高峰期,以指导药剂防治。或每亩设黑光灯 1 个,也可诱杀成虫。

(3)生物防治:在主要危害世代卵高峰后 3 ~4 d 及 6 ~8 d,喷两次苏云金芽孢杆菌乳剂 250 ~300 倍液,对 3 龄前幼虫有较好防治效果。危害世代的卵孵化盛期至幼虫 2 龄盛期之间为药剂的防治适期。一般在露地番茄头穗果长到鸡蛋大时防治;或者根据诱蛾结果于成虫盛期 2 ~3 d 进行田间查卵,当半数卵已变灰黑即将孵化时喷药,可取得好的效果。

二、烟夜蛾

烟夜蛾[*Heliothis* assulta] 又名烟青虫,是鳞翅目夜蛾科的害虫。

1. **为害状**

主要是以幼虫钻蛀花蕾及危害叶片，最后导致落花、落蕾和不开花。

2. **形态特征**

成虫：体长 5 ~ 18 mm，翅展 27 ~ 35 mm；前翅有明显的环状纹和肾状纹，近外缘有一褐色宽带；后翅黄褐色，外缘也有一褐色宽带。卵：扁球形，高小于宽，乳黄色，长 0.4 ~ 0.5 mm。幼虫：老熟幼虫体长 30 ~ 35 mm。头部黄色，具有不规则的网状斑。体色多变，由黄色到淡红色，虫体从头到尾都有褐色、白色、深绿色等宽窄不一的条纹。蛹：体长 15 ~ 18 mm，黄绿色至黄褐色；腹部末端各刺基部相连（图 10-15）。

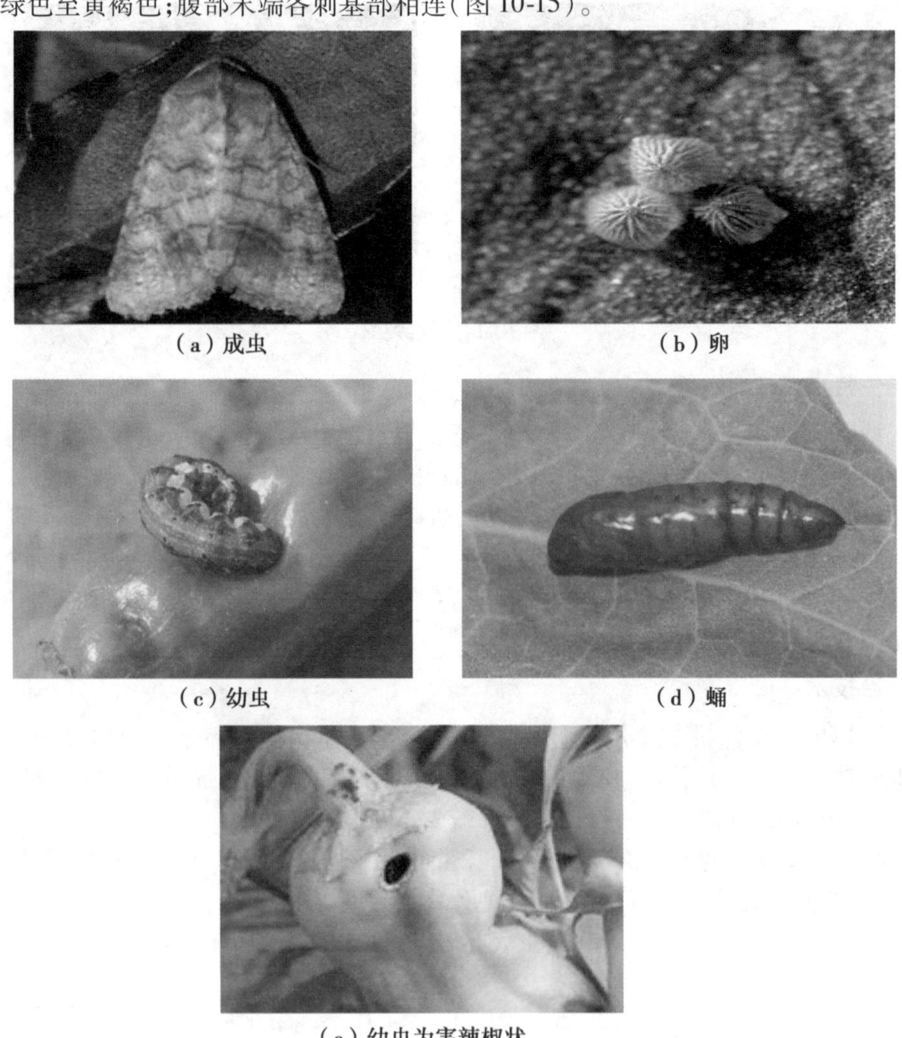

（a）成虫　（b）卵　（c）幼虫　（d）蛹　（e）幼虫为害辣椒状

图 10-15　烟夜蛾（烟青虫）

3. **发生特点**

烟夜蛾 1 年发生代数各地不一，以蛹在土壤中越冬；翌春 5 月上旬成虫羽化；成虫有趋旋光性；卵散产在叶片上；幼虫于 5—6 月开始危害，昼伏夜出，有假死和转移危害的习性。

4. 防治技术

(1)物理防治:悬挂黑光灯,诱捕成虫。

(2)药剂防治:幼虫活动期,可喷施40%毒死蜱乳油1 500倍液,或5%吡虫琳乳油1 000倍液,或50%阿维菌素乳油1 000~2000倍液,每隔15 d喷1次,连续喷施2~3次。

三、茄二十八星瓢虫

茄二十八星瓢虫[*Epilachna vigintioctopunctata*(Fabricius)]属鞘翅目瓢虫科。分布于广东、广西、云南、贵州、四川、云南、西藏等地,是茄科植物与瓜类作物上常见的小害虫。

1. 为害状

成虫和幼虫食叶肉,残留上表皮呈网状,严重时全叶食尽。此外尚食甜瓜果表面,受害部位变硬,带有苦味,影响产量和质量。

2. 形态特征

成虫体长6 mm,半球形,黄褐色,体表密生黄色细毛。前胸背板上有6个黑点,中间的2个常连成1个横斑;每个鞘翅上有14个黑斑,其中第二列4个黑斑呈一直线。卵长约1.2 mm,弹头形,淡黄至褐色,卵粒排列较紧密。幼虫共4龄,末龄幼虫体长约7 mm,初龄淡黄色,后变白色,体表多枝刺,其基部有黑褐色环纹。蛹长5.5 mm,椭圆形,背面有黑色斑纹,尾端包着末龄幼虫的蜕皮(图10-16)。

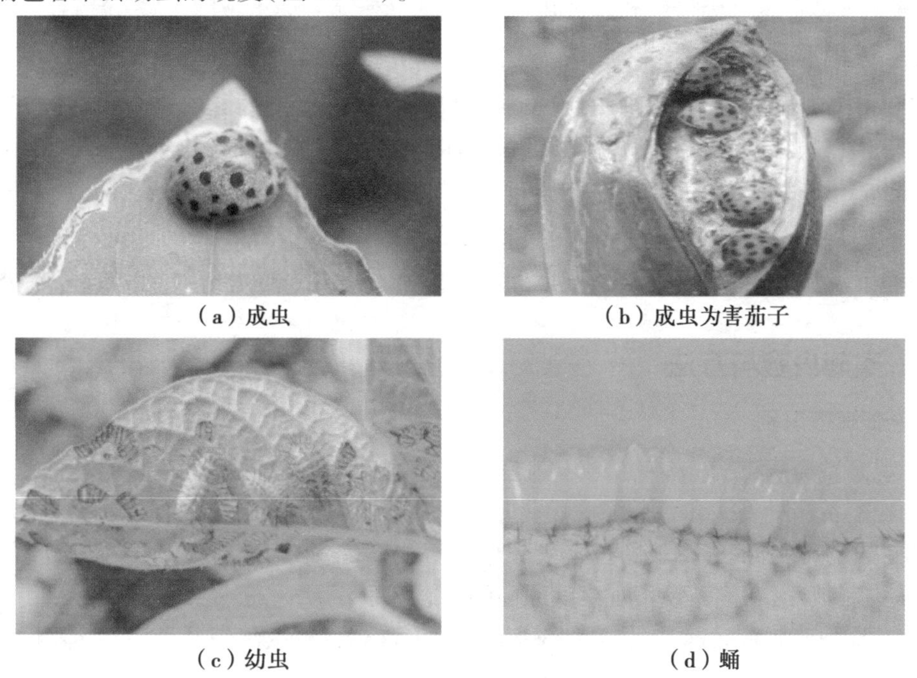

(a)成虫　(b)成虫为害茄子　(c)幼虫　(d)蛹

图10-16　茄二十八星瓢虫

3. 发生特点

据记载,广东1年发生5代,无越冬现象。每年以5月发生数量最多,为害最重。成虫白天活动,有假死性和自残性。雌成虫将卵块产于叶背。初孵幼虫群集为害,稍大分散为害。老熟幼虫在原处或枯叶中化蛹。卵期5~6 d,幼虫期15~25 d,蛹期4~15 d,成虫寿命25~60 d。

4. 防治技术

(1)农业防治

①人工捕捉成虫。利用成虫的假死性,用盆承接,并叩打植株使之坠落,收集后杀灭。

②人工摘除卵块。雌成虫产卵集中成群,颜色艳丽,极易发现,易于摘除。

(2)药剂防治

在幼虫分散前及时喷洒下列药剂:2.5%功夫乳油4 000倍液;21%灭杀毙乳油5 000倍液;50%辛硫磷乳油1 000倍液。注意重点喷叶背面。

项目实训十　茄科蔬菜病虫害识别

一、目的要求

了解本地茄科蔬菜常见病虫害种类,掌握茄科蔬菜常见病害症状和病原菌形态特点,掌握茄科蔬菜常见害虫形态特征和为害状,学会识别豆科蔬菜病虫害的主要方法。

二、材料准备

病害标本:番茄病毒病、灰霉病、晚疫病、早疫病、辣椒猝倒病、立枯病、病毒病、疫病、炭疽病、茄子褐纹病、菌核病、青枯病等病害新鲜标本、盒装标本、浸渍标本、病原菌玻片标本。

虫害标本:棉铃虫、茄子叶螨(红蜘蛛)、茄二十八星瓢虫 、烟夜蛾等虫害的新鲜标本、盒装标本、浸渍标本。

工具:显微镜、体视显微镜、多媒体教学设备、放大镜、挑针、载玻片、盖玻片、吸水纸、镜头纸。

三、实施内容与方法

1. 番茄病害识别

(1)观察番茄病毒病标本,注意区别是花叶型、蕨叶型还是坏死型等症状。

(2)观察番茄早疫病和番茄晚疫病病叶或者病果,注意叶片病斑的形状、大小和发生部位、有无轮纹等,两种病害霉层的位置及颜色是否相同,病果病斑有无霉层,霉层颜色,挑取少量霉状物制玻片,在显微镜下观察病原菌的形态区别。

(3)观察番茄灰霉病标本,注意病斑形状、大小,霉层颜色、组织是否腐烂,病果、病花序及病叶子是否有灰色霉层。自制玻片标本在显微镜下观察分生孢子梗形状、分生孢子形状。

(4)观察提供的当地番茄发生的病害标本,注意发病部位及症状特征,或取菌制片,在显微镜下观察病原菌的形态特征。

2. 茄子病害识别

(1)观察茄子褐纹病标本,注意病果的发病部位、病斑大小、颜色、是否腐烂等;病叶、病茎上病斑的大小、颜色、形状；果实和茎部病斑凹陷情况，散生灰白色小点还是同心轮纹。用显微镜观察茄子褐纹病示范玻片，注意分生孢子器和分生孢子的形状、大小。

（2）观察茄子菌核病标本，注意是否是近地表的茎、叶柄及叶缘先发病，病斑表面是否产生褐色病斑，潮湿时病部是否迅速腐烂，有无臭味，病斑上是否有白色絮状物和黑色菌核，茎部病斑是否凹陷，有无菌丝体，纵剖茎部，观察菌核形状。用显微镜观察茄子菌核病示范玻片，或者挑白色絮状物自制玻片。

（3）观察茄子灰霉病标本，注意病斑形状、大小，霉层颜色、组织是否腐烂，病果、病花序及病叶子是否有灰色霉层。自制玻片标本在显微镜下观察分生孢子梗形状、分生孢子形状。

（4）观察提供的当地茄子发生的病害标本，注意发病部位及症状特征，或取菌制片，在显微镜下观察病原菌的形态特征。

3. 辣椒病害识别

（1）观察辣椒病毒病标本，注意区别花叶型和坏死型，病株是否矮化、丛生，叶片是否变小，叶缘是否上卷，叶色是否正常，叶片及茎上有无坏死斑，果面是否有病变表现。

（2）观察辣椒炭疽病病叶或者病果，注意病斑的大小、形状和颜色，用放大镜观察病斑上小黑点的排列情况。叶片病斑颜色、形状、边缘是否清楚，病斑是否凹陷，有无轮纹颗粒物。观察病原菌示范标本。

（3）观察比较辣椒猝倒病、立枯病发病幼苗，注意茎基部病斑颜色、形状，幼苗子叶是否枯黄，幼苗是否倒伏或者立枯，茎基部或附近苗床有无霉层，霉层颜色、霉层结构。用显微镜观察猝倒病、立枯病病原示范玻片，观察猝倒病菌孢囊梗分支特征、末端形状，孢子囊形状、有无乳头突起，注意立枯病病菌菌丝，有无分隔，分隔特征，是否产生分生孢子。

（4）观察当地辣椒常发的病害标本，注意其发病部位、症状特点。取菌制片，在显微镜下观察病原菌的形态特征。

4. 茄科蔬菜虫害识别

（1）观察棉铃虫标本，注意观察成虫前后翅线纹颜色、形状、大小是否清晰；观察幼虫体色变化，是否有有绿、黄、淡红等，体表是否有褐色和灰色的尖刺；腹面是否有黑色或黑褐色小刺。观察当地棉铃虫成、幼虫的主要区别特征。

（2）观察烟青虫标本，注意观察各虫态的形态特征，幼虫腹部变化、趾钩等特征，观察当地烟青虫的成、幼虫的主要特征区别。

（3）观察茄子叶螨成、幼螨，比较成螨、幼螨的体形、体色、足的对数等是否相同；注意卵、若螨的形态特征。

（4）观察茄二十八星瓢虫成虫，注意成虫的大小、体形、体色，鞘翅上斑点的大小、形状、排列特点，观察前胸背板上斑点的特征。比较当地瓢虫成、幼虫的主要区别特征。

（5）观察本地其他害虫形态特征及为害特点。

四、学习评价

评价内容	评价标准	分值	实际得分	评价人
1. 番茄病害的症状、病原、发生特点和防治技术 2. 茄子病害的症状、病原、发生特点和防治技术 3. 辣椒病害的症状、病原、发生特点和防治技术 4. 茄科蔬菜虫害的为害状、形态特征、发生特点和防治技术	每个问题回答正确得 10 分	40 分		教师
1. 能正确进行以上茄科蔬菜病害症状的识别 2. 能结合症状和病原对以上茄科蔬菜病害作出正确的诊断 3. 能根据以上不同茄科蔬菜病害的发病规律,制订有效的综合防治方法	操作规范、识别正确、按时完成。每个操作项目得 10 分	30 分		教师
1. 正确识别当地常见茄科蔬菜虫害标本,描述当地常见茄科蔬菜害虫的为害状 2. 能根据茄科蔬菜虫害的发生规律,制订有效的综合防治措施	操作规范、识别正确、按时完成。每个操作项目得 10 分	20 分		教师
团队协作	小组成员间团结协作,根据学生表现评价	5 分		小组互评
团队协作	计划执行能力,过程的熟练程度	5 分		小组互评

思考与练习

1. 番茄病毒病、番茄晚疫病、番茄早疫病和番茄灰霉病的症状特点是什么?
2. 辣椒猝倒病 、辣椒立枯病发病特点有何不同?
3. 辣椒炭疽病症状特点是什么? 防治措施有哪些?
4. 如何防治烟夜蛾?
5. 茄子褐纹病、茄子灰霉病、茄子菌核病等病害症状的特点是什么?

项目十一　葫芦科蔬菜病虫害识别与防治

学习目标

1. 了解贵州葫芦科蔬菜病虫的主要种类。
2. 掌握葫芦科蔬菜病害的症状及虫害的形态特征。
3. 了解葫芦科蔬菜病虫害的发生、发展规律。
4. 掌握符合当地实际情况的病虫害综合防治技术和生态防治技术。

任务一　葫芦科蔬菜病害识别与防治

一、黄瓜霜霉病

黄瓜霜霉病是黄瓜的重要病害之一,发生最普遍,常具有毁灭性危害。

1. 症状

苗期和成株期均可发病。

幼苗:子叶正面出现形状不规则的黄色至褐色斑,空气潮湿时,病斑背面产生紫灰色的霉层。

成株期:主要危害叶片。多从植株下部老叶开始向上发展。初期在叶背出现水渍状斑,后在叶正面可见黄色至褐色斑块,因受叶脉限制而呈多角形。常见为多个病斑相互融合而呈不规则形。露地栽培湿度较小,叶背霉层多为褐色,保护地内湿度大,霉层为紫黑色(图11-1)。

2. 病原

病原为古巴假霜霉菌[*Pseudoperonospora cubensis*(Berk. et)Curt. Rostov],属鞭毛菌亚门。

3. 发病特点

由于园艺设施栽培面积的不断扩大,黄瓜终年都可生产,黄瓜霜霉病能终年为害。病菌可在温室和大棚内,以病株上的游动孢子囊越冬,成为次年保护地和露地黄瓜的初侵染源,并以孢子囊形式通过气流、雨水和昆虫传播。病害的发生、流行与气候条件、栽培管理和品种抗病性有密切关系。在黄瓜生长期间,温度条件易于满足,湿度和降雨就成为病害流行的

(a) 发病叶片症状

(b) 发病叶面典型症状

(c) 严重发病

图 11-1　黄瓜霜霉病

决定因素;叶片的生育期与病害的发生也有关系;幼嫩的叶片和老叶片较抗病,成熟叶片易感病。

4. 防治技术

(1)农业防治:选用抗病品种,栽培无病苗,提高栽培管理水平,采用营养钵培育壮苗,定植时严格淘汰病苗。定植时应选择排水好的地块,保护地采用双垄覆膜技术,降低湿度;浇水在晴天上午,灌水适量。采用配方施肥技术,保证养分供给。及时摘除老叶、病叶,提高植株内通风透光性。

(2)生态防治:根据天气条件,在早晨太阳未出时排湿气 40 ~ 60 min,上午闭棚,温度控制在 25 ~ 30 ℃;下午放风,温度控制在 20 ~ 25 ℃,相对湿度在 60% ~ 70%,低于 18 ℃停止放风。傍晚条件允许可再放风 2 ~ 3 h。夜间温度应保持在 12 ~ 13 ℃,外界气温超过 13 ℃时,可昼夜放风。目的是将夜晚结露时间控制在 2 h 以下或不结露。

(3)高温闷棚:在发病初期进行。选择晴天上午闭棚,使生长点附近温度迅速升高至 40 ℃,调节风口,使温度缓慢升至 45 ℃,维持 2 h,然后大放风降温。处理时若土壤干燥,可在前一天适量浇水,处理后适当追肥。每次处理间隔 7 ~ 10 d。注意:棚内温度超过 47 ℃会烤伤生长点,低于 42 ℃效果不理想。

(4)药剂防治:在发病初期用药,保护地用 45% 百菌清烟雾剂(安全型)200 ~ 300 g/亩,分放在棚内 4 ~ 5 处,密闭熏蒸 1 夜,次日早晨通风。隔 7 d 熏蒸 1 次。

二、黄瓜菌核病

黄瓜菌核病从苗期至成熟期均可发病，主要危害果实和茎蔓。随着设施栽培蔬菜面积的不断扩大，菌核病发生有加重的趋势。

1. 症状

主要危害果实和茎蔓。近地面的茎蔓发病时，出现淡绿色水渍状斑点，后变为淡褐色病斑，高湿条件下病茎软腐，长出白色绵毛状菌丝，病茎髓部遭破坏腐烂中空，或者纵裂干枯。叶片发病，初呈水渍状并迅速软腐，后长出大量白色菌丝，菌丝密集形成黑色鼠粪状的菌核。果实：多从残花处先腐烂，可扩展至全果，烂果上长出白色绵霉，绵霉内后期可见黑色鼠粪(图 11-2)。

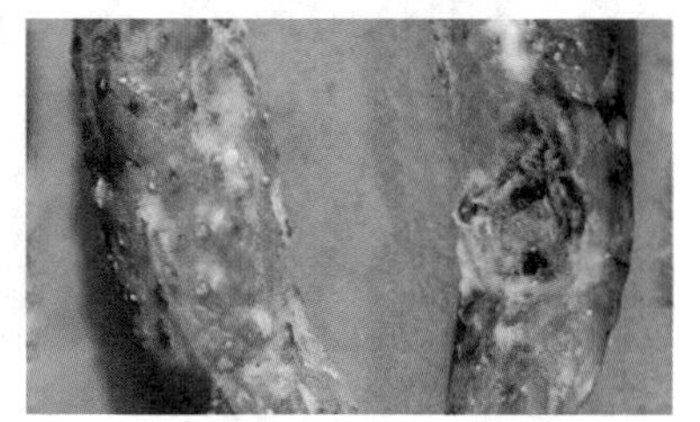

瓜条腐烂，长出白色菌丝

图 11-2　黄瓜菌核病

2. 病原

病原为核盘菌[*Sclerotinia sclerotiorum* (Lib) De Bary]，属子囊菌亚门。

3. 发病特点

病原以菌核在病残体、土壤或种子间越冬越夏。次年春季，土壤中的菌核萌发产生子囊盘及子囊孢子。种子、粪肥、流水皆可传播菌核病。子囊孢子主要靠气流传播，先侵染衰弱的叶片及花瓣，然后危害柱头和幼瓜。在田间主要以菌丝通过病健株或病健组织的接触进行再侵染。保护地内低温、湿度大或早春和秋季多雨的年份有利于病害的发生和流行，并且菌核形成速度快、数量多。

4. 防治技术

以农业措施控制越冬菌核数量和田间相对湿度为主，并及时施药保护。

(1)种子处理：选用无病种子或进行种子处理。无病株上采种或播种前用 10% 盐水漂种 2 ~ 3 次，汰除菌核。

(2)加强栽培管理：有条件可水旱轮作，或夏季灌水泡田杀死菌核；收获后深翻土壤 20 cm，使菌核埋入深土中不能萌发；采用高畦或半高畦覆盖地膜，防止子囊盘出土；发现子囊盘后，及时铲除并田外销毁。保护地内相对湿度应控制在 65% 以下，注意适量浇水。

(3)化学防治：发现子囊盘后即用药防治。保护地可用 10% 速克灵或 15% 腐霉利烟剂 250 g/亩，傍晚闭棚，熏闷一夜，次日早晨通风。7 d 熏 1 次，连熏 3 ~ 4 次；也可用灭克粉尘剂 1 kg/亩。使用烟剂和粉尘剂不增加湿度，对喜高湿病害防效显著。也可选用菌核净农药 7 ~ 10 d 用药一次，连用 3 ~ 4 次。病情严重时，可将上述药剂 50 倍液涂于病茎处，也有好的效果。在利用菌核净、速克灵、扑海因等药剂时，要注意交替用药，以防止病菌产生抗药性。

三、瓜类枯萎病

瓜类枯萎病又称蔓割病、萎蔫病，是瓜类植物的重要土传病害，主要危害黄瓜、西瓜。

1. 症状

该病的典型症状是萎蔫。田间发病一般在植株开花结果后。发病初期，病株表现为全株或植株一侧的叶片中午萎蔫似缺水状，早晚可恢复；数日后整株叶片枯萎下垂，直至整株枯死。主蔓基部纵裂，裂口处流出少量黄褐色胶状物，潮湿条件下病部常有白色或粉红色霉层。纵剖病茎,可见维管束呈褐色。幼苗发病,子叶变黄萎蔫或全株枯萎,茎基部变褐缢缩,导致立枯(图11-3)。

(a)病株萎蔫

(b)病茎症状

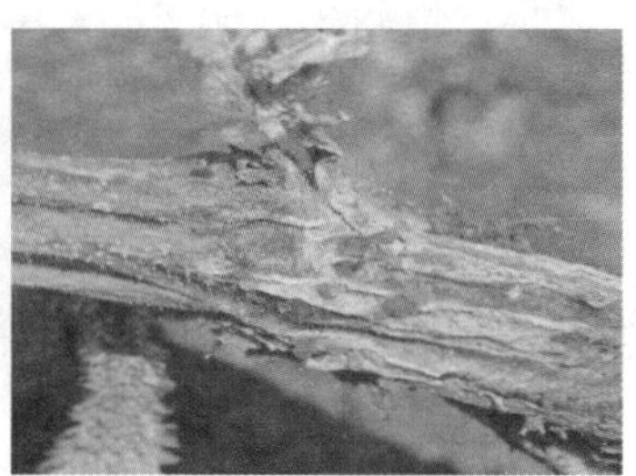
(c)病茎开裂流胶

图11-3 瓜类枯萎病

2. 病原

病原菌为尖镰孢菌黄瓜专化型[*Fusarium oxysporum* f. sp. *cucunerinum* Owen]属半知菌亚门。

3. 发病特点

黄瓜枯萎病菌是一种积年流行病害,具有潜伏侵染现象,幼苗期已经带菌,但多数到开花结果时才表现症状。枯萎病发生程度取决于初侵染菌量,连作地块土壤中病菌积累多,病害往往比较严重;此外,地势低洼,耕作粗放,施用未腐熟粪肥,土壤中害虫和线虫多,造成较多伤口,有利于病菌侵入,都会加重病害。

4. 防治技术

(1)农业防治:选育抗病品种与非瓜类植物轮作至少3年以上,有条件可实施1年的水旱轮作,效果也很好;育苗采用营养钵,避免定植时伤根,减轻病害;施用腐熟粪肥;结果后小水勤灌,适当多中耕,使根系健壮,提高抗病力。

(2)生物防治:用木霉菌等拮抗菌拌种或进行土壤处理也可抑制枯萎病的发生;台湾研究用含有腐生镰刀菌和木霉菌的20%玉米粉、1%水苔粉、1.5%硫酸钙与0.5%磷酸氢二钾混合添加物,施入西瓜病土中,防效达92%。

(3)药剂防治:种子处理;定植前土壤处理,用薄膜盖12 d熏蒸土壤;苗床配制药土进行消毒;发病初期可用灌根,或者是涂病茎等方式,效果较好。

四、瓜类灰霉病

瓜类灰霉病中以黄瓜和西葫芦的灰霉病发生最为严重,可危害茎、叶和果实。

1. 症状

果实:病菌多从凋败的雌花开始腐烂,长出灰褐色的霉层,随着病情发展,逐步向幼瓜扩展,幼瓜被害,则幼瓜黄萎,停止生长。若较大的瓜条被害,初见瓜脐水浸状并沾有露珠状物,后长出大量灰霉,病瓜腐烂。

叶片:一般由脱落的烂花或病卷须黏附在叶面引起发病,形成淡灰褐色直径2~5 cm的不规则或近圆形大斑,病斑中央有时生有灰色霉层,边缘清楚。烂花也可黏附在茎上引起茎部腐烂(图11-4)。

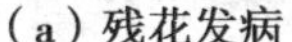

（a）残花发病　（b）病斑上长出灰色霉状物　（c）干燥时，病斑变薄

图 11-4　瓜类灰霉病

2. 病原

病原为灰葡萄孢菌[*Botrytis cinerea* Pers]，属半知菌亚门。

3. 发病特点

病菌以菌丝体、分生孢子和菌核在病残体和土壤中越冬。分生孢子以气流、雨水和农事操作进行传播。苗期和花期较容易发病，开花至结瓜期为病害侵染和烂瓜的高峰期。病菌发育温度为 4 ~ 32 ℃，最适为 18 ~ 23 ℃，相对湿度要求在 90% 以上，但若气温超过 31 ℃，病情不扩展。因此，春季连阴天，温度低，棚内湿度大，放风不及时，结露时间长，发病严重。

4. 防治技术

参考茄科蔬菜的灰霉病。

五、瓜类炭疽病

瓜类炭疽病是瓜类植物上的重要病害，以西瓜、甜瓜和黄瓜受害严重，冬瓜、瓠瓜、葫芦、苦瓜受害较轻，南瓜、丝瓜比较抗病。此病不仅在生长期危害，在贮运期病害还可继续蔓延，造成大量烂瓜，加剧损失。

1. 症状

以黄瓜炭疽病为例：黄瓜炭疽病在黄瓜整个生长期都可以侵染，主要为害叶片和果实，典型症状是病部呈红褐色或褐色，着生许多小黑点，潮湿时病部产生粉红色黏稠物。幼苗发病，子叶边缘出现褐色圆形或半圆形病斑，近地面茎基部变为黑褐色，病斑逐渐缢缩，瓜苗猝倒。成株期发病，叶片上初期为水渍状近圆形褐色病斑，几个病斑很快联结在一起，呈不规则的大病斑，变为红褐色，上面轮生许多小黑点，空气潮湿时出现粉红色黏稠物，空气干燥时开裂穿孔脱落；茎和叶柄上的病斑为椭圆形、梭形，深褐色，稍凹陷；果实的病斑为圆形，褐色，稍凹陷，中部开裂，后期有粉红色的黏稠物（图 11-5）。

2. 病原

病原为葫芦科刺盘孢菌[*Colletotrichum orbiculare*（Berk. & Mont）]，属半知菌亚门。

3. 发病特点

病菌主要以菌丝体及拟菌核随病残体在土壤中越冬，也可以菌丝体在种皮内越冬。另外，温室、大棚内的设施和架材也是病菌越冬的重要场所。翌春菌丝体和拟菌核上产生大量分生孢子，借风雨、灌溉水、昆虫及农事操作进行传播；带菌种子可直接引起幼苗发病，并引起多次再侵染。大棚栽培重发期为初瓜期至盛瓜期。高温高湿是发病和流行主要条件。管

(a) 子叶叶缘出现半圆形淡褐色病斑

(b) 叶片症状

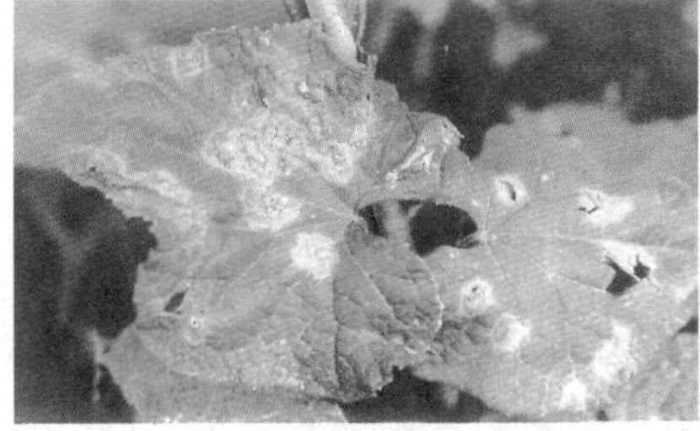
(c) 干燥时病斑易破裂

(d) 病株严重发病

图 11-5 瓜类炭疽病

理粗放,连茬、偏施氮肥,排水及通风不良,瓜秧衰弱,均可发病。

4. 防治技术

采用抗病品种或无病良种,结合农业措施预防病害,再辅以药剂保护的综合防治措施。

(1)农业防治:选用抗(耐)病品种,种子处理,与非瓜类作物实行 3 年以上轮作;覆盖地膜,增施有机肥和磷钾肥;保护地内控制湿度在 70% 以下,减少结露;田间操作应在露水干后进行,防止人为传播病害。采收后严格剔除病瓜,贮运场所适当通风降温。

(2)药剂防治:可选用大生、施保克、炭疽福美、多菌灵等药剂进行喷雾。保护地内在发病初期,也可用 45% 百菌清烟雾剂 250 ~ 300 g/亩,效果也很好。每 7 d 左右喷 1 次药,连喷 3 ~ 4 次。

六、瓜类白粉病

瓜类白粉病在葫芦科蔬菜中,以黄瓜、西葫芦、南瓜、甜瓜、苦瓜发病最重,冬瓜和西瓜次之,丝瓜抗性较强。

1. 症状

白粉病自苗期至收获期都可发生,但以中后期发病重。主要危害叶片,一般不危害果实;初期叶片正面和叶背面产生白色近圆形的小粉斑,以后逐渐扩大连片,成为边缘不明显的大片白粉区,直至布满整个叶片,看上去像长了一层白毛。白粉状物后期变成灰白色或红褐色,叶片逐渐枯黄发脆,但不脱落。秋季病斑上出现散生或成堆的黑色小点。叶柄和茎受害,症状与叶片基本相同(图 11-6)。

2. 病原

病原为单丝白粉菌[*Sphaerotheca fuliginea* (Schlecht) Poll],属子囊菌亚门。

3. 发病特点

病菌以菌丝体和分生孢子在温室和大棚内的发病植物上越冬。分生孢子主要借气流传

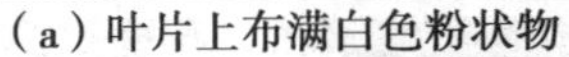

（a）叶片上布满白色粉状物

（b）发病后期叶片逐渐变黄、早衰

（c）病叶上长出白色粉状圆斑

图 11-6　瓜类白粉病

播。当田间湿度较大，温度在 16 ~ 24 ℃时，白粉病容易流行；温室、塑料大棚内湿度较大、空气不流通，白粉病比露地发病早而严重。栽培管理粗放、植株徒长、光照不足、通风不良、湿度较大、灌水不当有利于白粉病发生。

4. **防治技术**

以选用抗病品种和加强栽培管理为主，配合药剂防治的综合措施。

（1）农业防治：选用抗病品种，加强栽培管理；注意田间通风透光，降低湿度，加强肥水管理，防止植株徒长和早衰等。

（2）温室熏蒸消毒：白粉菌对硫敏感。在幼苗定植前 2 ~ 3 d，密闭棚室，每 100 m^2 用硫黄粉 250 g 和锯末粉 500 g（1∶2）混匀，分置几处的花盆内，引燃后密闭一夜。熏蒸时，棚室内温度应维持在 20 ℃左右；也可用 45% 百菌清烟剂，用法同黄瓜霜霉病。

（3）药剂防治：目前防治白粉病的药剂较多，但连续使用易产生抗药性，注意交替使用。

注意：西瓜、南瓜抗硫性强，黄瓜、甜瓜抗硫性弱，气温超过 32 ℃时，喷硫制剂易发生药害。但气温低于 20 ℃时防效较差。

七、瓜类病毒病

瓜类病毒病又称花叶病，在我国瓜类栽培区均有分布。甜瓜、南瓜、丝瓜、黄瓜均可发生。

1. **症状**

以黄瓜病毒病为例。从苗期至成株期均可发生。病叶表现为深浅绿色相间的斑驳或花叶，病叶小而皱缩，质硬变脆，植株矮小。轻病株一般结瓜正常，但果面呈现褪绿斑驳，重病株不结瓜或瓜呈畸形。后期下部叶片逐渐变黄枯死。温室栽培的黄瓜，病株老叶上常出现角形坏死斑（图 11-7）。

（a）病株叶片出现黄化　（b）病株叶片出现花叶　（c）病株叶片褪绿，叶片、叶脉变黄　（d）病株叶片畸形　（e）病株叶片褪绿

图 11-7　瓜类病毒病

2. 病原

病原主要由黄瓜花叶病毒[Cucumber mosaic virus,CMV]、烟草花叶病毒[Tobacco mosaic virus,TMV]和南瓜花叶病毒[Muskmelon mosaic virus,MMV]侵染所致。

3. 发病特点

黄瓜花叶病毒可以在多年生杂草根上越冬。病毒可由蚜虫、田间农事操作和汁液接触传播。西瓜花叶病毒传播介体基本上与黄瓜花叶病毒相同,但甜瓜种子可以带病毒,带病毒种子是初侵染的重要毒源。高温、强日照、干旱情况下利于蚜虫的繁殖和迁飞,同时病毒增殖快,潜育期缩短,再侵染增加,因此病害在夏季盛发。另外,缺水、缺肥、管理粗放的田块发病严重。

4. 防治技术

（1）农业防治:选育和利用抗病品种、采用无毒种子、合理施肥和用水,使瓜秧健壮,增强抗病能力;在打顶、打杈、摘心等农事操作中应将病株与健株分开进行,以免传毒,或在病株上操作后用肥皂水洗手后,再操作健株。

（2）蚜虫防治:及时防治蚜虫,彻底铲除田边杂草,防止传毒,是防治瓜类病毒病的主要途径。

任务二　葫芦科蔬菜虫害识别与防治

一、斑潜蝇

斑潜蝇[*Liriomyza sativae* (Blanchard)] 又称鬼画符,属双翅目潜蝇科。全国各地均有分布,主要为害黄瓜、番茄、茄子、辣椒、菜豆等22个科110多种植物。

1. 为害状

成、幼虫均可为害。雌成虫飞翔把植物叶片刺伤,进行取食和产卵,幼虫潜入叶片和叶柄为害,产生不规则蛇形白色虫道,叶绿素被破坏,影响光合作用,受害植株叶片脱落,造成花芽、果实被灼伤,严重的造成毁苗。

2. 形态特征

斑潜蝇成虫小,体长1.3~2.3 mm,翅长1.3~2.3 mm,体淡灰黑色,足淡黄褐色,复眼酱红色。卵椭圆形,乳白色,大小为(0.2~0.3)mm×(0.1~0.15)mm。幼虫蛆形,老熟幼虫体长约3 mm。幼虫有3龄:1龄较透明,近乎无色;2~3龄为鲜黄或浅橙黄色,腹末端有一对圆锥形的后气门。蛹为围蛹,椭圆形,腹面稍扁平,大小为(1.7~2.3)mm×(0.5~0.75)mm,橙黄色至金黄色(图11-8)。

(a) 成虫　(b) 幼虫　(c) 蛹　(d) 幼虫为害状

图11-8　斑潜蝇

3. 发生特点

据资料记载,斑潜蝇南方各省年发生为21~24代,无越冬现象,成虫以产卵器刺伤叶片,吸食汁液,雌虫把卵产在部分伤孔表皮下,卵经2~5 d孵化,幼虫期4~7 d,末龄幼虫咬破叶表皮在叶外或土表下化蛹，蛹经 7 ~ 14 d 羽化为成虫，每世代夏季 2 ~ 4 周，冬季 6 ~ 8 周。

4. 防治技术

（1）人工防治：在害虫发生高峰时，摘除带虫叶片销毁。蔬菜收获后，及时将枯枝干叶及杂草深埋或焚烧。将有蛹表层土壤深翻到 20 cm 以下，以降低蛹的羽化率。

（2）物理防治：依据其趋黄习性，利用黄板诱杀。

（3）生物防治：利用寄生蜂防治，在不用药的情况下，寄生蜂天敌寄生率可达 50% 以上。天敌种类有姬小蜂、潜蝇茧蜂等。

（4）农业防治：考虑蔬菜布局，把斑潜蝇嗜好的瓜类、茄果类、豆类与其不为害的作物进行套种、轮作；适当疏植，增加田间通透性；及时清洁田园，病株残体集中深埋。

（5）诱杀成虫：在成虫始盛期至盛末期采用灭蝇纸诱杀成虫，每亩设置 15 个诱杀点，每个点放置 1 张诱蝇纸诱杀成虫，3 ~ 4 d 更换 1 次。

二、黄守瓜

黄守瓜[*Aulacophora indica*（Gmelin）] 属于鞘翅目叶甲科，是南方瓜类苗期的毁灭性害虫。在贵州发生的种类有黄足黄守瓜、黄足黑守瓜。下面以黄足黄守瓜为例。

1. 为害状

成虫咬食叶片、瓜花和幼瓜，幼虫先为害寄主的支根、主根及茎基部，3 龄后钻入主根或根茎内蛀食，此时可使地上部分萎蔫死亡。幼虫也能钻入贴近地面的瓜果皮层和瓜肉内为害，引起瓜果内部腐烂。

2. 形态特征

成虫：体长 9 mm。全体橙黄或橙红色。上唇栗黑色。复眼、后胸和腹部腹面均呈黑色。前胸背板长方形，鞘翅基部比前胸阔。

卵：圆形，长约 1 mm，淡黄色。卵壳背面有多角形网纹。

幼虫：长约 12 mm。初孵时为白色，以后头部变为棕色，胸、腹部为黄白色，前胸盾板黄色。各节生有不明显的肉瘤。臀板长椭圆形有肉质突起，上生微毛。

蛹：纺锤形，乳白色有淡黄色（图 11-9）。

3. 发生特点

据资料记载，华南地区 1 年发生 2 ~ 3 代。以成虫在避风向阳的杂草、落叶及土壤缝隙间潜伏越冬。翌春当土温达 10 ℃时，开始出来活动，在杂草及其他作物上取食，再迁移到瓜地危害瓜苗。在 1 年发生 1 代区域越冬，成虫 5—8 月产卵，6—8 月是幼虫危害高峰期。8 月成虫羽化后危害秋季瓜菜，10—11 月逐渐进入越冬场所。成虫喜在湿润表土中产卵，卵散产或堆产，每条雌虫可产卵 4 ~ 7 次，每次约 30 粒。卵期 10 ~ 25 d，幼虫孵化后随即潜入土中危害植株细根，3 龄以后危害主根。幼虫期 19 ~ 38 d，蛹期 12 ~ 22 d，老熟幼虫在根际附近筑土室化蛹。成虫行动活泼，遇惊即飞，有假死性，但不易捕捉。黄守瓜喜温好湿，成虫耐热性强、抗寒力差，南方地区发生较重。

4. 防治技术

防治黄守瓜首先要抓住成虫期，可利用其趋黄习性，用黄盆诱集，以便掌握发生期，及时

（a）成虫

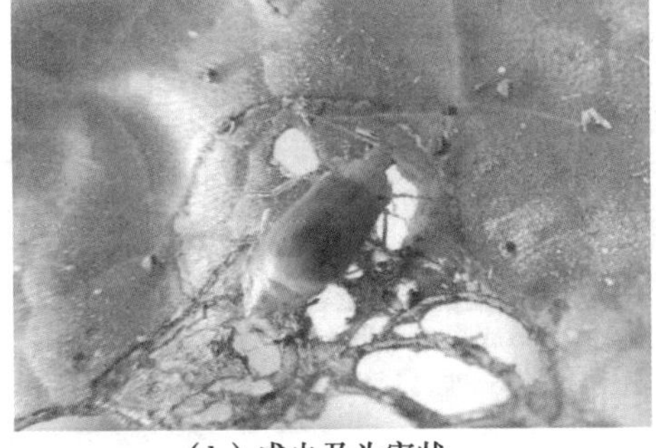
（b）成虫及为害状

（c）成虫交尾

图 11-9　黄足黄守瓜

进行防治；防治幼虫要在瓜苗初见萎蔫时及早施药，以尽快杀死幼虫。苗期受害影响较成株大，应列为重点防治时期。

三、黄蓟马

黄蓟马[*Thrips flavus* Schrank]又名菜田黄蓟马，属缨翅目蓟马科，分布于华中、华南各省区，贵州栽培区有分布，主要为害冬瓜、苦瓜、西瓜，也为害番茄、茄和豆类蔬菜。

1. 为害状

黄蓟马以成虫、若虫锉吸心叶、嫩芽、幼瓜的汁液，使被害株心叶不能正常展开，生长点萎缩变黑枯焦而出现丛生现象。幼瓜受害毛茸变黑，出现畸形，严重时造成落瓜。成瓜受害后瓜皮粗糙，有黄褐色斑纹或瓜皮长满锈斑，使瓜的外观、品质受损，商品性下降。

2. 形态特征

成虫：体长 1.1 mm。体黄色，头宽大于长，短于前胸；单眼间鬃间距小，位于前、后单眼的内缘连线上。触角 7 节，第 3、4 节上具叉状感觉锥，锥伸达前节基部。前胸背板中部约有 28 根鬃，后胸背板有一对钟形感觉孔。中胸腹板内叉骨具长刺，后胸腹板内叉骨无刺。前翅前缘鬃 26 根；前脉基鬃 7 根，端鬃 3 根；后脉鬃 14 根。腹部第 5—8 背板两侧具微弯梳，第 8 背板后缘梳完整，梳毛细而排列均匀；第 2 背板侧缘各有纵排的 4 根鬃。

卵：长椭圆形，长 0.2 mm。

若虫：共 4 龄，体白色或淡黄色（图 11-10）。

3. 发生特点

以成虫潜伏在土块、土缝下或者是枯枝落叶间越冬，少数以若虫越冬。成虫对黄色和植株的嫩绿部位有趋性，爬行敏捷，能飞善跳，怕强光，当阳光强烈时则隐蔽于植株的生长点及幼瓜的茸毛内，卵散产在叶肉组织内。迁飞都在晚间和上午。4 月开始活动，5—9 月进入为

黄蓟马成虫、若虫

图 11-10 黄蓟马

害期，秋季受害重。黄蓟马还能传播多种病毒病，加重损失程度。

4. 防治技术

清除瓜田杂草，加强肥水管理，使植株生长旺盛，可减轻危害。当单株心叶查见 2～3 头蓟马时应用药防治，若虫量大时，每 7～10 d 防治 1 次，连续防治 3～5 次。

四、瓜实蝇

瓜实蝇［*Bactrocera cucuribitae*（Coquillett）］俗称瓜蛆、针蜂等，又称桔小实蝇、黄瓜实蝇、南瓜实蝇，属双翅目实蝇科。瓜实蝇为害黄瓜、苦瓜、丝瓜等，贵州栽培区有分布。

1. 为害状

成虫以产卵管刺入幼瓜表皮内产卵，孵出的幼虫即钻入瓜肉取食，受害瓜先局部变黄，而后全瓜腐烂发臭，造成大量落瓜；即使受害瓜不腐烂，也因被害处畸形下陷，果皮硬实，影响品质。

2. 形态特征

成虫体长 8～9 mm，翅展 16～18 mm。褐色，额狭窄，两侧平行，宽度为头宽的 1/4。前胸左右及中、后胸有黄色的纵带纹；腹部第 1、2 节背板全为淡黄色或棕色，无黑斑带，第 3 节基部有 1 黑色狭带，第 4 节起有黑色纵带纹。翅膜质透明，杂有暗黑色斑纹。腿节具有一个不完全的棕色环纹。卵细长，长约 0.8 mm，一端稍尖，乳白色。老熟幼虫体长约 10 mm，乳白色，蛆状，口钩黑色。蛹长约 5 mm，黄褐色，圆筒形（图 11-11）。

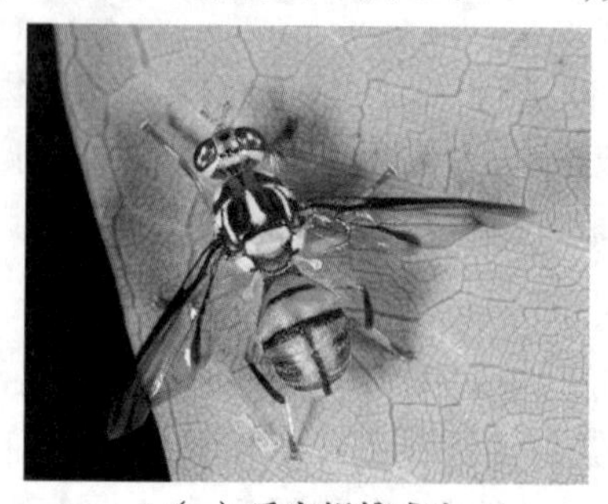

（a）瓜实蝇雄成虫

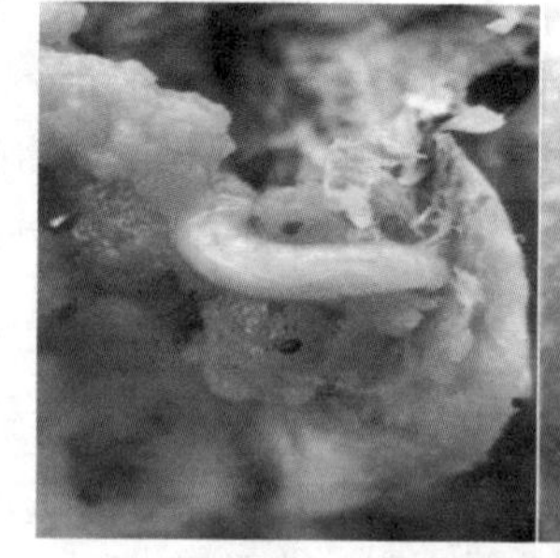

（b）瓜实蝇幼虫及为害状

图 11-11 瓜实蝇

3. 发生特点

据记载，贵州 1 年发生 3～4 代，以蛹在土中越冬。成虫白天活动，飞翔敏捷，但在夏天中午高温烈日时，常静伏于瓜棚或叶背等阴凉处，傍晚以后停息叶背，不活动。成虫产卵前，需要补充营养，对糖、酒、醋及芳香物质有趋性。老熟幼虫在瓜落前或瓜落后弹跳落地，钻入表土层化蛹，通常在 2～4 cm 的表土层化蛹。世代重叠，主要是以卵和幼虫随寄主运转传播。成虫具有一定飞行扩散能力。第 1 代在 4—5 月，主要为害黄瓜，第 2 代在 6—7 月，主要为害黄瓜和苦瓜,第3代在8—9月,主要为害苦瓜和丝瓜。

4. 防治技术

(1)清洁田园:加强检查,田间及时摘除和收集落地烂瓜集中处理(喷药或深埋)。有助于减少虫源,减轻危害。被瓜实蝇蛀食和造成腐烂的瓜,应进行消毒后集中深埋。

(2)套袋护瓜:在常发严重为害的地区或名贵瓜果品种,都可采用套袋护瓜办法(瓜果刚谢花、花瓣萎缩时进行)以防成虫产卵为害。

(3)物理防治:各种瓜类在结幼瓜时,特别是规模种植,宜安装频振式杀虫灯开展灯光诱杀,零星菜园可用糖酒醋液诱杀成虫,能有效减少虫源,效果良好。除利用成虫趋化性、喜食甜质花蜜的习性,用毒饵进行诱杀外,还可用性引诱剂来诱杀成虫。

(4)化学防治:在成虫盛发期,于中午或傍晚喷施21%灭杀毙乳油4 000~5 000倍,或2.5%敌杀死2 000~3 000倍,隔3~5 d喷1次,连喷2~3次,喷药喷足。在幼瓜期用40%乐斯本乳油1 000倍液喷雾。

五、灰地种蝇

灰地种蝇[*Delia platura*, Meigen],别名地蛆,属双翅目花蝇科。寄主植物有十字花科、禾本科、葫芦科等。分布在全国各地。

1. 为害状

蝇蛆在土中为害播下的蔬菜种子,取食胚乳或子叶,引起种芽畸形、腐烂而不能出苗,在留种菜株上为害根部,引起根茎腐烂或枯亡。

2. 形态特征

成虫:体长4~6 mm,雄虫稍小。雄虫体色暗黄或暗褐色,胸部背面具黑纵纹3条。雌虫灰色至黄色。

卵:长约1 mm,长椭圆形稍弯,乳白色,表面具网纹。

幼虫:蛆形,体长7~8 mm,乳白而稍带浅黄色。

蛹:长4~5 mm,红褐或黄褐色,椭圆形;腹末7对突起可辨(图11-12)。

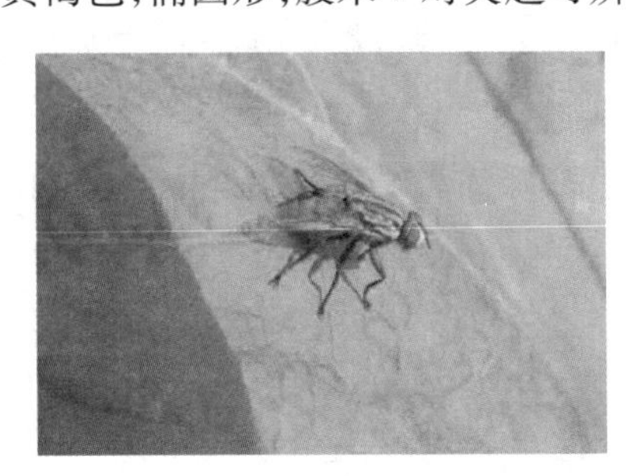

图11-12　灰地种蝇成虫

3. 发生特点

据资料记载,灰地种蝇在贵州1年发生2~4代,以幼虫土中越冬。次年3—4月大量羽化,飞入大棚,在黄瓜、甜瓜根部产卵,孵化出蛆即钻入黄瓜根部幼苗根茎部,蛀食心部组织,使幼苗萎蔫、死苗,造成缺苗、断垄。幼虫活动性强,能在土转株为害。成虫活泼,吸食肥料和花蜜,对未腐熟的粪肥及发酵的饼肥有很强的趋性。

4. 防治技术

(1)合理施肥:使用充分腐熟的有机肥,要均匀、深施,最好做底肥,种子与肥料要隔开,也可以在粪肥上覆一层毒土。

(2)人工防治:在种蝇已发生的地块,要勤灌溉,必要时可大水漫灌,能阻止种蝇产卵,抑制种蝇活动及淹死部分幼虫。

(3)诱杀成虫:用糖醋液(红糖 20 g、醋 20 mL、水 50 mL 混合)或 5% 红糖水可以诱集蝇成虫。

(4)化学防治:一是在成虫发生期,用 5% 卡死克可分散液剂 1 500 倍液、10% 除尽悬浮剂 1 500 倍液、5% 锐劲特胶悬剂 2 500 倍液、2.5% 溴氰菊酯 3 000 倍液喷雾,隔 7 d 喷 1 次,连续喷 2 ~3 次。二是已发生幼虫的菜田可用 48% 天达毒死蜱(乐斯本)1 500 倍液顺水浇灌或灌株,第一次用药后每隔 7 d 再用两次。

项目实训十一　葫芦科蔬菜病虫害识别

一、目的要求

了解本地葫芦科蔬菜常见病虫害种类,掌握葫芦科蔬菜病害症状及病原菌的形态特征;掌握葫芦科蔬菜害虫形态和为害特点;学会识别葫芦科蔬菜病虫害的主要方法。

二、材料准备

病害标本:黄瓜霜霉病、菌核病、瓜类枯萎病、瓜类灰霉病、白粉病、炭疽病、病毒病等蜡叶标本、新鲜标本、盒装标本、浸渍标本、病原菌玻片标本、多媒体课件等。

虫害标本:黄守瓜、黄蓟马、瓜实蝇、斑潜蝇、灰地种蝇等昆虫盒装标本、浸渍标本、玻片标本、多媒体课件等。

工具:显微镜、体视显微镜、多媒体教学设备、放大镜、挑针、解剖刀、载玻片、盖玻片、吸水纸、镜头纸等。

三、实施内容与方法

1. 葫芦科蔬菜病害识别

(1)观察黄瓜霜霉病病叶,注意叶片正面病斑的形状、颜色,边缘是否清晰,注意叶背初期是否有霜状霉层以及霉层颜色。用显微镜观察黄瓜霜霉病示范玻片标本,注意孢囊梗分支形状、末端形状,孢子囊形状、是否有乳状突起。

(2)观察瓜类白粉病病叶、病果标本,注意叶片病斑颜色、形状、边缘是否清晰,病斑部有无粉状物,粉状物颜色。用挑针挑取叶片上的白色粉状物及黑褐色粒点制片,在显微镜下观察分生孢子梗、分生孢子及闭囊壳的形状、颜色、闭囊壳上附属丝的颜色、形态，用力挤压闭囊壳，使其破裂，观察闭囊壳内子囊的形状及数目。

(3)观察瓜类枯萎病发病植株标本，注意根部是否腐烂，茎蔓是否稍溢缩，茎是否纵裂有松香状胶质物流出，病部有无粉红色霉层产生，茎维管束是否变褐色，被害株地上部分叶片是否萎蔫。用挑针挑取茎基部的霉状物制片，在显微镜下观察分生孢子梗和分生孢子特征。

(4)观察瓜类炭疽病标本病叶或病果，注意病叶和病果上病斑的大小、形状和颜色，用放大镜观察病斑上小黑点的排列情况。注意叶片病斑颜色、形状，边缘是否清楚，病斑是否凹陷，有无轮纹颗粒物。观察病原菌示范标本。

(5)观察黄瓜菌核病标本，注意病斑表面是否产生褐色病斑，潮湿时病部是否迅速腐烂，有无臭味，病斑上是否有白色絮状物和黑色菌核，茎部病斑是否凹陷，有无菌丝体，纵剖茎部，观察菌核形状。用显微镜观察茄子菌核病示范玻片，或者挑白色絮状物自制玻片。

(6)观察瓜类疫病病叶或病果，注意叶片病斑颜色、形状，边缘是否清晰，果实病斑部有无霉层以及霉层颜色。用显微镜观察病原示范玻片，或者挑取病症明显的霉层自制玻片观察，注意孢囊梗形状、孢子囊形状。

(7)观察瓜类灰霉病标本，注意病斑的形态、大小、颜色，组织是否腐烂，病果、病花序及病叶子是否有灰色霉层，有无菌核产生，菌核颜色、形状。观察灰色霉示范玻片，注意分生孢子梗和分生孢子特征。

(8)观察当地瓜类其他病害的标本，注意观察叶片、果实上的症状特点。可取菌制片，在显微镜下观察病原菌的形态。

2. 葫芦科蔬菜虫害识别

(1)观察黄守瓜成虫的大小、体形、体色、足的颜色，注意虫体是否有光泽，前胸背板长和宽的比例及中央是否有一弯曲横沟，鞘翅上是否有细刻点，腹部末端是否露出鞘翅外；观察卵的大小、形状和颜色，注意卵表面是否有六角形蜂窝状网纹；观察幼虫的大小、体形和体色，注意各体节是否有小黑瘤，臀板是否向后方伸出，臀板上是否有褐色斑纹，观察蛹的类型、大小、形状和颜色。

(2)观察斑潜蝇成虫体形大小、体色和体背的颜色；头及复眼的颜色，触角的颜色、长短、节数；足的颜色；卵的形状、颜色、大小；幼虫的体色、大小；蛹的形状、大小、颜色等特征。

(3)观察黄蓟马成、若虫标本，注意触角及其前翅的类型、危害部位和危害状，观察当地常见黄蓟马成、若虫的主要特征区别。

(4)观察瓜实蝇成虫胸部背板、腹部背板、翅外缘的主要特征，认知幼虫体色、体形和口器变异的原因。观察当地常见瓜实蝇类成虫之间、幼虫之间主要特征区别。

(5)观察灰地种蝇成虫体形大小，体色，触角形状，翅脉等。观察幼虫体形、体色，口钩，腹末的瘤突特点等，结合参考书及标本，观察种蝇与其他花蝇类幼虫的主要区别。

(6)观察葫芦科蔬菜其他害虫形态特征。

四、学习评价

评价内容	评价标准	分值	实际得分	评价人
1. 葫芦科蔬菜病害的症状、病原、发生特点和防治技术 2. 葫芦科蔬菜虫害的为害状、形态特征、发生特点和防治技术	每个问题回答正确得10分	20分		教师
1. 能正确进行前述葫芦科蔬菜病害症状的识别 2. 能结合症状和病原对前述葫芦科蔬菜病害作出正确的诊断 3. 能根据前述葫芦科蔬菜病害的发病规律，制订有效的综合防治方法	操作规范、识别正确、按时完成。每个操作项目得10分	30分		教师
1. 正确识别当地常见葫芦科蔬菜虫害标本 2. 描述当地常见葫芦科蔬菜害虫为害状 3. 能根据葫芦科蔬菜虫害的发生规律，制订有效的综合防治措施	操作规范、识别正确、按时完成。每个操作项目得10分	30分		教师
团队协作	小组成员间团结协作，根据学生表现评价	10分		小组互评
团队协作	计划执行能力，过程的熟练程度	10分		小组互评

思考与练习

1. 贵州葫芦科蔬菜主要病虫种类有哪些？
2. 黄瓜霜霉病与白粉病的症状、发病特点及防治技术有何异同？
3. 如何防治瓜类炭疽病？
4. 黄瓜菌核病，瓜类疫病、瓜类枯萎病症状特点是什么？
5. 黄守瓜、黄蓟马、瓜实蝇的发生特点是什么，如何防治？

项目十二　豆科蔬菜病虫害识别与防治

📖 学习目标

1. 了解当地豆科蔬菜病虫的主要种类。
2. 掌握豆科蔬菜病害的症状及害虫的形态特征。
3. 了解豆科蔬菜植物病虫害的发生、发展规律。
4. 掌握符合当地实际情况的病虫害综合防治技术和生态防治技术。

任务一　豆科蔬菜病害识别与防治

一、豆类根腐病

豆类根腐病是豆科蔬菜上的常见病害之一。各栽培地均有发生,病田发病率严重时可达60%。

1. 症状

以菜豆根腐病为例:主要侵染根部或茎基部,病部初为褐色及黑褐色,形状不规范,有时形成红色条斑,病斑稍凹陷,有时斑表面开裂,并深入皮层内。根腐病多在开花结荚后,才逐渐表现症状。病株下部叶片发黄,叶缘焦枯,但不脱落,病株茎基部黑褐色,病部稍下陷,有时开裂至皮层内。剖视茎部,可见维管束变褐,病株侧根多已腐烂。主根全部腐烂后,病株即枯萎死亡。潮湿的环境下,病部可见粉红色霉状物(图12-1)。

(a)病株枯萎死亡

(b)病茎基部溢缩

图12-1　豆类根腐病

2. 病原

病原为菜豆腐皮镰孢霉[*Fusarium solani* f. sp. phaseoli (Burkh) Snyder et Hansen],属半知菌亚门。

3. 发病特点

根腐病菌主要以菌丝体、厚垣孢子或菌核在土壤、厩肥及病残体上越冬,也可混在种子间越冬。病菌通过雨水、灌溉水、耕作和施肥等途径传播,由根部伤口侵入,有再侵染。高温、高湿有利发病,连作地、低洼地、黏土地发病重。品种间抗病程度差异较大。

4. 防治技术

以抗病品种为基础,农业防治和生物防治为中心进行防治。

(1)农业防治:选用抗病品种,种子消毒;加强栽培管理,可与非寄主植物实行 3 年的轮作;根据豆科植物的生长特性采用高畦或深沟栽培;防止大水漫灌和雨后积水,及时发现病株并拔除;田间盖膜晒土可显著降低发病率。

(2)生物防治:荧光假单胞菌、哈茨木霉菌、绿木霉、枯草杆菌等微生物对病菌也有一定的抑制作用。

(3)化学防治:发病初期用 40% 硫黄多菌灵悬浮剂等浇灌或配成药土撒在茎基部,隔 7 ~ 10 d 用药 1 次,共 2 ~ 3 次。另外,用克菌丹配合固氮菌使用对豇豆根腐病效果更好。

二、菜豆病毒病

菜豆病毒病是菜豆的系统性病害,在我国各地均有发生,危害严重时影响菜豆结荚,降低菜豆产量,还可使菜豆丧失商品价值。

1. 症状

幼苗至成株期均可发病,因种植的菜豆品种、受侵染植株的生长情况、侵染的病毒种类、环境条件等不同,菜豆病毒病在田间表现出不同的症状特点。常见其嫩叶初现明脉、沿脉褪绿,病叶凹凸不平,深绿色部分往往突起呈疱斑,叶片细长变小,常向下弯曲,有的呈缩叶状。叶脉和茎上可产生褐色枯斑和坏死条斑。严重时植株矮缩,下部叶片干枯,生长点坏死,开花少并易脱落,很少结实,有时豆荚上产生黄色斑点或出现斑驳,根系变黑,重病株往往提早枯死(图 12-2)。

2. 病原

病原为菜豆普通花叶病毒[Bean commom mosaic virus, BMV]、菜豆黄花叶病毒[Bean yellow mosaic virus, BYMV]、黄瓜花叶病毒菜豆系[Cucumber mosaic virus-phaseoli]3 种病毒单独或几种混合侵染引起。

3. 发病条件

病原主要来源于种子,靠蚜虫传播,也可由病株汁液摩擦及农事操作传播。高温干旱,蚜虫发生重是此病害发生的重要条件。高温、少雨年份利于蚜虫增殖和有翅蚜迁飞,常造成菜豆病毒病流行。年度间春、秋季温度偏高、少雨,蚜虫发生量大的年份发病重,栽培管理粗放,多年连作,地势低洼,缺肥、缺水、氮肥施用过多的田块发病重。

（a）花叶　（b）叶肉褪绿变黄

（c）叶片皱缩　（d）叶片凹凸不平

图 12-2　菜豆病毒病

4. 防治技术

(1)及时治蚜:田间使用黄板进行蚜虫诱杀,药剂防治可选用蚜虱净可湿性粉剂 2 000 ~ 2 500 倍液。

(2)选用抗(耐)病品种:种植无病种子,播前种子消毒处理。

(3)培育无病适龄壮苗:无病株采种,无病土育苗,适期播种。育苗阶段注意及时防治蚜虫,有条件的采用防虫网覆盖育苗或用银灰色遮阳网育苗避蚜防病。

(4)加强栽培管理:发病初期应及时拔除病株并在田外销毁,清理田边杂草,减少病毒来源。合理密植,土壤施足腐熟有机肥,增施磷钾肥,使土层疏松肥沃,促进植株健壮生长,减轻病害。收获后及时清除病残体,深翻土壤,加速病残体的腐烂分解。

(5)药剂防治:发病初期开始喷药保护,可以选择 20% 吗胍 · 乙酸铜可湿性粉剂 500 倍液,每隔 7 ~ 10 d 喷药 1 次,连用 1 ~ 3 次。

三、菜豆枯萎病

菜豆枯萎病也称萎蔫病,是一种重要的土传病害。各地栽培区均有发生。

1. 症状

多在初花期开始发病,发病初期先从下部叶片开始,叶片沿叶脉两侧出现不规则形褪绿斑块,然后变成黄色至黄褐色,叶脉呈褐色,触动叶片容易脱落,最后整个叶片焦枯脱落。病株根系不发达,容易拔起。轻病株常在晴天或中午萎蔫,严重时植株成片死亡。本病的典型症状是病株地下根系发育不良,侧根少,容易拔起。发病中后期,剖开病茎,可见维管束变成黄色至黑褐色。叶脉也呈褐色或临近叶脉的叶组织变黄,以后全叶枯黄脱落。受害株结荚显著减少，豆荚背部及腹缝合线也逐渐变为黄褐色。进入花期后病叶大量枯死。潮湿时茎基部常产生粉红色霉状物(图 12-3)。

(a) 病株枯萎死亡

(b) 病株枯萎死亡

(c) 病株根系腐烂

图 12-3　菜豆枯萎病

2. 病原

病原为镰刀菌属尖孢镰刀菌菜豆专化型[*Fusarium oxyporum phaseoli* Kendrick & Snyder]，属半知菌亚门。

3. 发病特点

以菌丝、厚桓孢子或菌核在病残体或带病追肥中越冬，种子可带菌，成为第二年的初侵染来源。病原可以在土壤中营腐生活。主要靠流水传播，也可由根部或根毛顶端细胞直接侵入，在薄壁组织里生长后，进入导管，发育产生大量分生孢子，借助上升的液流扩散到植株的嫩尖、分枝和叶部，引起全株发病。发病最适温度为 24 ~ 28 ℃，相对湿度 80% 以上，特别是雨后晴天病情发展迅速。地势低洼，平畦种植，灌水频繁，田间湿度大，肥力不足，管理粗放，连作地发病较重。

4. 防治技术

(1)农业防治：选用抗病品种。与白菜类、葱蒜类实行 3 ~ 4 年轮作，不与豇豆等连作。高垄栽培，注意排水。及时清理病残株，带出田外，集中烧毁或深埋。

(2)药剂防治：

①种子消毒：用种子质量 0.5% 的 50% 多菌灵可湿性粉剂拌种。

②播种沟施药：每亩用 40% 多菌灵悬浮剂 2.5 kg 或 25% 多菌灵可湿性粉剂 3 kg，兑适量水浇沟内，水渗下后播种覆土。田间出现零星病株灌浇，喷淋病株，使药液沿茎下流入土壤，湿润茎基部土壤，喷淋间隔 10 d。

四、菜豆炭疽病

菜豆炭疽病是菜豆的一种常见病害，各栽培地均有分布。影响菜豆的产量和质量，在运输和储藏期间可继续为害。

1. 症状

幼苗期开始发病，子叶受害，病斑为红褐色近圆形凹陷斑；成株期叶上发病呈褐色多角形小斑；茎上病斑为条状锈色斑，凹陷或龟裂常使幼苗折断；豆荚上发病产生暗褐色小点，逐渐扩大为长圆形病斑，中心稍凹陷，边缘有深红色晕圈；数个病斑能融合为大病斑；潮湿时，茎、荚上病斑分泌出肉红色黏稠物边圈（图 12-4）。

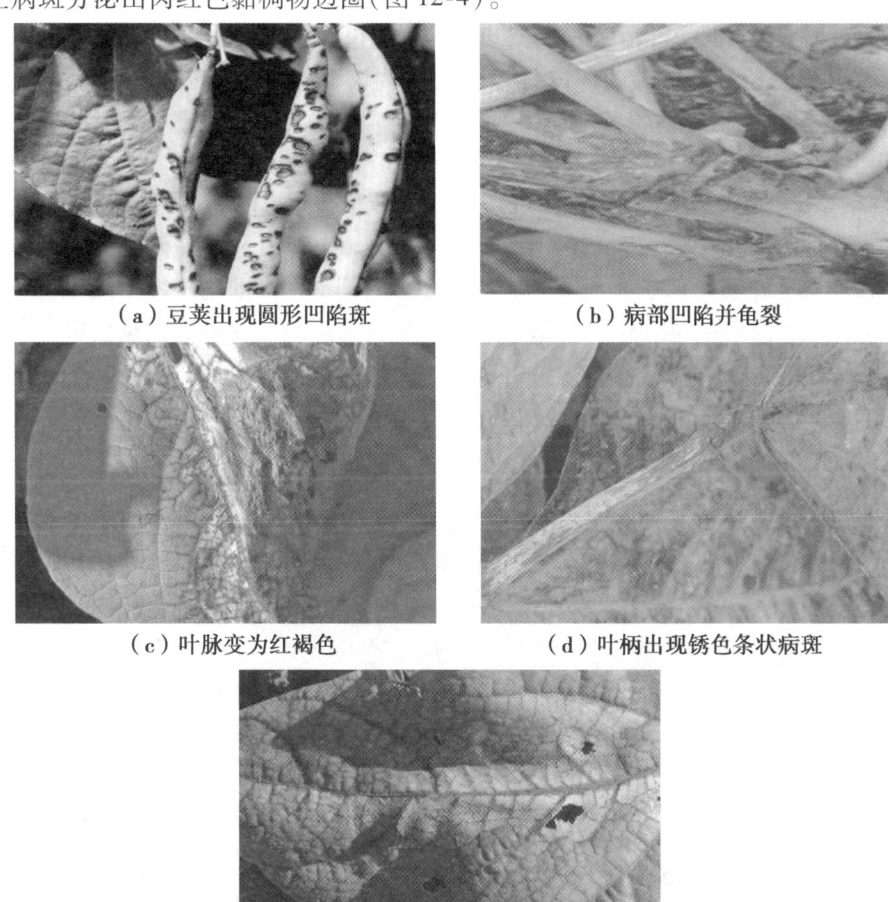

（a）豆荚出现圆形凹陷斑　（b）病部凹陷并龟裂

（c）叶脉变为红褐色　（d）叶柄出现锈色条状病斑

（e）叶脉变红褐色

图 12-4　菜豆炭疽病

2. 病原

病原为刺盘孢菌［*Colletotrichum lindemuthianum*（Sace. et Magn）Br. er Cav］，属半知菌亚门。

3. 发病条件

病菌在种子上可存活 2 年以上，土壤中越冬病菌存活较短。病菌靠风、雨水、昆虫传播，气温在 22 ~ 27 ℃利于发病，高于 30 ℃或低于 15 ℃病害受到抑制。相对湿度接近 100% 时适于发病。气温较低、湿度高、地势低洼、通风不良、栽培过密、土壤黏重、氮肥过量等因素会加重病情。

4. 防治技术

（1）选用抗病品种：菜豆品种间存在着抗病性差异，一般蔓生品种比矮生品种抗病。

（2）种子消毒：从无病田、无病荚上采种。种子粒选，严格剔除病种子。播种前用 45 ℃

温水浸种 10 min,或用 40% 福尔马林 200 倍液浸种 30 min,捞出清水洗净晾干待播,或用种子质量 0.4% 的多菌灵可湿性粉剂拌种。

(3)农业防治:与非豆科蔬菜实行 2 年以上轮作,使用旧架材前以 50% 代森铵水剂 1 000倍液或其他杀菌剂淋洗灭菌。进行地膜覆盖栽培,可防止或减轻土壤病菌传播,降低空气湿度。深翻土地,增施磷肥、钾肥,田间及时拔除病苗,雨后及时中耕,施肥后培土,注意排涝,降低土壤含水量。

(4)药剂防治:发病初期开始喷药,可用 75% 百菌清可湿性粉剂、50% 多菌灵可湿性粉剂等药剂喷雾防治,一般每 5 ~7 d 喷 1 次药,连喷 2 ~3 次。喷药要周到,特别注意叶背面。喷药后遇雨应及时补喷。保护地可用 30% 百菌清烟剂等熏烟防治,每亩用药量为 250 ~ 300 g。

五、菜豆细菌性疫病

菜豆细菌性疫病又称火烧病、叶烧病,是菜豆的一种常见病害。全国各地均有分布。

1. 症状

以为害叶片和豆荚为主。带病种子萌芽抽出子叶多呈红褐色溃疡状,接着病部向着生小叶的节上或第一片真叶的叶柄处乃至整个茎基扩展,造成折断或黄萎。叶片受害初呈暗绿色油渍状小斑点,后渐扩大成不规则形。受害组织逐渐干枯,枯死组织薄、半透明。病斑周围有黄色晕圈,并常分泌菌脓。严重时,许多病斑连接成片,引起叶片枯死,但不脱落,经风雨吹打后,病叶碎裂。湿度大时,部分病叶迅速变黑,嫩叶扭曲畸形。豆荚染病呈褐色圆形斑,中央略凹陷。严重时豆荚皱缩,致使种子染病,产生黑色或黄色凹陷斑,种脐部溢出黄色菌脓(图 12-5)。

(a) 叶片出现红褐色病斑

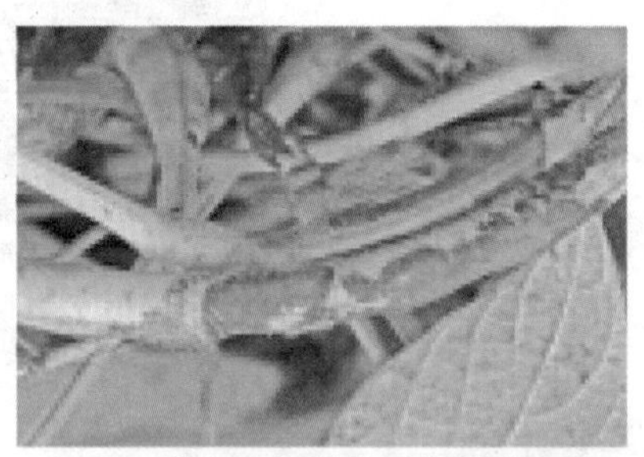

(b) 豆荚出现红褐色不规则形病斑

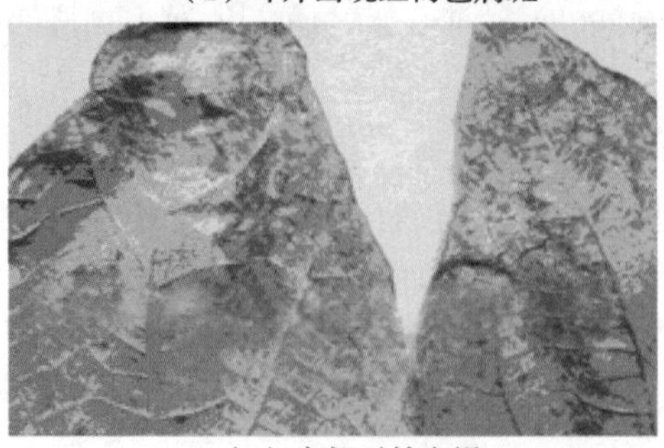

(c) 病部干枯变褐

(d) 病斑周围有黄色晕圈

图 12-5 菜豆细菌性疫病

2. 病原

病原为黄单胞杆菌属菜豆疫病致病型[*Xanthomonas campestris* pv. *phaseoli* (Smith) Dye]细菌引起。

3. 发病条件

典型的高温、高湿型病害。病菌主要在种子内越冬，但也可随病残体留在土壤中越冬。种子带菌2～3年内仍具活力，但病残体分解后病菌死亡。带菌种子发芽后，病菌即侵害子叶及生长点，并生菌脓。这些菌脓中的细菌经由雨水、昆虫及农具传播，从植株的气孔、水孔及伤口侵入。菜豆细菌性疫病的流行程度同环境条件密切相关。高温、高湿环境是发病的关键。

4. 防治技术

(1)农业防治：与非豆科作物轮作2～3年；深翻棚内土壤20～30 cm；选用无病种子。种子消毒，可用45 ℃温水浸种10 min，或用种子质量0.3%的敌磺钠原粉拌种，或用农用链霉素500倍液浸种24 h。切实加强通风除湿，尽量避免菜豆植株直接受雨水淋溅，避免大水漫灌，以减少病菌繁殖传播。

(2)药剂防治：始见病株时，喷洒0.3%农用链霉素液、新植霉素200 mg/kg以及401抗菌剂800倍液等，每隔7 d用药1次，连喷2～3次。同时还要及时防治蚜虫、红蜘蛛等害虫。

任务二　豆科蔬菜虫害识别与防治

一、豆蚜

豆蚜[*Aphis craccivora* Koch]属同翅目蚜科，别名花生蚜、苜蓿蚜，是豆科作物的重要害虫。

1. 为害状

豆蚜成若虫常群集于嫩茎、幼芽、顶端嫩叶、心叶、花器及荚果处吸取汁液。受害严重时，植株生长不良，叶片卷缩，影响开花结实。又因该虫大量排泄“蜜露”，而引起煤污病，使叶片表面铺满一层黑色霉菌，影响光合作用，结荚减少，千粒重下降。

2. 形态特征

无翅胎生雌蚜：体长1.8～2.4 mm，体肥胖黑色、浓紫色，少数墨绿色，具光泽，体披均匀蜡粉。中额瘤和额瘤稍隆。触角6节，比体短，第1、第2节和第5节末端及第6节黑色，余黄白色。腹部第1—6节背面有一大型灰色隆板，腹管黑色，长圆形，有瓦纹。尾片黑色，圆锥形，具微刺组成的瓦纹，两侧各具长毛3根。

有翅胎生雌蚜：体长1.5～1.8 mm，体黑绿色或黑褐色，具光泽。触角6节，第1、第2节黑褐色，第3—6节黄白色，节间褐色，第3节有感觉圈4～7个，排列成行。其他特征与无翅孤雌蚜相似。

若蚜：分4龄，呈灰紫色至黑褐色(图12-6)。

（a）有翅成虫与无翅成虫

（b）若虫群集为害

（c）豆蚜为害豇豆

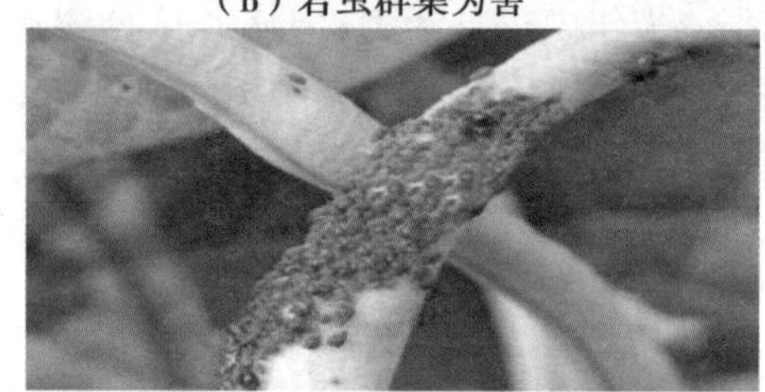
（d）豆蚜为害菜豆

图 12-6 豆蚜

3. **发生特点**

据记载，贵州 1 年发生 20 多代，豆蚜以成、若蚜在蚕豆、冬豌豆或紫云英等豆科植物心叶或叶背处越冬。也有少量以卵在枯死寄主的残株上越冬。豆蚜常群集于嫩茎、幼芽、顶端嫩叶、心叶、花器及荚果处吸取汁液，繁殖力强，条件适合时，4 ~6 d 完成 1 代，每一头无翅胎生雌蚜可以产若虫 100 多头，所以危害性严重。春末夏初气候温暖，雨量适中有利于该虫发生和繁殖。旱地、坡地及生长茂密地块发生重。豆蚜对黄色有较强的趋性，对银灰色有忌避习性，且具较强的迁飞和扩散能力。

4. **防治技术**

（1）农业防治：清除田间地头的杂草、残株、落叶子并烧毁，减少虫口密度。

（1）黄板诱蚜：杀灭迁飞的有翅蚜，加强田间检查、虫情预测预报。

（2）药剂防治：在田间蚜虫点片发生阶段要重视早期防治，用药间隔期 7 ~10 d，连续用药 2 ~3 次。可选用 20% 吡虫啉可湿性粉剂、10% 高效氯氰菊脂乳油等药剂进行喷雾防治。

二、豌豆潜叶蝇

豌豆潜叶蝇[*Chromatomyiahorticola* Gourean] 属双翅目潜叶蝇科，又称油菜潜叶蝇，俗称拱叶虫、夹叶虫、叶蛆等。它是一种多食性害虫，有 130 多种寄主植物，在蔬菜上主要为害豌豆、蚕豆、茼蒿、芹菜、白菜、萝卜和甘蓝等。

1. **为害状**

幼虫在叶内潜食叶肉，留下白色表皮，形成弯曲不规则的潜道。严重时潜道通连，叶肉大部分被破坏，以致叶片枯白早落。幼虫还能潜食嫩荚及花梗，造成落花，影响结荚。

2. **形态特征**

成虫是一种很小的蝇类。雌蝇体长 2.3 ~2.7 mm，雄蝇体长 1.8 ~2.1 mm。全体铅灰色，有许多刚毛。头部黄色，复眼红褐色。腹部腹面两侧和各节后缘暗黄色。足灰黑色，腿节与胫节连接处黄色。翅半透明，有彩色反光。卵长椭圆形，淡灰白色，表面有皱纹。幼虫蛆形,老熟幼虫体长 2.9～3.4 mm。初孵化幼虫乳白色,或变黄白色或鲜黄色。蛹椭圆形,初鲜黄色后变黄褐色或黑褐色(图 12-7)。

(a)成虫

(b)幼虫与蛹

(c)幼虫为害状

图 12-7　豌豆潜叶蝇

3. **发生特点**

以蛹在被害枯叶上越冬。3 月末 4 月初出现成虫,4 月中旬为成虫盛期。成虫有趋光性,活泼好动,喜欢在油菜、紫云英的花上吃花蜜。卵多产在比较嫩的叶片背面边缘;自然情况下,有选择健壮植株产卵的习性,幼虫孵化后,很快就能取食叶肉,边食边向前钻,随着虫体的增大,隧道越来越大。老熟后即在隧道末端化蛹。成虫发生的适宜温度为 16～18 ℃,幼虫为 20 ℃左右。温度过高,对其生长发育不利。超过 35 ℃,虫体不能生存。

4. **防治技术**

(1)清除园田:收获后,彻底清理豆秧残株,妥善处理。清除田间、地头杂草。

(2)化学防治:利用成虫飞翔在寄主植物丛中取食的习性,于越冬蛹羽化成虫盛期,在田间点喷诱杀剂,诱杀成虫,减少产卵及孵化幼虫的危害。可用 3% 糖液加少量敌百虫作诱杀剂。每 5 m^2 内点喷 10～20 株,每隔 3～5 d 喷 1 次,连喷几次。成虫盛期后 2～3 d 及时喷药防治,可以选用辛硫磷、溴氰菊酯、氰戊菊酯等农药进行喷雾。

三、豆荚螟

豆荚螟[*Etiella zinckenella*(Trietschke)]属鳞翅目螟蛾科,又称豆荚斑螟、大豆荚螟,为世界性分布的豆类害虫。我国各地均有发生,豆荚螟为寡食性,寄主为豆科植物,是南方豆类的主要害虫。

1. **为害状**

以幼虫在豆荚内蛀食豆粒,被害籽粒重则蛀空,仅剩种子柄;轻则蛀成缺刻,几乎不能作种子;被害籽粒还充满虫粪,变褐以致霉烂。一般豆荚螟从荚中部蛀入。

2. 形态特征

成虫：体长约 13 mm，翅展 24～26 mm，暗黄褐色。前翅黄褐色，前缘色较淡，在中室端部有一个白色透明斑，在中室内及中室下方各有 1 个白色透明的小斑纹。后翅白色半透明，内侧有暗棕色波状纹。前后翅均具有紫色闪光。

幼虫：共 5 龄，老熟幼虫体长约 18 mm，体黄绿色，头部及前胸背板褐色。中、后胸背板上有黑褐色毛片 6 个，排列成两排，前列 4 个较大，各具 2 根刚毛，后列 2 个较小无刚毛；腹部各节背面具同样毛片 6 个，但各自只具 1 根刚毛。

卵：椭圆形，长约 0.5 mm，表面密布不明显的网纹，初产时乳白色，渐变红色，孵化前呈浅菊黄色。

蛹：体长 9～10 mm，黄褐色，臀刺 6 根，蛹外包有白色丝质的椭圆形茧（图 12-8）。

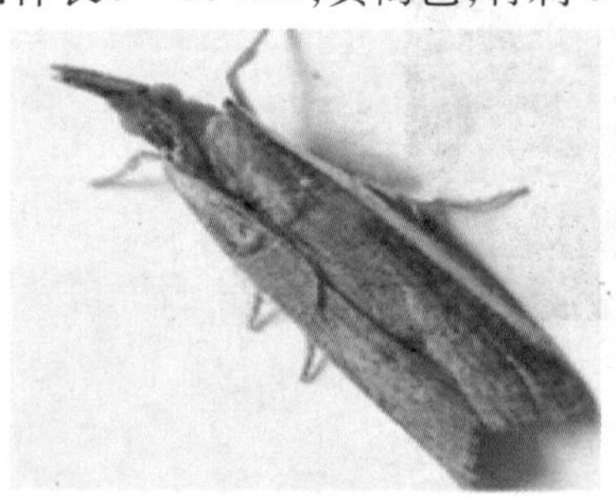

（a）成虫

（b）幼虫为害状

图 12-8　豆荚螟

3. 发生特点

据记载，贵州 1 年发生 4～5 代，以老熟幼虫在大豆本田及晒场周围土中越冬。该虫发育适温为 25～30 ℃，相对湿度 80% 以上。成虫以夜间活动为主，卵产在含苞欲放的花蕾或花瓣上，初孵幼虫先在荚面爬行 1～3 h，再在荚面吐丝结一白色薄茧（丝囊）躲藏其中，经6～8 h，咬穿荚面蛀入荚内。幼虫进入荚内后，即蛀入豆粒内为害，3 龄后才转移到豆粒间取食，4～5 龄后食量增加，在一荚内食料不足或环境不适，可以转荚为害。豆荚螟为害先在植株上部，渐至下部，一般以上部幼虫分布最多。幼虫在豆荚籽粒开始膨大到荚壳变黄绿色前侵入时，存活显著减少。幼虫除为害豆荚外，还能蛀入豆茎内为害。老熟的幼虫咬破荚壳，入土作茧化蛹，茧外粘有土粒，称土茧。

4. 防治技术

（1）农业防治：合理轮作；灌溉灭虫，在水源方便的地区，可在秋、冬灌水数次，提高越冬幼虫的死亡率，在大豆开花结荚期，灌水 1～2 次，可增加入土幼虫的死亡率，从而增加大豆产量；选种抗虫；豆科绿肥在结荚前翻耕沤肥，种子绿肥及时收割，尽早运出本田，减少本田越冬幼虫的数量。

（2）物理防治：用黑光灯诱杀成虫。

（3）生物防治：于产卵始盛期释放赤眼蜂，对豆荚螟的防治效果可达 80% 以上；老熟幼虫入土前，田间湿度高时，可施用白僵菌粉剂，减少化蛹幼虫的数量。

（4）药剂防治。

①地面施药：老熟幼虫脱荚期，毒杀入土幼虫，以粉剂为佳，可选用 40% 辛硫磷乳油、10% 高效溴氰菊酯乳油等农药进行喷雾。

②晒场处理：在大豆堆垛地及周围 1 ~ 2 m^2，撒施上述药剂、低浓度粉剂或含药毒土，可使脱荚幼虫死亡 90% 以上。

四、大豆食心虫

大豆食心虫[*Leguminivora glycinivorella* (Mats)]属鳞翅目小卷蛾科，俗称大豆蛀荚虫、小红虫。贵州栽培地均有发生，是重要的豆类害虫。

1. 为害状

以幼虫蛀食豆荚，幼虫蛀入前均作一白丝网罩住幼虫，一般从豆荚合缝处蛀入，被害豆粒被咬成沟道或残破状，豆荚内充满粪便，降低大豆的产量和质量。

2. 形态特征

成虫体长 5 ~6 mm，翅展 12 ~14 mm，黄褐至暗褐色。前翅前缘有 10 条左右黑紫色短斜纹，外缘内侧中央银灰色，有 3 个纵列紫斑点。雄蛾前翅色较淡，有翅缰 1 根，腹部末端较钝。雌蛾前翅色较深，翅缰 3 根，腹部末端较尖。卵扁椭圆形，长约 0.5 mm，橘黄色。幼虫体长 8 ~10 mm，初孵时乳黄色，老熟时变为橙红色。蛹长约 6 mm，红褐色。腹末有 8 ~10 根锯齿状尾刺(图 12-9)。

(a) 幼虫

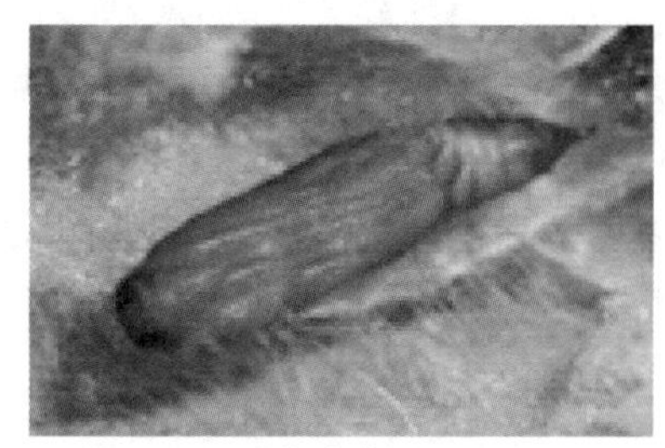

(b) 蛹

图 12-9　大豆食心虫

3. 发生特点

大豆食心虫 1 年仅发生 1 代，以老熟幼虫在豆田、晒场及附近土内做茧越冬。成虫有趋光性，黑光灯下可大量诱到成虫。成虫产卵时间多在黄昏。成虫产卵对豆荚部位、大小、品种特性等有明显的选择性。绝大多数的卵产在豆荚上，少数卵产于叶柄、侧枝及主茎上。初孵幼虫行动敏捷，在豆荚上爬行时间一般不超过 8 h，个别可达 24 h 以上。入荚的幼虫可咬食约两个豆粒，并在荚内为害直达末龄，正值大豆成熟时，幼虫逐渐脱荚入土做茧越冬。

大豆食心虫喜中温高湿，高温干燥和低温多雨，均不利于成虫产卵。大豆食心虫喜欢在多毛的品种上产卵，结荚时间长的品种受害重，大豆荚皮的木质化隔离层厚的品种对大豆食心虫幼虫钻蛀不利。

4. 防治技术

(1)农业防治：选种抗虫品种。合理轮作，尽量避免连作。豆田翻耕，尤其是秋季翻耕，增加越冬死亡率，减少越冬虫源基数。

(2)生物防治:赤眼蜂对大豆食心虫的寄生率较高。可以在卵高峰期释放赤眼蜂,每公顷释放30万~45万头,可降低虫食率43%左右。撒施菌制剂。将白僵菌撒入田间或垄台上,增加对幼虫的寄生率,减少幼虫化蛹率。

(3)灯光趋杀:成虫有趋光性,黑光灯下可大量诱捕成虫。

(4)药剂防治:在成虫盛发期8月上中旬,雄虫雌虫性比大致为1∶1时,可以用10%氯氰菊酯乳油等药剂进行防治。

项目实训十二 豆科蔬菜病虫害识别

一、目的要求

了解本地豆科蔬菜常见病虫害种类,掌握豆科蔬菜常见病害症状和病原菌形态特征,掌握豆科蔬菜常见害虫形态和为害特点,学会识别豆科蔬菜病虫害的主要方法。

二、材料准备

病害标本:豆科根腐病、菜豆病毒病、菜豆枯萎病、菜豆炭疽病、菜豆细菌性疫病的新鲜标本、盒装标本、浸渍标本、病原菌玻片标本、照片及多媒体课件等。

虫害标本:豆蚜、豌豆潜叶蝇、豆荚螟、大豆食心虫害虫的盒装标本、浸渍标本、照片及多媒体课件等。

工具:显微镜、体视显微镜、多媒体教学设备、放大镜、挑针、解剖刀、载玻片、盖玻片、吸水纸、镜头纸、蒸馏水。

三、实施内容与方法

1. 豆科蔬菜病害识别

(1)观察豆科根腐病病根,注意根部颜色,侧根或者主根皮层是否腐烂,有无粉红色霉状物,病株下部叶片是否发黄,叶缘是否焦枯,叶片是否脱落,观察病株茎基部是否变色,病部有无下陷和开裂。用显微镜观察豆科根腐病病原示范玻片,注意菌丝特征,是否有分隔,分生孢子形状、类型,是否有厚垣孢子,着生在菌丝顶端部还是中间,单生还是串生。

(2)观察菜豆枯萎病发病植株标本,注意根部是否腐烂,茎蔓是否稍溢缩,茎是否纵裂有松香状胶质物流出,病部有无粉红色霉层产生,茎维管束是否变褐色,被害株地上部分叶片是否萎蔫。用挑针挑取茎基部的霉状物制片,在显微镜下观察分生孢子梗和分生孢子特征。

(3)观察菜豆细菌性疫病叶片,注意病叶是否有不规则形深褐色病斑,病斑周围是否有黄色晕圈,豆荚上是否有近圆形或不规则形的褐色病斑,病斑是否凹陷,茎部是否有凹陷的长条形病斑,种皮是否皱缩,脐部是否有凹陷的黄褐色病斑,潮湿时病部是否有黄色菌脓或菌膜。

(4)观察菜豆炭疽病标本病叶或者病荚,注意病叶和病荚上病斑的大小、形状和颜色,用放大镜观察病斑上小黑点的排列情况。叶片病斑颜色、形状、边缘是否清楚,病斑是否凹陷,有无轮纹颗粒物。

(5)观察菜豆病毒病标本,注意区别花叶型、条纹型或者是蕨叶型。

(6)观察当地豆类其他病害的标本,注意观察叶片、果实上的症状特点。可取菌制片,在显微镜下观察病原菌的形态。

2. 豆科蔬菜虫害识别

(1)观察豌豆潜叶蝇成虫体形大小、体色和体背的颜色;头及复眼的颜色,触角的颜色、长短、节数;足的颜色;卵的形状、颜色、大小;幼虫的体色、大小;蛹的形状、大小、颜色等特征。成虫触角及其前翅的类型、危害部位和危害状,观察当地常见豌豆潜叶蝇类成、若虫的主要区别特征。

(2)观察豆荚螟幼虫标本,注意观察头部、前胸背板、胸、腹部、触角和腹末等形态特征、危害状。观察前胸背板、中胸后缘两侧、后胸及各腹节前半部是否有散生的粗细不一的刻点。观察当地豆螟成幼虫之间主要特征区别。

(3)观察大豆食心虫标本,注意幼虫体色变化,趾钩特征,用显微镜观察当地大豆食心虫成幼虫的主要区别特征。

(4)观察豆蚜标本,注意有翅胎生雌蚜、无翅胎生雌蚜及若蚜的体形,体色,翅的有无及特征,额瘤的有无,腹管的形状、颜色、长短,尾片的形状、颜色、有无刚毛着生等。

(5)观察豆科蔬菜其他害虫形态特征。

四、学习评价

评价内容	评价标准	分值	实际得分	评价人
1. 豆科蔬菜病害的症状、病原、发生特点和防治技术 2. 豆科蔬菜虫害的为害状、形态特征、发生特点和防治技术	每个问题回答正确得10分	20分		教师
1. 能正确进行豆科蔬菜虫害症状的识别 2. 能结合症状和病原对前述豆科蔬菜病害作出正确的诊断 3. 能根据前述不同豆科蔬菜病害的发病规律,制订有效的综合防治方法	操作规范、识别正确、按时完成。每个操作项目得10分	30分		教师
1. 正确识别当地常见豆科蔬菜虫害标本 2. 描述当地常见豆科蔬菜害虫的为害状 3. 能根据豆科蔬菜虫害的发生规律,制订有效的综合防治措施	操作规范、识别正确、按时完成。每个操作项目得10分	30分		教师
团队协作	小组成员间团结协作,根据学生表现评价	10分		小组互评
团队协作	计划执行能力,过程的熟练程度	10分		小组互评

思考与练习

1. 贵州豆科蔬菜主要病虫种类有哪些?
2. 豆科根腐病、菜豆枯萎病症状、发病特点及防治技术有何异同?
3. 如何防治菜豆炭疽病?
4. 菜豆细菌性疫病症状特点是什么?
5. 豌豆潜叶蝇、豆螟的发生特点是什么,如何防治?

项目十三　草莓病虫害识别与防治

📖 **学习目标**

1. 了解当地草莓植物病虫的主要种类。
2. 掌握草莓病害的症状及虫害的形态特征。
3. 了解草莓植物病虫害的发生、发展规律。
4. 掌握符合当地实际情况的病虫害综合防治技术和生态防治技术。

任务一　草莓病害识别与防治

一、草莓灰霉病

草莓灰霉病是草莓重要的病害，分布广，直接危害花器和果实，严重发生年份可导致草莓减产50%左右。

1. 症状

症状出现在开花后，在叶柄、叶片、花蕾、果柄、果实上均可发病。叶上发病前症状：花萼片变红色，发病时产生褐色水浸状病斑，在高湿条件下，叶背出现白色绒毛状菌丝。叶柄、果柄受侵染后变褐，病斑常环绕叶柄、果柄，最后萎蔫、干枯。被害果实症状最明显，发病常在接近果实成熟期。果实发病初期出现油渍状淡褐色小斑点，进而斑点扩大，使全果组织变软腐烂。受侵染的果的表面，常生出一层灰霉状物（图13-1）。

2. 病原

病原菌为草莓灰霉病[*Botrytis cinerea* Pers]，属半知菌亚门。

3. 发病特点

病菌以菌丝体、分生孢子随病残体或菌核在土壤内越冬。通过气流、浇水或农事活动传播。温度0～35 ℃，相对湿度80%以上均可发病，以温度0～25 ℃、湿度90%以上或植株表面有积水适宜发病。空气湿度高，或浇水后逢雨天或地势低洼积水等，特别有利此病的发生与发展。平畦种植或卧栽盖膜种植病害严重；高垄、地膜栽培病害轻。

4. 防治技术

（1）收获后彻底清除病残落叶：移栽或育苗整地前对棚膜、土壤及墙壁等表面喷雾，进行

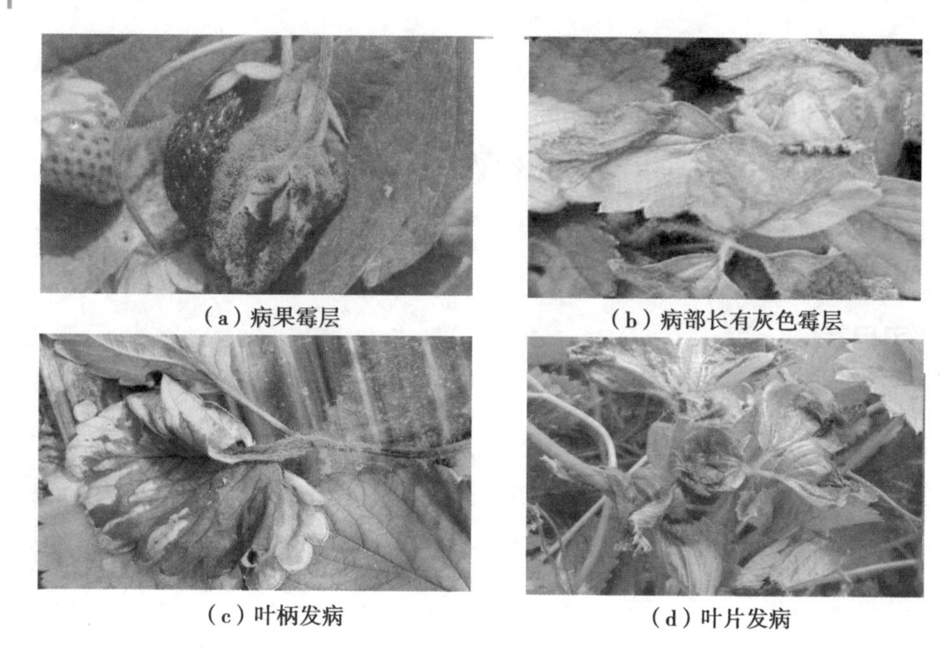

（a）病果霉层　（b）病部长有灰色霉层　（c）叶柄发病　（d）叶片发病

图 13-1　草莓灰霉病

消毒灭菌，并配合新高脂膜增强药效。

（2）采用高垄地膜覆盖或滴灌节水栽培：选用紫外线阻断膜抑制菌核萌发。开花前期、开花坐果期和浇水前喷药防治，促进果实发育，重点保花保果，协调营养平衡，防治草莓畸形发生，使草莓丰产优质，浇水后加大放风量。

（3）发病处理方法：一旦发病，应及时小心地将病叶、病花、病果等摘除，放塑料袋内带出棚、室外妥善处理。发病后应适当提高管理温度。

二、草莓褐斑病

草莓褐斑病又称轮纹病，是草莓生产中常见病害之一，严重时可以造成幼苗枯死，直接影响草莓产量。

1. 症状

主要为害叶片。发病初期出现边缘不明显的紫褐色小斑，而后扩展成大小不等的圆形至椭圆形病斑，病斑中部褪为黄褐色至灰白色，边缘紫褐色，斑面轮纹明显或者不明显，其上密生小黑点（图 13-2）。

2. 病原

病原为暗拟茎点霉[*Dendrophoma obscurans*（Ell. et Ev. ）Anderson]，属半知菌亚门。

3. 发生特点

病原菌以菌丝体和分生孢子器在病叶组织内或随病残体遗落土中越冬，在园间可通过雨水溅射传播。病害发生盛期正遇花芽分化期，可影响下年产量。病害在老草莓园及栽植过密、杂草多的地块容易发生，多雨、在夏末湿度大的情况下发生重；衰老的叶片抗病性差；品种间抗病性也有明显的差别。

(a)叶片发病

(b)病部长有灰色的霉状物

(c)病斑边缘紫褐色

(d)病斑边缘紫褐色

图 13-2　草莓褐斑病

4. 防治技术

(1)加强栽培管理:合理密植,保证通风透光;及时清除田间的老叶、病叶,并集中烧毁;科学施肥,避免偏施氮肥,引起植株徒长。

(2)药剂防治:现蕾开花期喷施杀菌剂,一般间隔 10 d 左右喷 1 次,共喷 2 ~ 3 次,可选择的药剂有等量式波尔多液 200 倍液、10% 苯醚甲环唑水分散剂 1 500 倍液等。

三、草莓白粉病

草莓白粉病是草莓生产中的主要病害,发生严重时,病叶率在 45% 以上,病果率 50% 以上,严重影响草莓的产量、品质和经济效益。

1. 症状

草莓白粉病主要危害叶片,也可侵染果梗、果实、叶柄。发病初期,叶背局部出现薄薄的的白色菌丝,后期菌丝密集成粉状层,病原菌逐渐扩展蔓延到全株,随着病情加重,叶片向上卷曲,成汤匙状。花蕾、花感病后,花瓣变为红色,花蕾不能开放。果实感病后果面将覆盖白色粉状物,果实停止生长,着色差,几乎失去商品价值(图 13-3)。

(a)草莓病果密生白色粉状物

(b)草莓叶片背面的白色粉状物

图 13-3　草莓白粉病

2. 病原

病原菌为羽衣草单囊壳菌[*Sphaerotheca aphanis* (Wallr.) Braun],属子囊菌亚门单囊壳属。

3. 发病特点

(1)发病与温度、湿度的关系:草莓白粉病为低温高湿病害,发病适宜温度为15～25 ℃,分生孢子发生和侵染适宜温度为20 ℃左右,相对湿度90%以上。如果在深秋至早春遇到连续阴、雨、雾、雪等少日照天气,温度低,相对湿度大时有利于孢子的不断产生,反复侵染,致使该病暴发成灾。

(2)发病与栽培管理的关系:大棚连作草莓发病早且重,病害始见期比新建大棚提早约1个月。前者始病期多在10月中旬,后者在11月中旬才出现发病中心。施肥与病害关系密切,偏施氮肥,草莓生长旺盛,叶面大而嫩绿易患白粉病。如适期、适量施氮肥,增施磷钾肥的则发病较轻。

4. 防治技术

草莓白粉病防治应以预防为主,综合应用农业防治,安全使用药剂防治。

(1)农业防治:发病期,及时清除病株残体,病果、病叶、病枝等。集中带到室外深埋或烧掉,消灭菌源。拉秧后彻底清除病残落叶及残体。对保护地、田间做好通风降湿,保护地减少或避免叶面结露。不偏施氮肥,增施磷肥、钾肥,培育壮苗,以提高植株自身的抗病力。适量灌水,阴雨天或下午不宜浇水,预防冻害。

(2)注意事项:草莓白粉病重点在于预防,发病严重后防治效果有限。唑类药物是防治温室草莓白粉病的常用药,一次用药量过大或多次用药,会对草莓生长产生抑制作用。大量使用药剂会造成后期出现畸形果;注意安全操作,避免发生中毒事件。

四、草莓炭疽病

草莓炭疽病是草莓苗期的主要病害之一,贵州草莓产区发生较为普遍。

1. 症状

草莓株叶染病后的明显特征是受害可造成局部病斑和全株萎蔫枯死。匍匐茎、叶柄、叶片染病,初始产生直径3～7 mm的黑色纺锤形或椭圆形溃疡状病斑,稍凹陷;当匍匐茎和叶柄上的病斑扩展成为环形圈时,病斑以上部分萎蔫枯死,湿度高时病部可见肉红色黏质孢子堆。该病除引起局部病斑外,还易导致感病品种尤其是草莓秧苗成片萎蔫枯死;当母株叶基和短缩茎部位发病,初始1～2片展开叶失水下垂,傍晚或阴天恢复正常,随着病情加重,则全株枯死。虽然不出现心叶矮化和黄化症状,但若取枯死病株根冠部横切面观察,可见自外向内发生褐变,而维管束未变色。浆果受害,产生近圆形病斑,淡褐至暗褐色,软腐状并凹陷,后期也可长出肉红色黏质孢子堆(图13-4)。

2. 病原

病原菌为草莓炭疽菌[*Colletotrichum fragariae* Brooks],属半知菌亚门毛盘孢属。

3. 发生特点

病菌以分生孢子在发病组织或落地病残体中越冬。在田间分生孢子借助雨水及带菌的

病叶呈椭圆形溃疡状，病斑稍凹陷

图 13-4　草莓炭疽病

操作工具、病叶、病果等进行传播；病菌侵染最适气温为 28 ~ 32 ℃，相对湿度在 90% 以上，是典型的高温高湿型病菌。5 月下旬后，当气温上升到 25 ℃以上，草莓匍匐茎或近地面的幼嫩组织易受病菌侵染，7—9 月在高温高湿条件下，病菌传播蔓延迅速，特别是连续阴雨或阵雨 2 ~ 5 d 或台风过后的草莓连作田、老残叶多、氮肥过量、植株幼嫩及通风透光差的苗地发病严重，可在短时期内造成毁灭性的损失。近几年来，该病的发生有上升趋势，尤其是在草莓连作地，给培育壮苗带来了严重障碍。

4. 防治技术

(1) 农业防治：选用抗病品种，育苗地要严格进行土壤消毒，避免苗圃地多年连作，尽可能实施轮作制。控制苗地繁育密度，氮肥不宜过量，增施有机肥和磷钾肥，培育健壮植株，提高植株抗病力。及时摘除病叶、病茎、枯叶及老叶以及带病残株，并集中烧毁，减少传播。对易感病品种可采用搭棚避雨育苗，或夏季高温季节育苗地遮盖遮阳网，减轻此病的发生危害。

(2) 化学防治：草莓匍匐茎伸长是防治的关键，田间摘老叶及降雨的前后进行重点防治。可以用 25% 嘧菌酯悬浮剂 1 000 ~ 2 000 倍液等定期喷雾。及时挖除病株，摘除病叶、病茎，并集中烧毁；3 万株以上苗地挖除老株，并可假植部分苗，以减低密度。

五、草莓枯萎病

枯萎病是草莓的主要病害，一旦发病就会迅速蔓延，很难根治。

1. 症状

草莓枯萎病多在苗期或开花至收获期发病。初期仅心叶变黄绿或黄色，有的卷缩或呈波状产生畸形叶，致病株叶片失去光泽，植株生长衰弱，在 3 片小叶中往往有 1 ~ 2 片畸形或变狭小硬化，且多发生在一侧。老叶呈紫红色萎蔫，后叶片枯黄，最后全株枯死。受害轻的病株症状有时会消失，而被害株的根冠部、叶柄、果梗维管束都变成褐色至黑褐色。根部变褐后纵剖镜检可见长的菌丝。轻病株结果减少，果实不能正常膨大，品质变劣和减产，匍匐茎明显减少。枯萎与黄萎近似，但枯萎心叶黄化，卷缩或畸形，并且主要发生在高温期（图 13-5）。

2. 病原

病原为尖镰孢菌草莓专化型［*Fusarium oxysporum* Schl. f. sp. *fragariae* Winkset Willams］，属半知菌亚门。

病株萎蔫症状

图 13-5　草莓枯萎病

3. 发生特点

病菌以菌丝体和厚垣孢子随病残体遗落土中越冬或者在种子上越冬，在园间可通过病根、病叶经土壤和水传播。带菌土壤是病害侵染的主要来源。病菌从草莓根部侵入，并在维管束里移动扩展。15～18 ℃开始发病，22 ℃以上发病严重，25～30 ℃会造成病株枯死，萎蔫也多。连作，土质黏重，地势低洼，耕作粗放，土壤过酸，施肥不足，偏施氮肥，施用未腐熟肥料等，均能引起植株根系发育不良，使病害加重。

4. 防治技术

（1）植物检疫：对秧苗要进行检疫，建立无病苗圃，从无病田分苗，栽植无病苗。

（2）农业防治：栽植草莓田与禾本科作物进行 3 年以上轮作，最好能与水稻等水田作物轮作，效果更好。提倡施用酵素菌沤制的堆肥。选用抗病品种。

（3）化学防治：发现病株及时拔除集中烧毁，病穴用生石灰消毒。重茬田于定植前打眼熏蒸消毒。可用50%多菌灵可湿性粉剂 600～700 倍液喷雾，施药后以塑料薄膜覆盖，7 d 后种植。

六、草莓病毒病

病毒病是草莓生产中普遍发生、危害严重的病害。由于该病具有潜伏性侵染的特性，植株不能很快表现症状，因此生产中容易被人们所忽视。

1. 症状

该病是由病毒引起的，目前已知侵染草莓的病毒多达数十种。贵州草莓的病害主要有以下几种症状：

（1）草莓斑驳病毒：单独侵染草莓时无明显症状，但与其病毒复合侵染时则使病株严重矮化，使叶边变黄、失绿。

（2）草莓轻型黄边病毒：单独侵染病株轻微矮化。复合侵染后，引起黄化或失绿，老叶变红，植株矮化，叶脉下弯或全部扭曲，造成严重减产。

（3）草莓镶脉病毒：单独侵染无明显症状。复合侵染后，叶脉皱缩，叶片扭曲，同时沿叶脉形成黄白或紫色病斑，严重减产（图 13-6）。

2. 病原

由多种病毒单独或复合侵染引起，主要有草莓斑驳病毒（SMOV）、草莓轻型黄边病毒

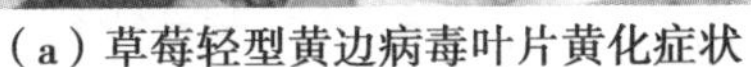

(a) 草莓轻型黄边病毒叶片黄化症状

(b) 草莓镶脉病毒叶片症状

图 13-6　草莓病毒病

(SMYEV)、草莓皱缩病毒(SCrV)、草莓镶脉病毒(SVBV)。

3. 发病特点

病毒主要在草莓种株上越冬,通过蚜虫传毒;但在一些栽培品种上并不表现明显的症状,在野生草莓上则表现明显的特异症状。病莓病的发生程度与草莓栽培年限成正比,品种间抗性有差异,但品种抗性易退化。重茬地由于昆虫的数量增多,发生加重。

4. 防治技术

(1)农业防治:培育无毒母株,栽植无毒秧苗。加强田间检查:发现病株立即拔除并烧毁。选用抗病品种:如美国草莓 3 号,中国草莓 1 号等。培养无毒种苗:发展草莓茎尖脱毒技术,建立无毒苗培育供应体系,栽培额度种苗。引种严格剔除病种苗,不从重病区引种。

(2)无公害防治:①预防。在缓苗期,一般覆膜后,使用病毒Ⅱ号 450 倍液,同时添加渗透剂如牛奶、有机硅等,进行喷雾,连喷 2 次,2 次间隔期 3 ~4 d。②控制。发病后,使用病毒 1 号 40 g 加纯牛奶 200 mL 兑水 15 kg,进行喷雾连喷 2 ~3 次,间隔 2 d 左右。

(3)消灭蚜虫:秧苗定植时每亩用 4.5% 高效氯氟氰菊酯乳油 3 050 mL,加水 40 ~50 kg,细致喷洒杀灭之,做到净苗入室,以后发生蚜虫危害,可在夜晚封闭设施,后点燃蚜虫净发烟弹(每 350 m^2 温室 4 枚)熏蒸 8 ~10 h 消灭之;也可以结合防病,根外喷肥喷洒 2% 阿维菌素乳油 3 000 倍液。

任务二　草莓虫害识别与防治

一、朱砂叶螨

朱砂叶螨[*Tetranychus cinnbarinus*(Boisduval)]属真螨目叶螨科,又称红蜘蛛,是草莓生长中为害严重的害虫,为害草莓、茄子、辣椒等。草莓栽培区均有分布。

1. 为害状

红蜘蛛聚集在叶背面刺吸汁液,破坏叶绿素,受害叶片出现针头大小的褪绿斑。严重时,整个叶片发黄、边缘向背面卷缩,直至叶片呈干枯脱落,由于成螨有吐丝结网习性,通常受害地块可见叶片表面有一层白色丝网,严重影响叶片的光合作用。

2. 形态特征

(1)成螨:长 0.42 ~0.52 mm,体色变化大,一般为红色,桃形,体背两侧各有黑长斑一块。雌成螨深红色,体两侧有黑斑,椭圆形。

(2)卵:圆球形,光滑,越冬卵红色,非越冬卵淡黄色较少。

(3)幼螨:近圆形,有足 3 对。越冬代幼螨红色,非越冬代幼螨黄色。越冬代若螨红色,非越冬代若螨黄色,体两侧有黑斑。

(4)若螨:有足 4 对,体侧有明显的块状色素(图 13-7)。

(a)红蜘蛛成螨

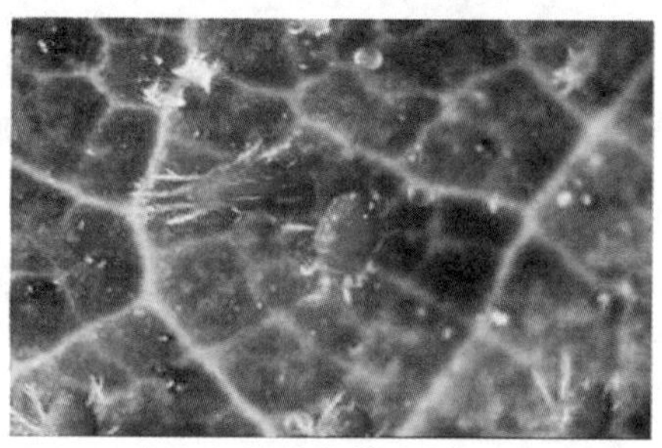
(b)红蜘蛛成螨为害状

图 13-7　红蜘蛛

3. 发生特点

幼螨和前期若螨不甚活动,后期才开始活泼贪食,螨类的传播是靠风、雨、种苗及人体、工具等。1 年可以发生 10 代以上,世代重叠,周年危害。以雌性成虫在杂草、枯枝落叶及土缝中越冬,第二年春产卵,孵化后开始活动危害。高温干燥是诱发螨虫大量发生的有利条件。

4. 防治技术

草莓育苗期间注意及时浇水,避免干旱。红蜘蛛多以植株下部老叶栖息密度大,因此摘除老叶和枯黄叶可有效减少虫源传播。

二、野蛞蝓

野蛞蝓[*Deroceras reticulatum*(Muller)]为陆生软体动物,属复足纲蛞蝓科的一种。常在农田、菜窖、温室、草丛一级竹市附近的下水道等潮湿多腐殖质的地方生活。

1. 为害状

野蛞蝓一般白天潜伏,晚上咬食植物的幼芽、嫩叶、果实等部位。幼苗受害可造成缺苗断垄,严重时成片被毁;成枝期叶片出现缺刻或者孔洞,严重时仅残存叶脉,保护地栽培的草莓,果实被咬食后,常造成空洞。野蛞蝓能分泌一种黏液,黏液干后呈银白色,所以即使未被咬食,凡该虫爬过的果实,果面留有黏液,令人厌恶,商品价值大大降低。

2. 形态特征

成虫体伸直时体长约 50 mm。长梭形,柔软、光滑而无外壳,体表浅黄白色或灰红色。触角 2 对,口腔内有角质齿舌。体背前端具外套膜,为体长的 1/3,边缘卷起,其内有退化的贝壳(即盾板),上有明显的同心圆线,即生长线。同心圆线中心在外套膜后端偏右。呼吸孔在体右侧前方，其上有细小的色线环绕。卵椭圆形，韧而富有弹性，直径 2～2.5 mm。白色透明可见卵核，近孵化时色变深。幼虫初孵幼虫体长 2～2.5 mm，淡褐色，体形同成虫。黏液白色（图 13-8）。

（a）野蛞蝓

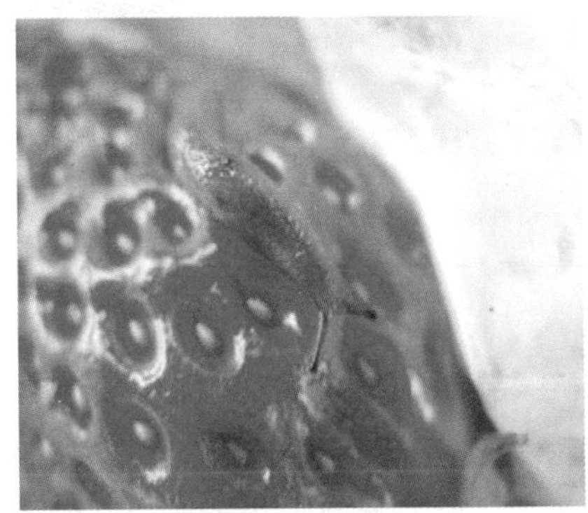
（b）野蛞蝓为害果实

图 13-8　蛞蝓

3. 发生特点

蛞蝓以成幼体在作物根部湿土下越冬。5—7 月在田间大量活动为害，入夏气温升高，活动减弱，秋季气候凉爽后，又活动为害。野蛞蝓怕光，强光下 2～3 h 即死亡，因此均夜间活动，从傍晚开始出动，晚上 10—11 时达高峰，清晨之前又陆续潜入土中或隐蔽处。耐饥力强，在食物缺乏或不良条件下能不吃不动。阴暗潮湿的环境易于大发生，当气温为 11.5～18.5 ℃，土壤含水量为 20%～30%时，对其生长发育最为有利。

4. 防治技术

（1）秋冬深翻土地，将虫体、卵等暴露于地表，风干、冻死或被天敌取食。

（2）利用石灰粉构建隔离带或破坏其栖息地及产卵场所。

（3）用菜叶等引诱，并人工杀死成虫。

三、大黑鳃金龟

东北大黑鳃金龟［*Holotrichia diomphalia* Bates］属鞘翅目鳃金龟科，幼虫称蛴螬，杂食性，草莓栽培地均有发生。

1. 为害状

幼虫栖息在土壤中，取食萌发的种子，造成缺苗断垄；咬断根茎、根系，使植株枯死，且伤口易被病菌侵入，造成植物病害。幼虫食害各种蔬菜苗根，成虫仅食害树叶及部分作物叶片。

2. 形态特征

成虫：体长 16～21 mm，宽 8～11 mm，黑色或黑褐色，具光泽。

卵：椭圆形，乳白色。发育后期呈圆球形。

幼虫：三龄幼虫体长 35～45 mm，头宽 4.9～5.3 mm。头部黄褐色，通体乳白色。头部前顶刚毛每侧 3 根，成一纵列。肛门孔呈三射裂缝状，肛腹片后部复毛区散生钩状刚毛。

蛹：裸蛹，体长21～24 mm，宽11～12 mm；初期白色，渐转红褐色（图13-9）。

成虫与幼虫

图13-9 大黑鳃金龟

3. 发生特点

成虫有假死性和趋光性，并对未腐熟的厩肥有强烈趋性，昼间藏在土中，晚8—9时为取食、交配活动盛期。卵产于松软湿润的土壤内，以水浇地最多，每条雌虫可产卵百粒左右。蛴螬始终在地下活动，与土壤温湿度关系密切，一般当10 cm土温达5 ℃时开始上升至表土层，13～18 ℃时活动最盛，23 ℃以上则往深土中移动。1～2年发生1代，以幼虫在成虫在土壤中越冬，每年的5—7月，成虫大量出现。湿润则活动性强，尤其小雨连绵天气为害加重。

4. 防治技术

参考地下害虫蛴螬。

项目实训十三 草莓病虫害识别

一、目的要求

了解草莓常见病虫害种类，掌握草莓主要病害的症状及病原菌的形态，掌握草莓主要害虫的形态特征及为害特点，学会识别草莓病虫害的主要方法。

二、材料准备

病害标本：草莓灰霉病、草莓褐斑病、草莓白粉病、草莓枯萎病、草莓病毒病等病害的蜡叶标本、新鲜标本、盒装标本、瓶装浸渍标本、病原菌玻片标本、照片等

虫害标本：螨类（红蜘蛛）、蛞蝓、大黑鳃金龟等害虫的盒装标本、瓶装浸渍标本、照片等。

工具：显微镜、多媒体教学设备、放大镜、挑针、镊子、载玻片、盖玻片、酒精灯、酒精、吸水纸、镜头纸等。

三、实施内容与方法

1. 草莓病害识别

（1）观察草莓灰霉病标本，注意病斑形状、大小，霉层颜色、组织是否腐烂，病果、病花序及病叶子是否有灰色霉层。自制玻片标本观察分生孢子梗形状、分生孢子形状。

（2）观察草莓白粉病病叶或者病果，注意叶片病斑形状、大小、颜色、边缘是否清晰，病斑

部有无粉状物，分布于草莓叶子正面还是反面，粉状物颜色。自制玻片标本，注意观察分生孢子梗、分生孢子形状、闭囊壳、附属丝形状，是否看到子囊和子囊孢子。

（3）观察草莓病毒病叶子，注意区别斑驳型、轻型黄边、镶脉型。

（4）观察草莓褐斑病病斑，注意病斑形状、大小、颜色，有无轮纹、有无霉层，病斑边缘是否清晰。观察示范玻片标本，注意观察分生孢子器及分生孢子形状。

（5）观察草莓枯萎病发病植株，注意根是否腐烂、茎蔓是否溢缩，观察植株矮化、枯萎状。观察维管束是否呈破线状或环形褐变，被害株地上部分叶片是否萎蔫。用显微镜观察草莓枯萎病玻片标本。

（6）观察本地草莓其他病害症状及病原菌形态。

2. 草莓虫害识别

（1）观察螨类（红蜘蛛）成若虫螨体色、体形、足的数量、背毛排列及长短以及叶片上为害状，观察当地主要螨类成若虫的主要区别特征。

（2）观察蛞蝓虫体有无外壳、体色、有无触角、口腔特点。

（3）观察东北大黑鳃金龟成虫形状、大小、鞘翅特点和体色，注意幼虫体形，前顶毛的特征、肛腹片覆毛区刺毛的排列特点。比较当地常见金龟成虫、幼虫的主要区别。

（4）观察当地草莓其他害虫的形态特征。

四、学习评价

评价内容	评价标准	分值	实际得分	评价人
1. 草莓病害的症状、病原、发生特点和防治技术 2. 草莓虫害的为害状、形态特征、发生特点和防治技术	每个问题回答正确得 10 分	20 分		教师
1. 能正确进行前述草莓病害症状的识别 2. 能结合症状和病原对前述草莓病害作出正确的诊断 3. 能根据前述不同草莓病害的发病规律，制订有效的综合防治方法	操作规范、识别正确、按时完成。每个操作项目得 10 分	30 分		教师
1. 正确识别当地常见草莓虫害标本 2. 描述当地常见草莓害虫的为害状 3. 能根据草莓虫害的发生规律，制订有效的综合防治措施	操作规范、识别正确、按时完成。每个操作项目得 10 分	30 分		教师
团队协作	小组成员间团结协作，根据学生表现评价	10 分		小组互评
团队协作	计划执行能力，过程的熟练程度	10 分		小组互评

思考与练习

1. 黔东南草莓主要病虫种类有哪些？

2. 草莓灰霉病症状、发病特点及防治技术有何异同?

3. 如何防治草莓枯萎病?

4. 红蜘蛛的发生特点有哪些,如何防治?

5. 根据黔东南草莓病虫害发生特点,试制订一套有机草莓综合防治措施。

知识拓展

有机蔬菜病虫害综合防治技术

病虫害的有机防治应从农田的整个生态系统出发,综合运用各种防治措施,创造不利于病虫害滋生和有利于天敌繁衍的环境条件,保持蔬菜栽培环境的生态系统平衡和生物多样性,减少各类病虫害所造成的损失。

一、加强植物检疫和病虫害的预测、预报

植物检疫是病虫害防治的第一环节,加强对蔬菜种苗的检疫,未发病地区应严禁从疫区调种和调入带菌种苗,采种时应从无病植株采种,可有效地防止病害随种苗传播和蔓延。各种蔬菜病虫害的发生,都有其固有的规律和特殊的环境条件,要根据蔬菜病虫害发生的特点和所处环境,结合田间定点调查和天气预报情况,科学分析病虫害发生的趋势,及时做好防治工作。实践证明,加强蔬菜病虫害预测、预报工作,是发展有机蔬菜栽培的有效措施。

二、农业综合防治

1. 选用优良抗病、抗虫品种

针对当地的生态环境特点和病虫害发生情况,选择抗病虫力及抗逆性强、商品性好的丰产品种,以避免某些重大病虫害发生。如番茄毛粉 820 有避蚜虫和防病毒病能力,黄瓜津春 4 号可抗白粉、霜霉病。

2. 轮作倒茬

栽培中实行 2 ~4 年以上轮作、倒茬和间、混套作,使病原菌和虫卵不能大量积累,以起到控制病虫发生的作用。

3. 加强田间管理

(1)种子消毒处理:对蔬菜种子进行播前消毒处理,减少种子带菌;定植前清除病株杂草,并进行土壤消毒,减少病虫基数;使用嫁接苗防治土传病害。

(2)培育壮苗:适时播种,合理密植,及时中耕,提高植株的抗病性,培育出健壮的幼苗。

(3)合理施肥:增施腐熟有机肥和微生物菌肥(土壤微生态修复剂、菌根等) 及矿物中微量元素,配方施肥,多施饼肥和钾肥,可养护土壤,使树体健壮。

(4)提高管理技术,创造蔬菜适宜生长环境:对茄果类蔬菜及时搭架整枝,以利田间通风透光,摘除老叶、病叶,带出田外集中销毁,减少病源;采用二层幕、小拱棚、遮阳网等设施调节棚内温度,创造适于蔬菜生长的环境条件;采用膜下滴灌降低空气湿度,减少病害的传播;采用昆虫授粉和人工辅助授粉的方法来提高坐果率,及时采收,轻拿轻放,防止因机械损伤而造成采后的产品污染。

(5)采用设施栽培:

①地膜覆盖:地膜有透明膜、双色膜、黑膜、彩色膜。我国目前应用较多的是透明膜和双色膜。双色膜一面为黑色,另一面为银灰色,适合于秋季使用,黑色的一面向下,可有效防止

杂草生存;银灰色一面向上,主要是防治蚜虫,预防病毒病发生。

②遮阳:网覆盖遮阳网还能减缓风雨袭击,保护蔬菜幼苗。冬季防止霜冻,日平均气温增加2~3 ℃,气温越低,增温效果越明显,同时对蔬菜立枯病、番茄青枯病、黄瓜细菌性角斑病、辣椒病毒病等具有一定的防治作用。

③防虫网覆盖:黑色防虫网既可防虫,又能恰当地遮光;银灰色防虫网更兼有避蚜虫效果,主要在夏秋季节虫害发生高峰期使用,可使蔬菜不受害虫侵蚀或少受侵蚀,达到不用药或少用药的目的,是推广有机蔬菜的有效设施。

三、生物防治

1. 以虫治虫

(1)利用广赤眼蜂防治棉铃虫、烟青虫、菜青虫。赤眼蜂寄生害虫卵,在害虫产卵盛期放蜂,每亩每次放蜂1万头,每隔5~7 d放1次,连续放蜂3~4次,寄生率在80%左右。

(2)用丽蚜小蜂防治温室白粉虱。此虫寄生在白粉虱的若虫和蛹体内,寄生后害虫体发黑、死亡。当番茄每株有白粉虱0.5~1头时,释放丽蚜小蜂"黑蛹"每株5头,每隔10 d放1次,连续放蜂3次,若虫寄生率达75%以上。

(3)用烟蚜茧蜂防治桃蚜、萝卜蚜等。每平方米棚室甜椒或黄瓜,放烟蚜茧蜂寄生的僵蚜12头,初见蚜虫时开始放僵蚜,每4 d放1次,共放7次。放蜂一个半月内甜椒有蚜率控制在3%~15%,有效控制期52 d;黄瓜有蚜率在0~4%,有效控制期42 d。

2. 以菌治虫

(1)用苏云金芽孢杆菌防治菜青虫、棉铃虫等鳞翅目害虫的幼虫。防治菜青虫可在卵孵盛期开始喷药,每亩用苏云金芽孢杆菌可湿性粉剂25~30 g或苏云金芽孢杆菌乳剂100~150 mL;7 d后再喷1次,防治效果达95%以上;防治棉铃虫可在2、3代卵孵化盛期开始喷药,隔3~4 d喷1次,连续喷2~3次,每次每亩用苏云金芽孢杆菌可湿性粉剂50 g或苏云金芽孢杆菌乳剂200~250 mL,防治效果达80%以上;防治小菜蛾可在幼虫3龄前,每亩用可湿性粉剂40~50 g,或乳剂200~250 mL,每5~7 d喷一次,连续喷2~3次,防治效果90%以上;防治甜菜夜蛾可在卵期及低龄幼虫期,早晚喷药防治,每亩用可湿性粉剂50~60 g,或乳剂250~300 mL,防治效果达80%以上。

(2)用苏云金芽孢杆菌与病毒复配的复合生物农药威敌防治菜青虫、小菜蛾,每亩用量50 g,防治效果达80%以上。十字花科蔬菜苗期防治1次,定植后每隔3~4 d喷药1次,连续防治3次。以后每隔7 d喷药1次,蔬菜全生长期需防治8次。

(3)用座壳孢菌剂防治温室白粉虱。北京市农林科学院研究的以玉米粉为主要培养基培养繁殖座壳孢菌的菌剂,对白粉虱若虫的寄生率可达80%以上。

(4)利用无毒害的天然物质防治病虫害,如草木灰浸泡液可防治蚜虫,米醋兑水可防治茄果类病毒病和大白菜软腐病。

四、物理防治

通过调节温度、光照等物理措施或利用人工和器械杀灭害虫。

(1)温度:如利用高温杀灭种子表面的病菌或地下及棚内的病虫。如温汤浸种,用55 ℃左右的温水处理1 min或对一些种皮较厚的大粒种如豆类,在沸水中烫数秒捞起晒干贮藏不会生虫。用温度70 ℃的干热处理茄果类、瓜类可使病毒钝化。夏季用高温闷棚,即将大棚土壤深翻，关闭大棚或在露地用薄膜覆盖畦面可使棚、膜内温度达 70 ℃以上，从而自然杀灭病虫而无污染。农村传统的深挖炕垡，用枝叶、杂草烧烤土壤，冬季利用冰雪覆盖也可以杀灭土中的病虫。

(2)光：利用不同的光谱、光波诱杀或杀灭病虫，常用的有黑光灯、频振式灯、紫外线等。即利用一些昆虫特有的趋光性，在田间设置一定数量的灯具来诱杀如菜蛾、灯蛾、棉铃虫、跳甲、叶蝉、蝼蛄等多种害虫。紫外线可杀灭病菌。

(3)电：模仿一些天敌的声音，在一定时间录放以驱赶如麻雀、鼠类等。

(4)色：利用一些害虫对不同颜色的感应进行诱集或驱赶。如用银灰色的薄膜覆盖番茄、辣椒可驱赶有翅蚜虫，从而减少病毒病的危害；用黄色曲塑料板涂上黏性的油类，可诱杀对黄色有趋性的蚜虫、斑潜蝇、白粉虱等，效果很好。

(5)味：地老虎、种蝇等对酸甜味有趋性，可用糖醋液诱虫；棉铃虫、烟青虫成虫喜欢在杨树枝上栖息产卵，可用杨树枝扎成小把插在田间，早上再用布袋将杨树枝收集烧毁。黄蚂蚁喜危害茄科作物的根茎部分，而对葱韭类则避而远之，所以可在茄子根旁种一株大葱或韭菜，黄蚂蚁则不危害。另外，蚂蚁喜油腥味，可用牛羊骨头诱集后杀灭之。

(6)器械及人工捕捉

①防虫网：在贵州害虫为害的地区，可推广使用防虫网，还兼有遮强光防暴雨的作用。一般使用 24 ~30 目的防虫网就可防止如小菜蛾、菜青虫、斜纹夜蛾、甜菜蛾以及蚜虫、潜叶蝇等害虫的侵入。

②高脂液膜：用高级脂肪制成的溶剂，按一定比例喷洒在蔬菜表面形成一层保护膜，防止病菌侵入组织。如用 200 倍液可防番茄叶枯病及白菜霜霉病，50 倍液可防黄瓜白粉病等；还可提高移栽秧苗的成活率，又有抗寒、抗旱的作用。

③人工捕捉：在害虫发生初期，有些害虫暴露明显，可及时人工捕捉。有些产卵集中成块或刚孵化取食时，应及时摘除虫叶销毁，在成虫迁飞高峰期可用网带捕捉杀灭。

参考文献

[1] 程亚樵.园艺植物病虫害[M].北京:中国农业出版社,2013.

[2] 黄宏英,程亚樵.园艺植物保护概论[M].北京:中国农业出版社,2006.

[3] 董伟,张立平.蔬菜病虫害诊断与防治[M].北京:中国农业科学技术出版社,2013.

[4] 邱强.果树病虫害诊断与防治[M].北京:中国农业科学技术出版社,2013.

[5] 李怀方.园艺植物病理学[M].北京:中国农业大学出版社,2001.

[6] 陈利锋,徐敬友.农业植物病理学[M].北京:中国农业出版社,2009.

[7] 吴雪芳.园艺植物病虫害防治技术[M].苏州:苏州大学出版社,2009.

[8] 洪晓月,丁锦华.农业昆虫学[M].北京:中国农业出版社,2011.

[9] 李鑫.园艺昆虫学[M].北京:中国农业出版社,2002.

[10] 李传仁.园林植物保护[M].北京:化学工业出版社,2007.

[11] 王善龙.园林植物病虫害防治[M].北京:中国农业出版社,2001.

[12] 韩世栋.蔬菜栽培[M].北京:中国农业出版社,2001.

[13] 朱国仁.塑料大棚蔬菜病虫害防治[M].北京:金盾出版社,2003.

[14] 黄宏英.植物保护技术[M].北京:中国农业出版社,2001.

[15] 李庆孝.生物农药使用指南[M].北京:中国农业出版社,2004.

[16] 吴文君.生物农药及其应用[M].北京:化学工业出版社,2014.

[17] 王润珍,王宁.园艺植物病虫害防治[M].北京:中国农业出版社,2012.